"十四五"时期国家重点出版物出版专项规划项目

环境催化与污染控制系列

光/热环境催化材料与应用

纪红兵　余长林　著

科学出版社

北　京

内 容 简 介

本书聚焦环境催化与污染控制中光/热环境催化材料与应用,从光/热催化基础、光/热催化环境净化反应器、光催化处理 VOCs、热催化处理 VOCs、光热协同催化材料的合成与应用、光催化处理水体有机污染物、光催化处理水体重金属离子、有机污染物和重金属离子协同处理、CO_2光热资源化催化转化、精细化工园区 VOCs 排放量消减技术路线、光/热催化环境净化展望等方面系统阐述。

本书可作为环境科学、环境工程、环境化学、环境化工、化学工程与工艺等专业的高年级本科生和研究生的教学和科研用书,也可作为工程专业设计、运行管理人员和科研工作者学习参考书,同时可作为生产经营单位管理及技术人员的教育培训教材。

图书在版编目(CIP)数据

光/热环境催化材料与应用/纪红兵,余长林著. -- 北京:科学出版社,2025.2. --(环境催化与污染控制系列). -- ISBN 978-7-03-081273-5

Ⅰ. TB383

中国国家版本馆 CIP 数据核字第 2025JV2769 号

责任编辑:霍志国/责任校对:杜子昂
责任印制:徐晓晨/封面设计:东方人华

科 学 出 版 社 出版

北京东黄城根北街 16 号
邮政编码:100717
http://www.sciencep.com

北京中科印刷有限公司印刷
科学出版社发行　各地新华书店经销

*

2025 年 2 月第 一 版　开本:787×1092　1/16
2025 年 2 月第一次印刷　印张:15
字数:355 000

定价:128.00 元
(如有印装质量问题,我社负责调换)

丛　书　序

　　环境污染问题与我国生态文明建设战略实施息息相关,如何有效控制和消减大气、水体和土壤等中的污染事关我国可持续发展和保障人民健康的关键问题。2013年以来,国家相关部门针对经济发展过程中出现的各类污染问题陆续出台了"大气十条""水十条""土十条"等措施,制定了大气、水、土壤三大污染防治行动计划的施工图。2022年5月,国务院办公厅印发《新污染物治理行动方案》,提出要强化对持久性有机污染物、内分泌干扰物、抗生素等新污染物的治理。大气污染、水污染、土壤污染以及固体废弃物污染的治理技术成为生态环境保护工作的重中之重。

　　在众多污染物削减和治理技术中,将污染物催化转化成无害物质或可以回收利用的环境催化技术具有尤其重要的地位,一直备受国内外的关注。环境催化是一门实践性极强的学科,其最终目标是解决生产和生活中存在的实际污染问题。从应用的角度,目前对污染物催化转化的研究主要集中在两个方面:一是从工业废气、机动车尾气等中去除对大气污染具有重要影响的无机气体污染物(如氮氧化合物、二氧化硫等)和挥发性有机化合物(VOC);二是工农业废水、生活用水等水中污染物的催化转化去除,以实现水的达标排放或回收利用。尽管上述催化转化在反应介质、反应条件、研究手段等方面千差万别,但同时也面临一些共同的科学和技术问题,比如如何提高催化剂的效率、如何延长催化剂的使用寿命、如何实现污染物的资源化利用、如何更明确地阐明催化机理并用于指导催化剂的合成和使用、如何在复合污染条件下实现高效的催化转化等。近年来,针对这些共性问题,科技部和国家自然科学基金委员会在环境催化科学与技术领域进行了布局,先后批准了一系列重大和重点研究计划和项目,污染防治所用的新型催化剂技术也被列入2018年国家政策重点支持的高新技术领域名单。在这些项目的支持下,我国污染控制环境催化的研究近年来取得了丰硕的成果,目前已到了对这些成果进行总结和提炼的时候。为此,我们组织编写"环境催化与污染控制系列",对环境催化在基础研究及其应用过程中的系列关键问题进行系统、深入的总结和梳理,以集中展示我国科学家在环境催化领域的优秀成果,更重要的是通过整理、凝练和升华,提升我国在污染治理方面的研究水平和技术创新,以应对新的科技挑战和国际竞争。

　　内容上,本系列不追求囊括环境催化的每一个方面,而是更注重所论述问题的代表性和重要性。系列主要包括大气污染治理、水污染治理两个板块,涉及光催化、电催化、热催化、光热协同催化、光电协同催化等关键技术,以及催化材料的设计合成、催化的基本原理和机制以及实际应用中关键问题的解决方案,均是近年来的研究热点;分册笔者也都是活跃在环境催化领域科研一线的优秀科学家,他们对学科热点和发展方向的把握是第一手的、直接的、前沿的和深刻的。

希望本系列能为我国环境污染问题的解决以及生态文明建设战略的实施提供有益的理论和技术上的支撑,为我国污染控制新原理和新技术的产生奠定基础。同时也为从事催化化学、环境科学与工程的工作者尤其是青年研究人员和学生了解当前国内外进展提供参考。

中国科学院　院士

赵进才

前　言

利用先进催化技术进行环境净化的研究是当今国际上化学、材料和环境领域的研究热点。利用光/热催化技术进行水体和气体污染的净化处理,其关键在于研发先进的催化材料。光/热环境催化材料包括光环境催化材料、热环境催化材料和光热协同环境催化材料。光/热催化材料的催化性能与材料的制备方法、材料组成、维度、形貌和反应器密切相关。环境催化材料的应用主要涉及水体污染物和大气污染物的去除。水体污染物,如染料类、农药类、抗生素和酚类等的光催化氧化矿化与重金属离子的光催化还原去除是近年来快速发展的新兴绿色化工技术;VOCs 污染物,如醛类、烃类、苯和酚类等的光热催化净化处理,为各行业 VOCs 的治理提供了技术支持。

为了促进我国光/热环境催化材料的研究和运用,作者以多年来在国家重点研发计划、国家杰出青年科学基金、国家自然科学基金重点项目、国家自然科学基金国际合作项目等资助下的光/热催化材料合成和表征、光/热催化反应机理、光/热耦合催化、光/热催化反应器,光催化技术在水体有机污染物、重金属离子深度去除和光/热催化处理 VOCs 的应用等方面所做的研究工作为基础,组织撰写了本书。

本书首先围绕环境污染和催化技术在环境污染治理的应用进行背景介绍。然后对光/热催化基础、光/热催化环境净化反应器、光/热催化处理 VOCs、光催化处理水体有机污染物和重金属离子、光/热催化环境净化的工业应用案例等方面进行了系统阐述,以期给广大从事环境催化材料研发、生产和应用的科研工作者,以及相关领域的研究人员提供相应借鉴;特别是在"碳达峰与碳中和"的政策下,本书也为"碳达峰"与"碳中和"技术路径的建立提供了参考。

本书是"十四五"时期国家重点出版物出版专项规划项目"环境催化与污染控制系列"分册之一,获国家重点研发计划纳米科技重点专项(2020YFA0210900)资助。

参加本书撰写的主要是来自从事光/热环境催化材料设计、制备、表征和应用研究的专家和老师,他们是纪红兵、余长林、樊启哲、王皓、刘珍、苏通明、黄勇潮等,在此表示衷心的感谢。

由于光/热环境催化材料的研究与应用仍处于快速发展的阶段,限于著者的水平和经验,难免有不足之处,敬请同行专家和广大读者批评指正。

纪红兵　余长林

2024 年 11 月

目　　录

第 1 章　绪　　论

人类漫长的文明发展史,对其赖以生存的地球环境产生了重大的影响。20 世纪以来,人类文明快速发展,科学技术取得了重大突破,化肥、农药、塑料、染料等都通过人工途径得以合成。进入 21 世纪,通信、能源、航空航天、生物工程及核技术等高新技术快速发展,为人类带来了高度发达的物质文明。然而,科技的发展也同时带来了巨大的环境问题,威胁着人类的生存。人们通过多种方式解决环境问题,环境催化材料是其中的重要分支。纳米催化材料基于纳米技术在催化材料中的应用,为解决环境问题提供了新思路。本章分析了我国环境污染存在的问题,并分别对水污染、大气污染和土壤污染的治理和修复方法进行了概述,着重分析了纳米催化材料、制备方法及其环境净化的相关研究。本书作者认为,纳米催化材料将是解决环境问题的重要手段。

1.1　环 境 污 染

目前的主要环境问题包括水污染、大气污染、酸雨蔓延、固体废弃物污染、森林锐减、土地荒漠化、资源短缺、生物多样性减少、全球气候变暖、臭氧层的破坏等。环境污染是造成环境问题根本的原因,其中水、大气和土壤污染直接影响人类生命安全和健康,是亟待解决的环境问题。

1.1.1　水污染

水污染在全世界范围内普遍存在。最主要的污染是有机物污染,多数有机物在水体中依靠细菌的作用分解,而分解的过程中会消耗氧气,造成水中溶解氧减少,厌氧菌大量繁殖,从而导致水体变黑发臭。除有机物污染外,目前还存在重金属污染,如汞污染、镉污染等。近年来,由于水体富营养化造成的污染也不能忽略。我国水污染具有以下特点[1]:

①我国水污染形势呈流域性特点。七大流域的主要污染参数是高锰酸钾指数、生化需氧量、氨氮、溶解氧,呈现出以耗氧有机物为主要污染物、以水体黑臭为主要特征的污染现象,这是我国目前各流域污染现象的共性。

②结构性污染严重。经济增长方式和工农业产业结构是产生结构污染的重要因素。我国正处于粗放型向集约型经济增长方式转换、工农业产业结构调整的关键时期,尽管取得了一定的改革成果,但部分工艺技术落后,能源资源利用效率低,造成物耗、能耗等指标居高不下,规模效益差,因此水污染形势严峻。以淮河流域为例,淮河流域占工业污染负荷 50% 以上的企业是造纸企业,规模小,设备落后,治污难度大,给淮河水环境造成很大的压力,其每吨产品用水量和排污量都高出国外先进企业数十倍甚至上百倍。

③上下游及跨行政区域的水污染纠纷日趋尖锐。仅以跨省界水污染纠纷为例，近年来有浙江庆元与福建松溪之间、江苏吴江与浙江嘉兴之间、河北省承德和张家口与天津之间、海河流域漳卫南运河的污染纠纷等。流域水污染严重，造成水资源短缺，上下游排水和用水功能之间有一定的冲突，上下游及跨行政区域的水污染纠纷日趋尖锐，直接影响当地的社会稳定。

1.1.2　大气污染

室外大气污染最常见和最主要的污染物是悬浮颗粒，主要由燃煤产生的粉尘和汽车尾气等造成。对人类健康影响最大的是颗粒直径在 2.5μm 以下的悬浮颗粒物，也就是通常所说的 $PM_{2.5}$。这些颗粒会引起人类呼吸道和肺部疾病。大气污染中第二大污染是光化学污染，引起光化学污染的主要因素即为目前所说的 VOCs，如工厂废气和汽车尾气中的气态有机化合物，碳氢化合物等，在光照作用下会发生化学变化，产生光化学烟雾，引起人类疾病[1]。例如，研究人员分析了我国大范围雾霾期间的大气污染特征，发现 $PM_{2.5}$ 与 SO_2、NO_2 等表现出较高的相关性，主要是以特殊气象条件为主导的机动车尾气及煤烟型复合污染引起的大范围污染现象[2]。尤其是近年来经济高速发展，而大气污染的综合防治和空气质量管理体系尚在逐步完善，导致目前我国大气污染呈现出新特点。

除室外大气污染外，室内大气污染同样不可忽视。据统计，普通人一生约有 70%~92% 的时间是在室内度过的，室内空气的质量状况与人体的健康密切相关[3]。以甲醛（HCHO）为例，甲醛具有强烈的刺激性臭味，对全身多种器官和系统有损害，会产生头痛、疲倦、咳嗽、哮喘等症状，并且具有致癌、致突变等危害[4]。甲醛是室内最严重的污染物之一，具有较高毒性，在我国有毒化学品优先控制名单上高居第二位，并且已被世界卫生组织（WHO）确定为致癌和致畸形物质。表 1-1 列出了甲醛引起人体不适感的剂量。根据 2001 年 10~12 月对东莞市一个住宅小区 50 家豪华装修且居住不到半年的住宅进行多项空气污染指标的监测[5]，客厅、卧室、厨房、卫生间中甲醛的浓度分别为 5.91mg/m³、5.03mg/m³、3.33mg/m³、2.07mg/m³，而室外仅为 0.04mg/m³。可见客厅、卧室的平均甲醛浓度严重超标 40 倍，最高超标 74 倍。据统计，装修后 1~6 个月内，甲醛超标率居室内达 80%，会议室和办公室内接近 100%；装修 3 年后，超标率都仍达 50% 以上[6]，人造板中甲醛的释放期为 3~15 年，这将长期影响人们的身体健康。长期在高浓度甲醛中生活工作的人员易患各种综合征[7]。

表 1-1　甲醛引起人体不适感的剂量

浓度（mg/m³）	对人体的影响
0.06~0.07	使人感到臭味
0.12~0.25	50% 的人感到臭味、黏膜受刺激
1.5~6.2	眼睛等器官受到刺激、打喷嚏、咳嗽、起催眠作用
12	上述刺激加强，呼吸困难
60	引发肺炎、肺水肿，导致死亡

为此各国制定了相应的室内甲醛浓度的最大容许浓度,见表1-2。

表1-2 世界各地室内甲醛浓度的最大容许浓度

国家或组织	限值(mg/m³)	备注
WHO	<0.08	总人群,30min 指导限值
芬兰	0.13	对老或新建筑的指导限值
意大利	0.12	暂定指导限值
挪威	0.06	推荐指导限值
丹麦	0.13	总人群,基于刺激作用的指导限值
荷兰	0.12	基于总人群刺激作用和敏感者的致癌作用
德国	0.10	总人群,基于刺激作用的指导限值
西班牙	0.48	仅适用于室内安装脲醛树脂材料的初期
瑞典	0.11	室内安装胶合板或补救措施控制水平
瑞士	0.24	指导限值
新西兰	0.12	室内空气质量标准
美国	0.10	美国国家环境保护局(EPA)
日本	0.12	室内空气质量标准
中国	0.08	室内空气质量标准

1.1.3 土壤污染

土壤中若包含的有害物质比较多,则会超出土壤的固有自净能力,引起土壤的自净能力、结构和性能产生相应的改变,微生物活动会受到很大的抑制,从而会使一些有害物质、其他类别的分解产物在土壤中慢慢累积,通过土壤—植物—人体而被人体不断地吸收,这会给人的机体健康带来极大的危害,这就是通常所说的土壤污染[8]。我国目前的土壤污染主要包括重金属污染和土壤酸化。因此,土壤问题是重金属污染和土壤酸化双重冲击下的结果[9]。

中国土壤污染是多年经济快速发展的后果,而污染源控制是比土壤修复本身更为紧迫的事情。重金属镉、砷、汞,尤其镉,是经济快速发展背景下镉的大量排放的结果。镉等有害重金属并非人体所需的元素,且镉具有极为明确的目标器官,即肾和肝,吸收到体内的镉1/3将蓄积在肾脏,1/4 在肝脏,且在体内滞留时间长,肾脏中镉的半衰期可高达17~38 年。人体中的镉主要是通过食物链进入的,因此粮食中的重金属问题急需高度重视。

中国耕地大量施用化肥造成的土壤酸化是土壤污染的另一主要问题。有文章比较了广东 1984 年第二次土壤普查取得的 24671 份土壤样品的 pH 和 30 年后的数值,发现整体上pH 从平均的 5.70 下降到 5.44,土壤酸度增加了。2010 年《科学》杂志载文表明,30 多年来,中国所有土壤的 pH 下降 0.13~0.80,尤以耕地土壤 pH 下降最多,也就是说耕地土壤的酸度增加了 6 倍,这在自然条件下需要数万年的时间。土壤酸化主要是中国 20 世纪 80 年代后施肥结构从传统的农家肥转为化肥造成的,大量施用化肥造成的土壤酸化将很大程度上改变植物对土壤养分的吸收效率。

1.1.4　污染的治理方法

目前的污染物治理方法针对水、气、固不同的性质,分别采用不同的方法。比如,对水处理来说,包括物理法、化学法和生物法。对于气体主要有吸附剂吸附技术、绿色植物净化、空气负离子技术、等离子体技术、纳米光催化氧化技术和热催化氧化等方法。土壤污染修复略有不同,主要是原位修复技术。

1. 水污染治理

水污染包括工业废水、农业废水等。尽管废水性质不大相同,但处理方法大同小异。以工业废水中的印染废水来说,目前的处理方法主要包括物理法、化学法和生物法[10]。其中,物理法中使用最多的是物理吸附法和膜分离法。物理吸附法常采用活性炭对水溶性的染料进行吸附,但活性炭吸附容易达到饱和,需要进行再生,而再生费用较高,因此该方法一般适用于深度处理或者浓度低、水量较小的废水处理。膜分离法是运用不同孔径大小的半透性膜,将不同粒径大小的混合物进行过滤分离,该方法出水稳定,效果好,但分离膜的重复利用率低,并且膜的成本高,因此很难大面积推广。

生物法是通过微生物的生长代谢去除废水中的有机污染物,由于印染废水的可生化性差,单独使用生物法处理印染废水很难达到排放要求。因此,生物法主要应用于可生化性能较好的废水。

化学法主要包括化学混凝法、臭氧氧化法和光催化氧化法。化学混凝法是依靠分子间的相互作用,使废水中小分子悬浮物、胶体物质等形成大分子颗粒物,再通过沉淀或气浮的方式将其去除。化学混凝法处理成本小,操作简单,在目前印染废水处理过程中广泛应用,但该方法需要对泥渣进行二次处理,且对于水溶性高的染料脱色效果不好。臭氧氧化法对于处理废水色度和降低 COD 有较大优势,但臭氧发生器成本较高,且运行管理要求严格,使臭氧氧化法在实际运用中效果不稳定。光催化氧化法是通过光催化剂产生自由基,将废水中的有机物氧化成二氧化碳和水,是最有前景的一类废水处理的方法,但目前光催化剂对太阳光的利用率低,限制了其在印染废水处理中的应用。

2. 大气污染治理

大气污染的主要污染物是 VOCs。目前,治理 VOCs 的方法主要有吸附剂吸附技术、绿色植物净化、空气负离子技术、等离子体技术、纳米光催化氧化技术和热催化氧化等方法。

（1）吸附剂吸附技术

吸附剂吸附法是目前去除室内甲醛的常用方法,主要是利用多孔性物质的吸附性对甲醛进行吸附去除,常用的吸附剂为颗粒活性炭、活性炭纤维、沸石、分子筛、多孔黏土矿石、硅胶等。但活性炭使用周期短,再生困难,成型性差,系统压力损失大,尤其是它对分子量小、沸点低的物质吸附效率低。针对这些缺点,常采用一些方法对其进行改性,如用氧化剂将活性炭表面氧化[10],在惰性气氛中对活性炭进行热处理[11]等。

Eriksson 等[12]使用高锰酸钾、活性炭、氧化铝、尿素或硫酸铵浸渍过的活性炭以及高锰酸钾浸渍过的陶瓷材料等作为吸附剂脱除室内甲醛,发现高锰酸钾和高锰酸钾浸渍过的陶瓷材料脱除效果最好,但当空气中还存在其他污染物时,对甲醛的脱除效果不理想。Seiki 等[13]采用浓硫酸和硝酸对活性炭改性引入硝基,然后将硝基还原成氨基,并将此胺化的活性炭用于医院废弃物中甲醛的脱除,发现胺化后的活性炭对甲醛的吸附有了较大的提高。

近年开发了许多新型活性炭品种,其中活性炭纤维(ACFs)是一种碳质吸附剂,具有很高的比表面积和丰富的微孔,对各种无机物和有机物都能有效地吸附,特别适合低浓度物质的吸附。通过对 ACFs 进行一系列的化学和物理改性,可提高它对甲醛等极性吸附质的吸附能力。但它作为一种吸附剂,必须再生后才可以恢复吸附能力。

使用吸附剂脱除甲醛的方法操作简单,虽然吸附剂的吸附能力经改性有所提高,但仍然有限,且只能在较短的时间里有效,存在需要定期更换或再生等缺点,而且吸附技术对甲醛的脱除不彻底,常有二次污染。

(2)绿色植物净化

利用绿色植物的光合作用净化室内空气也是一种有效的方法。空气中的化学物质在植物细胞表面溶解而被吸收,植物通过光合作用将其转化为养料并放出氧气。美国国家空间技术实验室(National Space Technology Laboratory)的有关实验表明,绿色植物对居室和办公室的空气污染有很好的净化作用[14]。在 24h 照明条件下,芦荟去除了 $1m^3$ 空气中 90% 的甲醛,常春藤去除了 90% 的苯,龙舌兰去除了 70% 的苯、50% 的甲苯和 20% 的三氯乙烯,吊兰去除了 96% 的一氧化碳、86% 的甲醛[15]。此外,白雁斌等[16]将吊兰放入装修一年的室内,结果发现三周后室内甲醛浓度从 $0.151mg/m^3$ 降到了 $0.076mg/m^3$,已低于国家标准 $(0.08mg/m^3)$。吴林森[17]列举了一些可以吸收室内有毒气体的植物,见表 1-3。

表 1-3　不同植物在净化室内空气中的功能

植物名称	主要用途
常春藤 *Hedera helix*	吸收苯、甲醛、二甲苯、CO
芦荟 *Aloe arborescens*	吸收甲醛、CO
吊兰 *Chlorophytum comosum*	吸收苯、甲醛、CO
君子兰 *Clivia miniata*	吸收甲醛、CO
仙人掌 *Opuntia dillenii*	吸收甲醛、CO_2、CO
苏铁 *Cycas revoluta*	吸收苯、甲醛、二甲苯、CO
菊花 *Dendranthema morifolium*	吸收苯、SO_2
雏菊 *Bellis perennis*	吸收三氯乙烯
万年青 *Rohdea japonica*	吸收三氯乙烯
香石竹 *Dianthus caryophyllus*	吸收 SO_2
万寿菊 *Tagetes erecta*	吸收氟
矮牵牛 *Petunia hybrida*	吸收氟

续表

植物名称	主要用途
唐菖蒲 *Gladiolus hybridus*	氟污染的监测
葡萄 *Vitis vinifera*	氟污染的监测
郁金香 *Tulipa gensneriana*	氟污染的监测
非洲菊 *Gerbera hybrida*	吸收甲醛
绿萝 *Epipremnum aureum*	吸收甲醛
野百合 *Lilium brownii*	吸收 CO

(3) 空气负离子技术

空气负离子是指空气中带负电荷的分子或原子。由于大气中的气体分子电离,尘埃和其他微粒均带电荷,使大气中存在空间电荷。空气中的灰尘、工业废气、病毒、细菌等悬浮物大多是带有正电荷的正离子。空气负离子可以和这些带正电荷的污染物相互作用,并借助凝结和吸附作用,吸附在固相或液相污染物微粒上,从而形成较大粒子并沉降下来。空气负离子还能消除室内装修的各种装饰材料挥发出来的苯、甲醛、酮、氨等刺激性气体。此外,负离子还能使细菌蛋白质表层的电性颠倒,促使细菌死亡,达到消毒与灭菌的目的,因而有"空气维生素"之称。典型产品是负离子空气清新机,主要工作原理是:室内空气经过滤或超滤进入高压电场,被极化产生臭氧和负离子,臭氧氧化性极强,可分解空气中的甲醛、苯系物等有机污染物生成二氧化碳和水。据报道[18],在潜水艇内用人工负离子作用 2h 后,发现空气中的悬浮颗粒浓度从 0.85mg/m³ 下降到 0.09mg/m³,细菌浓度从 1.53×10^4 mg/m³ 下降到 2.56×10^3 mg/m³,而甲醛浓度也从 5.5×10^{-2} mg/m³ 下降到 1.3×10^{-2} mg/m³。由此可见空气负离子技术对室内空气质量有较大的改善。

(4) 等离子体技术

等离子体是电子、离子、原子、分子或自由基等粒子组成的集合体。等离子体有热等离子体和冷等离子体之分。在热等离子体中,重粒子(离子和原子)温度与电子温度均在 10^4 K 至 2×10^4 K 的数量级,各种粒子的反应活性都很高。在冷等离子体中,电子温度高达 10^4 K,而重粒子温度却可低至 $300 \sim 500$ K,其电子具有很高的活性。

Cardenas 等[19]采用常压冷等离子体介质阻挡放电技术,加载电压为 40kV,对 $N_2/O_2/H_2O$(77:21:2,体积比)气流中 500ppm($1ppm = 1 \times 10^{-6}$,余同)的甲醛进行了研究,发现在室温的条件下绝大部分甲醛被有效地分解,但产物中含有 CO 和少量的 NO,所以需对其进一步处理。缪劲松等[20]也通过介质阻挡放电产生冷等离子体技术对脱除甲醛进行了实验研究,发现甲醛脱除率与峰值电压有关。在功率为 19W,峰值电压为 6kV 时,对于低浓度(10ppm 左右)的甲醛,其脱除率达到了 99%,在高浓度(200ppm 左右)下其脱除率也可达到 90%。本书作者同时采用电晕放电和冷温等离子体技术,经比较发现,在介质阻挡放电中,其脱除率和能量效率都比电晕放电高。

此外,目前市场上出现了多种消除甲醛的商品。甲醛清除剂(也称为甲醛捕捉剂或甲醛吸收剂),是一种含有在室温条件下与甲醛发生反应的活性有机和无机化合物的水溶液。一般可以把甲醛清除剂分为三类:氧化剂型[21]、氨基衍生物型[22]和含 α-氢化合物型[23]。但市场现有的甲醛清除剂产品对甲醛脱除率不高、持久性差、二次污染较严重、产品质量不高。

(5)催化氧化技术

温和条件下进行氧化反应是绿色化学化工中重要的研究内容[24,25]。以大气污染中的甲醛污染为例,如果能在较温和的反应条件下将甲醛氧化,不仅可降低操作成本,而且可减少污染,降低能耗。由于常温常压时甲醛在空气中很稳定,所以须借助于催化技术才可能实现甲醛完全氧化转化。催化氧化是一种很有应用前景的甲醛脱除技术,它可在较低温度下将甲醛氧化为无毒的二氧化碳和水。目前的催化氧化技术主要包括光催化氧化、热催化氧化以及一些复合技术。

光催化氧化分解甲醛技术主要以 TiO_2 纳米粉体或薄膜作为光催化剂,在紫外光照射下,甲醛在催化剂上发生氧化反应。根据实际情况,TiO_2 的形态可以是粉末状也可以做成薄膜,还可以通过一些其他强化手段提高甲醛的脱除效果。目前用光催化氧化方法治理室内空气中的甲醛主要是将 TiO_2 附着在活性炭纤维或其他载体上,以粉末形式或制成薄膜置于光反应器中,依靠多孔材料的吸附和富集功能使催化剂周围污染物浓度更高,然后在光照的条件下,对甲醛进行光催化反应。

热催化氧化技术是一种有效脱除甲醛的方法,在一定温度下,甲醛和氧气在催化剂上反应生成二氧化碳和水。通过物理或化学的方法将具有催化活性的金属或金属氧化物负载于载体上得到催化剂。根据所需要的操作温度可将热催化氧化分为常温(室温)催化氧化和高温(高于室温)催化氧化。

3. 土壤污染修复

20 世纪 80 年代以来,污染土壤的修复受到各国环境工作者的关注。土壤污染修复技术包括生物修复、植物修复、光化学修复和利用城市固体废物修复等技术[26]。

(1)生物修复技术

生物修复技术可分为原位生物修复(*in-situ* bioremediation)和异位生物修复(*ex-situ* bioremediation)。原位生物修复是指对受污染的介质(土壤、水体)不作搬运或输送,而在原位污染地进行的生物修复处理,修复过程主要依赖于被污染地自身微生物的自然降解能力和人为创造的合适降解条件;异位生物修复是指将被污染介质(土壤、水体)搬运和输送到他处进行生物修复处理,但搬运和输送是低限度的,而且更强调人为调控和创造更加优化的降解环境。利用生物修复技术可以达到以下处理目标:

降解有机污染物。比如,对美国一家石油废弃物的堆置场进行生物修复,使土壤中总挥发性有机物浓度从 3400mg/L 降为 150mg/L,苯从 300mg/L 降为 120mg/L,氯乙烯从 600mg/L 降为 17mg/L。

脱氮除磷。比如,对沈阳市某地用生物修复技术处理城市生活污水,处理结果表明:生物修复技术对总 N、总 P 都有较高的去除率,总 N 的去除率为 82.38%,总 P 的去除率为 92.34%。

去除放射性元素污染。利用多年生植物与特殊的菌根真菌或其他根区微生物的共同作用,增加植物对放射性元素的吸收和积累,治理效果好。

（2）植物修复技术

在污染环境中栽种对污染物吸收力高、耐受性强的植物,应用植物的生物吸收和根区修复机理(植物-微生物的联合作用),从污染环境中去除污染物或将污染物予以固定。我国不乏生长在天然污染环境中的野生超积累植物和耐重金属植物,这些植物对土壤中重金属离子的修复意义重大。

超积累植物体内的有机酸通过与重金属离子的螯合,一方面参与金属离子在细胞内的区室化分布,降低重金属的毒性;另一方面促进了重金属在植物体内的运输,使得超积累植物吸收、积累和储存重金属成为可能,其机理可能是通过生物代谢产生的特种有机酸对重金属元素产生螯合包被作用。在陆地植物的细胞里,衣康酸、乌头酸、丙二酸、草酸、柠檬酸等羧酸离子是存在于光合组织细胞液泡里的主要平衡离子,可以与二价、三价金属离子形成化合物,还能螯合高浓度的 Ca、Mg。然而植物修复周期长,对污染物修复的普适性差,对土壤的结构、水分、盐度、气候等条件有一定的要求,从而限制了其应用。

（3）光化学修复技术

污染物进入土壤后,长时间受太阳辐射也能发生光化学降解。污染物在土壤表面的光降解可分为直接光解和间接光解。直接光解速率依赖于目标污染物对太阳光谱的光吸收率以及化合物反应的量子产率。土壤表面的吸附作用引起的污染物吸收光谱红移现象能增加太阳光直接光解的相关性,产生不同的光解产物。污染物分子在颗粒表面以吸附态存在时比在有机溶剂中的吸收光谱发生显著的移动和吸收谱带的扩大。吸附态的污染物分子吸收光谱发生红移,使污染物在土壤表面光降解的可能性大大增加。光狄氏剂在吸附态时不仅发生显著红移,吸收谱带也强烈展宽。因此,没有发色团的光狄氏剂在吸附态可用 300nm 以上波长的光激发而降解。

污染物的间接光解需要光敏物质的存在才能进行,光敏剂和光猝灭剂分别作为光能的载体和受体,可改变污染物的光稳定性,加速或延缓污染物的光解,对污染物的毒性、残留、环境行为、环境安全评价和污染治理有重要作用。Aguer 等[27]发现土壤中的腐殖酸对污染物的降解有敏化光解作用。Pelizzetti 等[28]的研究表明,土壤中的 ZnO 等金属氧化物对除草剂阿特拉津的光降解也具有光敏化作用。由于腐殖酸在土壤中大量存在,所以其光敏作用对于环境中污染物光解有特殊的意义。研究发现,TiO_2 等半导体氧化物对农药的光解也有明显的敏化作用,这些半导体光敏剂在土壤也普遍存在,因此成为污染物在土壤表面光解的另一类重要的光敏剂。

（4）利用城市固体废物修复技术

利用城市固体废物(MSW)修复技术是近年来发展起来的用于抛荒耕地的一种绿色修复技术。植被可保持土壤中稳定的微生物种群,植物根部渗出物和残留物是其碳源和能源。在抛荒耕地加入具有有机物质的城市固体废物,这些含有机物质的固体废物可增加土壤中微生物数量和生物化学氮循环活动所需的碳源和能源,还可增加土壤的水保持能力和聚集性。Pascual 等[29]研究发现,在用 MSW 修复 10a 后,土壤的植被覆盖率从 3% 增加到 60%,总有机碳(TOC)增加 2～4 倍,腐殖酸、水溶性化合物、微生物量、基本呼吸和脱氢酶等衡量土壤质量标准的生化参数都有所提高。然而处理周期长,固体废物中的污染物有可能造成环境的新污染。

1.2 纳 米 催 化

1.2.1 纳米催化材料

纳米技术在多相催化的应用中孕育出纳米催化材料(nanocatalysts, NCs)。NCs 具有比表面积大、表面活性高和光电催化性能优良等特点,具备许多传统催化剂无法比拟的优异特性。比如,NCs 在催化氧化、还原和裂解反应都具有很高的活性和选择性,对光解水制氢和一些有机合成反应也有明显的光催化活性[30]。因此,NCs 已被广泛地应用于石油、化工、能源以及环境保护等诸多领域。

在纳米催化中,NCs 由分散在高比表面积载体上的纳米颗粒(粒径在 1~20nm)构成。纳米颗粒的大小、组成及表面形态等因素综合决定了其催化性能。纳米材料在一定的反应条件下会引起表面配位不饱和原子的变化,发生亚稳态改性,产生纳米效应,这就使 NCs 具备以下特性[31]:

①表面效应。当颗粒粒径由 10nm 减小到 1nm 时,表面原子数将从 20% 增加到 90%。这不仅使其表面原子的配位数严重不足、出现不饱和键以及表面缺陷增加,同时还会引起表面张力增大,使表面原子稳定性降低,极易结合其他原子来降低表面张力,从而产生高的表面活性。

②体积效应。当纳米颗粒的尺寸与传导电子的德布罗意波长相当或比其更小时,晶态材料周期性的边界条件被破坏,非晶态纳米颗粒表面的原子密度减小,使其在光、电、声、力、热、磁、内压、化学活性和催化活性等方面都较普通颗粒发生很大变化。比如,纳米级胶态金属的催化速率就比常规金属的催化速率提高了 100 倍。

③量子尺寸效应。当纳米颗粒尺寸下降到一定值时,费米能级附近的电子能级将由准连续态分裂为分裂能级,而分裂能级中电子的波动性可使纳米颗粒具有较突出的光学非线性、特异催化活性等性质。量子尺寸效应可直接影响纳米材料吸收光谱的边界蓝移,使 NCs 呈现出明显的禁带变宽现象,从而具有更高的氧化电位。

1.2.2 纳米催化材料的分类

1. 纳米金属粒子催化剂

这类催化剂以贵金属催化剂为主要研究对象,包括贵金属纳米催化剂、金属簇催化剂和单原子纳米催化剂等。

(1)贵金属纳米催化剂

以金(Au)为例,Au 是贵金属中最具代表性的一种元素,通常被认为具有化学惰性,没有催化活性。但当 Au 被制成高分散的 Au 纳米颗粒时,便具有较高的催化活性。然而,高分散的 Au 纳米颗粒很难制得,而且 Au 颗粒的大小、形态对其催化性能影响较大。比如,Au 颗粒在不同形核位置、不同载体上的电子结构对其催化性能都有影响。制备方法对 Au 纳米颗粒的大小、形态有重要的影响,因此,科学家探索了多种制备 Au 纳米颗粒的方法。脉冲激光沉积(PLD)技术在贵金属纳米催化剂的制备中应用较广泛。

(2)金属簇催化剂

纳米金属簇属于介观相,具有与微观金属原子和宏观金属相显著不同的性质。我国科研人员在该研究领域已经取得突破性进展。据中国科学院纳米科技网报道,刘汉范等采用化学还原法制备了 Pt 族纳米金属簇以及 Pt-Pd、Pt-Rh、Pt-Au 等纳米双金属簇。该研究小组还将高分子基体效应与冷冻干燥技术相结合,实现了大量合成纳米金属簇;他们还利用微波介电加热技术实现了纳米金属簇的连续合成,并解决了纳米贵金属簇的稳定性问题。Winans 等[32]将 Pt 金属簇负载到硅晶片[SiO_2/Si(111)]自然氧化的表面上,得到了稳定性极高的纳米金属簇。

(3)单原子纳米催化剂

理论上讲,催化剂活性组分的极限尺寸为单个原子,此时活性成分的原子利用率为100%,传统催化剂以及称之为"纳米和亚纳米"催化剂的原子利用率远低于这种理想的水平,而且单原子催化剂兼具均相催化剂的活性中心和多相催化剂结构稳定的特点,是实现统一的"大"催化理论非常重要的突破口。由于其具有优越的催化性能,在工业催化中具有巨大的应用潜力。

目前制备单原子纳米催化剂的主要方法包括:质量-分离软着陆法、金属浸出法、湿法化学法、原子层沉积法、有机金属配合物法。其中,湿法化学法通过对载体表面进行化学修饰,利用其表面改性的基团与金属前驱体相互作用的特点,使金属前驱体以单原子的形式与表面基团进行配位,从而得到单原子纳米催化剂。

由于湿法化学法操作简便,故被广泛地应用于制备单原子纳米催化剂的过程中,而且该方法成本较低,具有极高的商业应用潜力。具体方法包括:共沉淀法、浸渍法、沉积-沉淀法和强静电吸附法。目前,利用湿法化学法制备单原子或者分散度较高的催化剂主要经过以下 3 个步骤:

①通过共沉淀、浸渍、离子交换等方法将金属前驱体负载于载体之上;②经过干燥、煅烧;③使用前进行还原、活化。

除以上方法外,目前科研人员还发展了热解合成法、高温气相捕集法、限域效应禁锢法、固相熔融法、逐步连续还原法、燃烧法、离子交换-$NaBH_4$ 还原法等,这些方法也可以合成单原子纳米催化剂。

2. 纳米金属氧化物催化剂

(1)过渡金属氧化物催化剂

过渡金属元素大多都含有未成对电子,因此表现出一定的铁磁性或顺磁性,而且极易化学吸附小分子。比如 Fe、Co、Ni 就是制备碳纳米管阵列的高效纳米催化剂。过渡金属氧化物 NCs 主要用于工业氧化还原催化反应中,与金属单质催化剂相比,其耐热性和抗毒化性能显著提高,同时还具有一定的光敏和热敏性能。

比如,郭建光等[33]采用 γ-Al_2O_3 作基底,通过焙烧制得三种过渡金属氧化物催化剂 CuO/γ-Al_2O_3、CdO/γ-Al_2O_3 和 NiO/γ-Al_2O_3。通过催化燃烧乙醇、丙酮和甲苯的实验,对催化剂活性进行了评价,发现 CuO/γ-Al_2O_3 催化剂的催化活性优于 CdO/γ-Al_2O_3 和 $NiO/$-Al_2O_3 催化剂。唐晓龙等[34]在内径为 10mm 的固定床反应器中考察了一批过渡金属氧化物对低浓度 NO 的催化氧化活性,发现催化反应活性顺序为:Mn>Cr>Co>Cu>Fe>Zn。

（2）半导体光催化剂

半导体作为催化剂主要用于光催化领域。光催化剂自 1972 年被发现以来,在废水处理、除菌、空气净化及能源生产等领域的应用已被广泛关注。对光催化剂的结构与性能的调控一直是研究者关注的热点,目前研究主要集中在对掺杂、复合、贵金属沉积等方面的调控。而对新型光催化材料的研发,也是科研人员重点关注的,并开发了除 TiO_2 外的多种材料,如银基、钨基、铋基等材料。

银基半导体光催化剂作为近年来新的研究热点,在可见光下通常表现出较好的光催化活性,但光催化性能不稳定,反应过程中极易发生光腐蚀,导致光催化活性下降。此外,银基半导体通常比表面积小,无孔结构。针对其特点,科研人员从简单的银化合物进行研究,发展了银基异质结型复合体、银基固溶体及负载型银基半导体光催化剂。形成异质结、增大比表面积、丰富孔结构或通过形貌和晶面控制是解决银基半导体不足的有效方法。

钨基半导体材料作为光催化剂通常具有较小禁带宽度,能吸收可见光,表现出较好的光催化活性,近年来引起了人们的广泛关注。另外它们的结构、形貌和比表面积可以根据不同的合成方法进行调控。近年来发展出了氧化钨、钨酸盐、掺杂钨酸盐,以及复合钨酸盐等典型钨基半导体光催化材料。科研人员着重从光催化原理、形貌控制、比表面积及能隙调节等方面进行改性研究。

除单一半导体光催化剂外,科研人员在传统复合半导体光催化剂的基础上,还拓展了新型异质结光催化剂。很多研究表明,两个具有相匹配电子能级结构的半导体形成接触良好的异质结,可以有效地促进电荷转移和抑制光生电子（e^-）和空穴（h^+）的复合,从而显著提高光催化剂的活性和稳定性。目前典型光催化剂如 TiO_2、ZnO 和 Ag 基半导体等形成异质结,都会对光催化性能产生影响。近来,研究人员发现,传统异质结具有扩大光响应范围、促进载流子分离的优点,但存在氧化-还原能力不够的问题。Z 型异质结是根据自然界植物光合作用模拟的人工光合作用而提出的,相对于单一光催化剂与传统异质结光催化剂具有有效分离电子-空穴对、减少复合概率、保留强氧化-还原活性位点、扩大光响应范围、提高光催化活性等优点。

3. 超细分子筛催化剂

沸石分子筛在石油化工中应用广泛。比如,在石油化工生产过程中进行催化裂化,包括流化催化裂化、加氢裂化、选择性裂化等。同时,分子筛催化剂在分子重排、偶合和碳碳键生成及异构化等方面,均有良好的催化性能。相对于普通孔径分子筛,超细纳米分子筛有更大的外表面积和较高的晶内扩散速率,在提高催化剂的利用率、增强大分子转化能力、减小深度反应、提高选择性以及降低结焦失活等方面均表现出优异性能。比如,ZSM-5纳米分子筛催化剂的吸附能力和表面活性都比微米分子筛有明显提高[35]。

1.2.3　纳米催化材料的制备方法

NCs的制备方法直接影响其结构、粒径分布和形态,从而影响其催化性能。因此制备方法是得到不同性质NCs的重要影响因素。

1. 微乳液法

微乳液是由两种不互溶液体形成的。它是一种热力学稳定的、各向同性的、外观透明或半透明的分散体系。微观上看,它是由表面活性剂界面膜所稳定的一种或两种液体的微滴所构成,包括W/O(油包水型乳状液)和O/W(水包油型乳状液)两种类型,其中W/O型微乳液常用于纳米催化剂制备中[36]。

在W/O型微乳液中,水核被表面活性剂和助表面活性剂组成的界面所包围,尺度小且彼此分离,故可以看作一个“纳米反应器”。该反应器具有很大的界面,在其中可增容各种不同的化合物。由于化学反应被限制在水核内,最终得到的颗粒粒径将受到水核大小的控制。

微乳液法制备纳米催化剂有以下特点:①粒子表面包裹一层表面活性剂分子,使粒子间不易聚集;②通过选择不同的表面活性剂分子可对粒子表面进行修饰,并可在很宽的范围内控制微粒的大小且粒径分布窄;③可在室温下制备双金属催化剂;④在微乳液内直接合成纳米金属粒子,无须进一步热处理即可用于悬浮液中的催化;⑤载体对颗粒形成无影响。目前,微乳液法在工业生产上还面临一些挑战,比如油相物质回收和循环利用、规模化生产等。

2. 溶胶-凝胶法

溶胶-凝胶法操作简单、反应条件温和,所得产品颗粒尺寸集中、化学均匀性好、烧结温度低、产品纯度高,可用于无机氧化物分离膜、金属氧化物催化剂、杂多酸催化剂和非晶态催化剂等的制备。该法主要以金属无机盐或醇盐为前驱体,利用其水解或聚合反应制备金属氧化物或金属非氧化物的均匀溶胶,再将溶胶浓缩成透明凝胶;凝胶再经干燥、热处理即可得到纳米颗粒[37]。

溶胶-凝胶法的基本步骤包括:①将易于水解的金属化合物水解生成水合金属氧化物或氢氧化物,胶溶得到稳定的溶胶;②所得溶胶再经缩聚/凝结形成凝胶;③所得凝胶经干燥、焙烧等后处理制得所需催化剂。

3. 原子层沉积法

原子层沉积(atomic layer deposition,ALD)法是一种化学气相薄膜沉积技术,通过将气相前驱体交替脉冲通入反应室并在沉积基体表面发生气固相化学吸附反应形成薄膜,又被称为原子层外延(atomic layer epitaxy,ALE)技术。这种技术基于有序、表面自饱和反应,起源于20世纪60年代,由苏联科学家Aleskovskii和Koltsov首次报道。原子层沉积法为负载型金属催化剂在使用过程中的烧结问题提供了解决思路。路军岭等利用原子层沉积法成功制备了一系列催化剂[38,39]。

如图 1-1 所示,原子层沉积过程由 A、B 两个半反应分四个基元步骤进行[40]:①前驱体 A 脉冲吸附反应;②惰气吹扫多余的反应物及副产物;③前驱体 B 脉冲吸附反应;④惰气吹扫多余的反应物及副产物,然后依次循环从而实现薄膜在衬底表面逐层生长。

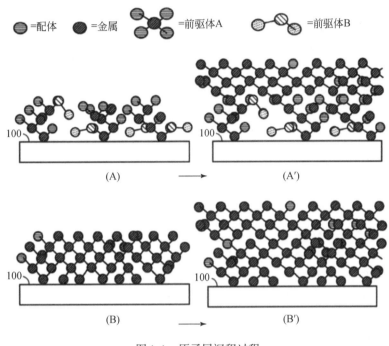

图 1-1　原子层沉积过程

4. 沉淀法

沉淀法是在液相中将化学成分不同的物质混合,再加入沉淀剂使溶液中的金属离子生成沉淀,对沉淀物进行过滤、洗涤、干燥或煅烧制得 NCs。沉淀法可分为无外场辅助和有外场辅助的沉淀法。

无外场辅助沉淀法包括共沉淀法、均相沉淀法等,具有操作简单、方便的特点。

①共沉淀法。将过量的沉淀剂加入混合后的金属盐溶液中,使各组分均匀混合沉淀,然后将沉淀物多次洗涤、脱水或烘干得到前驱体,再将前驱体加热分解得到纳米粒子。该法主要用于制备掺杂一定比例金属的金属氧化物纳米粒子。但该法不足之处在于,在形成沉淀过程中,沉淀剂可能导致局部浓度过高而产生团聚,或由于沉淀的不同顺序而导致组成不够均匀。

②均相沉淀法。针对共沉淀法的不足,本法采用缓慢水解的沉淀剂来控制粒子生成速度,从而控制过快沉淀产生的团聚颗粒。例如,由于尿素在 70℃ 左右发生水解,可以采用尿素作沉淀生成剂,在生成沉淀剂 NH_4OH 时,可通过控制生成 NH_4OH 的速率(即通过控制温度、浓度)来控制粒子的生长速度,使生成的超微粒子团聚现象大为减少,即可达到避免浓度不均、控制粒子生长速度的目的。

有外场辅助沉淀法包括超声共沉淀法、交流电沉淀法等。这类方法使纳米催化剂具有更细和均匀的特征。

①超声共沉淀法。超声波可以产生"超声空化气泡",形成局部高温高压环境,并形成具有强烈冲击力的微射流。因此,超声波辅助更易实现反应介质间的均匀混合,从而能够消除局部浓度不均,提高反应速度,并刺激新相的形成,而且对团聚还可起到剪切作用,有利于微小颗粒的形成。研究表明,在共沉淀过程中,施加超声波辐射可使 $LaNiO_3$ 复合氧化物的粒径减小,比表面积增大,表面晶格氧空位增加。

②交流电沉淀法。以金属丝(或片)作电极,与交流电源相连,一个电极的末端固定在电解液中,另一个电极的末端与电解液周期性瞬间接触。电弧强烈交流放电过程中产生的大量热使金属丝(或片)熔化,并首先形成金属纳米粒子,而后因其极大的反应活性,迅速氧化成金属离子,进一步水解成氢氧化物微粒。根据其稳定程度的不同,最后产物有的转变为氧化物,有的依然为氢氧化物。经分离沉淀物、洗涤烘干,即可得到纳米氧化物(或氢氧化物)微粒。

5. 离子交换法

首先对沸石、SiO_2 等载体表面进行处理,使 H^+、Na^+ 等活性较强的阳离子附着在载体表面;然后将此载体放入含 $Pt(NH_3)Cl^+$ 等贵金属阳离子基团的溶液中,通过置换反应使贵金属离子占据活性阳离子原来的位置,在载体表面形成贵金属纳米微粒。该方法不仅比用浸渍法、机械混合法制备的分子筛表现出更好的固相性质和更高的产物收率,而且积碳量很低。

6. 超声波辅助法

除了上述固相法、气相法和液相法常规制备技术外,近年来,外场作用下的纳米材料制备技术获得了较大发展。外场作用下制备技术可分为声化学合成[41,42]、微波辐照技术[43,44]等。

超声波使物质在溶液中传递和扩散的速率变大,这样粒子与粒子之间相互碰撞更加剧烈,于是粒子的表面物质从表面脱离出来,界面得到更新。超声波的空化作用可以强化界面间的化学反应过程和传递过程,为制备具有特殊性能的新型纳米材料提供了一条重要的途径。

7. 热处理辅助法

热处理工艺操控简单,是纳米材料制备过程中重要且常用的调控手段。纳米催化剂的比表面积、平均粒径、结晶度、形貌结构等性能,均能通过热处理进行调控。因此,通过热处理条件的调控,细化晶粒、增加比表面积以及使掺杂元素均匀分散是热处理调控催化剂结构与性能的重要手段。

8. 溶剂热法

该法是于高温高压下在水溶液或蒸汽等流体中合成氧化物,再经分离或热处理得到纳米粒子。此法具有原料易得、粒子纯度高、分散性好、晶型好且可控、成本相对较低等优点。

9. 水解法

该法是在高温下将金属盐的溶液水解,生成水合氧化物或氢氧化物沉淀,经过滤、洗涤、加热分解即可得到金属氧化物纳米粉末。水解法包括金属盐水解法和金属醇盐水解法。

1.2.4 纳米催化材料与环境净化

1. 纳米光催化材料

光催化材料在水、气、固的处理中都有作用。这得益于光催化材料绿色、广谱的氧化还原特性。以光催化剂 TiO_2 治理大气污染为例。研究发现,光催化剂 TiO_2 以活性炭纤维作载体,在波长 254nm 的紫外光下对甲醛进行吸附和光催化氧化,可达到甲醛 96% 的脱除率[45]。然而,由于 TiO_2 禁带宽为 3.2eV,只有波长小于 387.15nm 的光才能被吸收。部分紫外光(300~400nm)只占到达地面的太阳光能的 4%~6%,而可见光却占了太阳光能总能量的 45%。为了充分利用太阳光,需要缩短 TiO_2 禁带宽度,开发能被可见光激发的新型光催化剂。采用的方法主要分为阳离子掺杂取代 TiO_2 晶格中 Ti 和阴离子掺杂取代晶格中的氧等。

2. 纳米热催化材料

热催化氧化技术是一种有效去除甲醛的方法,在一定温度下,甲醛和氧气在催化剂上反应生成二氧化碳和水。主要通过物理或化学的方法将具有催化活性的金属或金属氧化物负载于载体上得到催化剂。根据所需要的操作温度可将热催化氧化分为常温(室温)催化氧化和高温(高于室温)催化氧化。

(1)高温催化氧化

催化氧化用于治理室内空气污染大多需要在较高温度下进行。众多研究者一直致力于降低反应温度和提高催化氧化活性的研究。

一般向催化剂中添加贵金属能够提高催化剂的催化活性。Alvarez-Galvan 等[46]考察了负载型 Mn/Al_2O_3 和 $Mn-Pd/Al_2O_3$ 催化剂对甲醛的氧化活性,发现当反应温度高于 363K 时,甲醛在 0.4% Pd~20% Mn/Al_2O_3 催化剂上可以完全转化为 CO_2 和 H_2O,而在 Mn/Al_2O_3 上,温度必须上升到 493K 甲醛才被完全氧化。

不同载体对催化剂的反应活性也有较大影响。Jia 等[47]通过浸渍的方法将 2% 的 Au 负载于 TiO_2 和 CeO_2 上,在甲醛和 CO 的催化氧化反应中,发现 Au/CeO_2 在 353K 时甲醛的转化率为 100%,而 Au/TiO_2 在 503K 时甲醛才达到 100% 氧化转化,但两者在 258K 时对 CO 均达到了 100% 转化。5Å 分子筛被广泛用作干燥剂和吸附剂,当温度高于 653K 时对甲醛也有氧化活性。Yang 等[48]通过离子交换向 5Å 分子筛中掺杂了 Fe^{3+},在甲醛的催化氧化反应中发现 343~373K 甲醛开始被氧化,当温度达到 430~463K 时甲醛被完全氧化。最近 Tang 等[49]先通过共沉淀法制备了 MnO_x-CeO_2 固溶体,然后将 Ag 负载在该固溶体上用于甲醛的脱除。由于在催化剂 Ag/MnO_x-CeO_2 中 Ag、Mn 和 Ce 的氧化物之间存在协同作用,该催化剂在 373K 的温度下能够将甲醛完全氧化为水和二氧化碳。

（2）常温催化氧化

由于高温多相催化氧化不适于居室环境下甲醛的脱除,因而人们开始寻找在室温条件下能将甲醛氧化的催化剂。

2001 年,Sekine 等[50]采用由活性炭和氧化锰制成的板状催化剂,用于室温下甲醛脱除的研究。结果发现半个月内甲醛的浓度从 0.21ppm 降低到了 0.04ppm 以下。随后 Sekine[51]又对多种金属氧化物在室温下,密闭体系中甲醛的分解进行了研究,发现 Ag_2O、PdO、MnO_2、CoO、TiO_2、CeO_2 和 Mn_3O_4 的脱除率较高（>50%）,其中 MnO_2 的脱除率最高（粗粒 91%,1.2μm 细粒 100%）,而 La_2O_3、ZnO 和 V_2O_5 在室温条件下氧化活性很低（0~7%）。

3. 纳米电催化材料

电催化反应是利用电极使化学反应速度和选择性发生变化的一种电化学反应。这种反应是解决传统能源逐渐枯竭以及环境污染问题的有效途径。以制备清洁燃料氢气来说,普通电解水制氢较难进行,而且产率不高。纳米材料具有很大的比表面积和高比例的表面原子数,电化学中的电催化反应往往需要电极材料表面原子的参与,所以纳米材料与传统材料相比具有更高的电催化活性。因此,纳米电催化剂也成为研究热点。

使用纳米电催化材料可以大大降低过电位,使阳极氧化起始电位负移,阴极还原电位正移,同时峰电流显著增大,进而改善电催化性能。由于纳米电催化剂尺寸小,表面面积大,用量少,主要应用在直接甲醇燃料电池中。在析氢方面,增加电极的比表面积以改善析氢反应的活性,降低析氢过电位等。而且,其晶粒尺寸与电催化活性有着密切的关系,这在电解水、氯碱工业和化学电源等领域有着重要的应用价值[16]。

在燃料电池中,非贵金属碳基氧还原催化剂是当前热门的燃料电池催化剂,而传统制备过程中,需要经过高温（>700℃）碳化过程来提高材料的导电性和催化活性。高温碳化过程中,材料结构可能发生不可预测性的改变,以及重构、催化活性位不清晰、难以控制等问题,给催化过程中的反应机制、失活机理与宏量制备等带来重大挑战。刘庆彬[52]认为,利用非碳化策略构筑新型氧还原电催化材料,可以为活性位点、催化机理的研究带来新的机遇。

参 考 文 献

[1]《钱易学术文集》编委会. 钱易学术文集[J]. 化工学报,2018,69(12):4947-4958.

[2] 吕效谱,成海容,王祖武,等. 中国大范围雾霾期间大气污染特征分析[J]. 湖南科技大学学报(自然科学版),2013,28(3):104-110.

[3] Dela C,Christensen J,Thomsen J,et al. Can ornamental potted plants remove volatile organic compounds from indoor air?:A review[J]. Environ. Sci. Pollut. Res. ,2014,21:13909-13928.

[4] 李艳莉,尹诗,黄宝妍,等. 室内甲醛污染来源及其对人体的危害[J]. 佛山科学技术学院学报(自然科学版),2003,21(1):49-52,74.

[5] 张怀娜. 居室空气污染对人体健康的影响[J]. 中国公共卫生管理,2003,19(1):78-79.

[6] 田世爱,于自强,张宏,等. 室内甲醛污染状况调查及防治措施[J]. 洁净与空调技术,2005,(1):41-43,47.

[7] Volumel Washington. Indoor air pollution,the complete resource guide[R]. the Bereau of Nation Affairs,1998:

25-26.

[8] 吴媛媛,项正心. 土壤污染防治现状与展望[J]. 环境与发展,2017,29(3):116-117.

[9] 陈卫平,杨阳,谢天,等. 中国农田土壤重金属污染防治挑战与对策[J]. 土壤学报,2018,55(2): 261-272.

[10] 朱鸣凡,廖春鑫,陈爱平,等. 改性活性炭及其甲醛净化性能[J]. 华东理工大学学报(自然科学版), 2021,47(5):561-568.

[11] Inal I, Aktas Z. Enhancing the performance of activated carbon based scalable supercapacitors by heat treatment[J]. Applied Surface Science,2020,514:145895.

[12] Eriksson B,Johanssin L,Svedung I. Filtration of formaldehyde contaminated indoor air[R]. Copenhagen:The Nordest Symposium on Air Pollution Abatement by Filtration and Respiratory Protection,1980.

[13] Seiki T, Kawasaki N, Nakamura T, et al. Removal of formaldehyde by activated carbons containing amino groups[J]. J. Colloid. Interf. SCI,1999,214(1):106-108.

[14] 周中平,赵寿堂,朱立,等. 室内污染检测与控制[M]. 北京:化学工业出版社,2002:321-322.

[15] Massimo F, Pier M. Mitigation of air pollution by greenness:A narrative review[J]. European Journal of Internal Medicine,2018,55:1-5.

[16] 白雁斌,刘兴荣. 吊兰净化室内甲醛污染的研究[J]. 海峡预防医学杂志,2003,9(3):26-27.

[17] 吴林森. 试论植物在控制居室空气污染中的作用[J]. 江苏林业科技,2004,31(5):26-28.

[18] 蒋耀庭,潘丽娜,金德林,等. 人工负离子净化舰艇舱内空气的效果研究[J]. 环境与健康杂志,1999, 16(5):277-279.

[19] Cardenas C, Daniel A. Ernest S. How does nature regulate atmospheric composition?:Formaldehyde removal from air[C]. Conference on Bioinspiration,Biomimetics,and Bioreplication,2021:1158609.

[20] 缪劲松,徐红丽,欧阳吉庭,等. 利用低温等离子体技术脱除甲醛的研究[J]. 北京理工大学学报, 2005,25(z1):189-192.

[21] Johnson,William B. Process for production of acid aqueous solutions of melamine-aldehyde polymer having low level of free-aldehyde[P]. US:6100368. 2000-08-08.

[22] Pai,Panemangglove S. Process for easy-care finishing cellulosies[P]. US:3957431. 1976-05-18.

[23] Sharp,Dimaano L, Hilda R. Water-bone coating composition having ultra low formaldehyde concentration [P]. US:5795933. 1998-08-18.

[24] 纪红兵,佘远斌. 绿色氧化与还原[M]. 北京:中国石化出版社,2005:69-73.

[25] 纪红兵,钱宇. 清洁氧化反应关键技术基础研究的进展[J]. 自然科学进展,2004,14(2):132-140.

[26] 胡春华,邓先珍,汪茜,等. 土壤污染修复技术研究综述[J]. 湖北林业科技,2005,(5):44-47.

[27] Aguer J,Richard C. Transformation of fenuron induced by photochemical excitation of humic acids[J]. Pestic Sci. ,1996,46:151-155.

[28] Pelizzetti E,Carlin W,Minero C,et al. Purifying contaminated soil[P]. USA:A62D-003/00. 1991-01-04.

[29] Pascual J,Garcia P,Herndez T,et al. Soil microbial activity as a biomarker of degradation and remediation processes[J]. Soil Biol. Biochem. ,2000,32:1877-1882.

[30] Alam U,Khan A,Ali D,et al. Comparative photocatalytic activity of sol-gel derived rare earth metal (La,Nd, Sm and Dy)-doped ZnO photocatalysts for degradation of dyes[J]. RSC Adv. ,2018,8:17582-17594.

[31] 李敏,崔屾. 纳米催化剂研究进展[J]. 材料导报,2006,20(z1):8-12,19.

[32] Winans R,Vajda S,Lee B. Thermal stability of supported platinum clusters studied by *in situ* GISAXS[J]. J. Phys. Chem. ,2004,108(47):18105-18107.

[33] 郭建光,李忠,奚红霞,等. 催化燃烧 VOCs 的三种过渡金属催化剂的活性比较[J]. 华南理工大学学

报(自然科学版),2004,32(5):56-59.

[34] 唐晓龙,李华,易红宏,等. 过渡金属氧化物催化氧化 NO 实验研究[J]. 环境工程学报,2010,4(3):639-643.

[35] 王岚,孟霜鹤,谭志诚,等. 纳米分子筛 ZSM-5 的热稳定性研究[J]. 催化学报,2001,22(5):491-493.

[36] 李朝晖,戴伟,傅吉全. 微乳液法制备纳米催化剂的应用研究进展[J]. 化工进展,2008,27(4):499-502.

[37] 白国义,王海龙,宁慧森. 溶胶-凝胶法制备纳米尺度催化剂的研究进展[J]. 化学推进剂与高分子材料,2008,6(5):17-21.

[38] Chen C,Ou W,Yam K. Zero-valent palladium single-atoms catalysts confined in black phosphorus for efficient semi-hydrogenation[J]. Adv. Mater. ,2021,33:2008471.

[39] Liu Y,Xia W,Xu L. Integration of bimetallic electronic synergy with oxide site isolation for boosting selective hydrogenation of acetylene[J]. Angew. Chem. Int. Ed. ,2021,60:19324.

[40] Cai J,Han X,Wang X. Atomic layer deposition of two-dimensional layered materials:Processes,growth mechanisms,and characteristics[J]. Matter,2020,2:587-630.

[41] Hansen H,Seland F,Sunde S,et al. Frequency controlled agglomeration of Pt-nanoparticles in sonochemical synthesis[J]. Ultrason. Sonochem. ,2022,85:105991.

[42] Yang Z,He J,Zang X,et al. Rapid sonochemical synthesis of an intercalated superconductor [J]. Chem. Select,2018,3,5652-5659.

[43] Nagaraju P,Arivanandhan M,Alsalme A,et al. Enhanced electrochemical performance of α-MoO$_3$/graphene nanocomposites prepared by an *in situ* microwave irradiation technique for energy storage applications[J]. Rsc. Adv. ,2020,10:22836-22847.

[44] Mohanraj K,Changa J,Balasubramanianb D,et al. Effect of Ti on microstructural and optoelectrical characteristics of Ti-CdO NPs prepared with microwave irradiation techniques for application of the n-TiCdO/p-Si photodetector[J]. J. Alloy. Compd. ,2021,888:161568.

[45] Obregón S,Rodríguez-González V. Photocatalytic TiO$_2$ thin films and coatings prepared by sol-gel processing:A brief review[J]. J. Sol-Gel Sci. Techn. ,2022,102:125-141.

[46] Alvarez-Galvan M C,Pawelec B,O'Shea V A D. Formaldehyde/methanol combustion on alumina-supported manganese-palladium oxide catalyst[J]. Appl. Catal. B Environ. ,2004,51(2):83-91.

[47] Jia M,Shen Y,Li C. Effect of supports on the gold catalyst activity for catalytic combustion of CO and HCHO [J]. Catal. Lett. ,2005,99(3-4):235-239.

[48] Yang X,Shen Y,Yuan Z. Ferric ions doped 5Å molecular sieves for the oxidation of HCHO with low concentration in the air at moderate temperatures[J]. J. Mol. Catal A-Chem. ,2005,237(1-2):224-231.

[49] Tang X,Chen J,Li Y. Complete oxidation of formaldehyde over Ag/MnO$_x$-CeO$_2$ catalysts[J]. Chem. Eng. J. ,2006,1 18(1-2):119-125.

[50] Sekine Y,Nishimura A. Removal of formaldehyde from indoor air by passive type air-cleaning materials[J]. Atmos. Environ. ,2001,35(11):2001-2007.

[51] Sekine Y. Oxidative decomposition of formaldehyde by metal oxides at room temperature [J]. Atmos. Environ. ,2002,36(35):5543-5547.

[52] 刘庆彬. 非贵金属氧还原电催化剂的非碳化策略制备与性能研究[D]. 北京:北京化工大学,2021.

第 2 章 光/热催化基础

2.1 光催化基础

2.1.1 光催化作用

光催化是以催化剂作媒介,在太阳光照射下,因光催化剂吸收光产生光生电子和空穴,引发化学反应,从而导致反应物质的化学改变。在光催化反应中,至关重要的是光催化剂,它能多次与反应物发生反应生成中间产物,并且自身在反应前后保持不变。一般情况下,光催化剂主要为半导体材料。这是因为半导体材料在光照条件下激发产生光生电子和空穴,它们会在半导体内部传输并与表面上的吸附物质相互作用。如图 2-1 所示,光催化反应主要有下面的几个基本反应过程[1,2]:

① 当光照射到半导体光催化剂上时(能量大于半导体禁带宽度),半导体价带上的电子受到激发进入导带,在价带上留下带正电荷的空穴 h^+,而导带中多出了电子 e^-。

② 当光生电子对迁移到半导体表面后,h^+ 具有强氧化性,能氧化吸附在催化剂表面的有机污染物;而光生电子 e^- 具有强还原性,可以还原 O_2 成为活性氧物质或直接还原吸附在催化剂表面的物质。

③ 分离的电子–空穴对可能在迁移的过程中复合,也可能在迁移的过程中被晶格缺陷捕获,使电子对无法到达半导体表面从而失去其光催化效果。

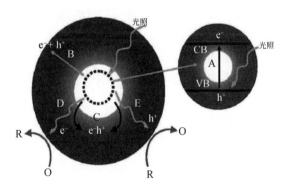

图 2-1　光催化剂的光催化机理

光催化氧化技术通过光催化反应中生成的光生电子和空穴及一系列高氧化还原电位的活性氧物质,利用氧化还原反应破坏体系中污染物的价键从而达到彻底降解污染物的目的。

在环境领域的应用主要有两个方面:液相污染物的矿化,如工业废水处理[3,4];气态污染物处理,如 VOCs 的氧化[5,6]。光催化氧化技术能够使大部分 VOCs 降解,包括烷烃[7]、卤代烃[8]、芳香烃[9,10]、醇[11,12]、烯烃[13]以及消毒副产物和个人护理品等新生污染物[14-16]。对于一些难以用常规处理技术处理的污染物,光催化氧化技术具有很大优势,除污能力可达 10^{-9} 数量级。因此,光催化氧化技术是目前环境污染治理的重要新技术之一,有希望成为解决环境污染问题的有效、廉价、可行的途径。

1976 年,Carey 等[17]利用紫外光照射 TiO_2 催化剂,成功地降解水中的有机污染物,而使光催化技术在处理环境污染物方面得到实际应用。此后,光催化技术受到各国研究者的广泛关注。从 20 世纪 70 年代末开始,光催化氧化液相有机污染物在国内外广泛开展。TiO_2 由于具有化学稳定性、来源性丰富等优点成为光催化领域最具有应用潜力的光催化剂之一。然而其本身的宽能带间隙使其在应用过程中受到了很大的限制。因此,能利用可见光的新型光催化材料也逐渐出现,例如 $BiOI$[18]、$BiVO_4$[19]、$\alpha\text{-}Fe_2O_3$[20]等。气相污染物的光催化氧化与液相污染物的矿化主要差异表现为表面反应类型和产生的活性物质不同。光催化氧化反应过程产生了多种具有强氧化性的氧化物等,这些活性基团跟催化剂表面的有机分子污染物发生氧化还原作用后,有机物分子化学键断裂直到降解为无毒的小分子 CO_2 和 H_2O,达到矿化有机物的目的。

以上这些优点使光催化具有很大的应用前景,能节约大量的能源;但就目前研究现状看,光催化氧化技术存在量子效率低、反应过程不可控等缺点,致使其还无法在实际工业应用中发挥其应有的作用。因此,寻找高效、低廉、稳定的催化材料是目前光催化氧化技术最重要的研究方向之一。

2.1.2　光催化材料

光催化材料是指在光的作用下,可发生一系列光化学反应的材料,这类材料的分布比较广泛,主要包括无机和有机光催化材料两大类。其中无机光催化材料以半导体材料为主,包含双金属、非金属等;有机光催化材料包括有机骨架(MOF)等。目前,通常所说的光催化材料是指无机半导体材料。这类材料可以通过比带隙高的光能激发,产生能量丰富的电子-空穴对。半导体光催化剂具有化学和生物惰性以及光稳定性,拥有廉价和无毒的特点。在这些异质半导体中,TiO_2 是最广泛使用的光催化材料,因为它满足了上述所有要求,同时具有足够的转换效率。

传统的金属氧化物半导体材料主要是指以 TiO_2 为代表的光催化剂。除 TiO_2 外,目前还发展了 ZnO[21]、$SrTiO_3$[22]、CeO_2[23]、WO_3[24]、$\alpha\text{-}Fe_2O_3$[20]半导体催化剂。在早期,也曾经较多使用硫化镉(CdS)和氧化锌(ZnO)作为光触媒材料,但是由于二者的化学性质不稳定,会在光催化的同时发生光溶解,溶出有害的金属离子,具有一定的生物毒性,因此在国外已经比较少将它们用作为民用光催化材料,只有部分工业光催化领域还在使用。在以上材料中,$SrTiO_3$ 是一种钙钛矿型半导体材料,这是一类非常具有潜力的光催化剂。作为光催化材料,钙钛矿有几个明显的优势。第一,钙钛矿可以提高有利的能带边缘电位,允许各种光致反应。例如,与二元氧化物相比,钙钛矿有足够的阴极导带(CB)能量用于光催化析氢反应。

第二,晶格中的 A 位和 B 位阳离子可以为改变能带结构以及扩展光电物理性质提供机会。在双钙钛矿 $A_2B_2O_6$ 中,B 位的两种阳离子的化学计量占位对可见光催化是有利的。第三,一些研究表明,将铁电或压电等效应与光催化效应结合起来更有利于光催化活性的提高。Domen 等[25]首次报道了负载了助催化剂 NiO 的钙钛矿 $SrTiO_3$,可在紫外光下分解水。近期随着研究不断深入,在能源和环境上的应用不断取得突破。Parida 等[26]采用溶胶-凝胶法合成了具有正交钙钛矿结构的 $LaFeO_3$,500℃ 活化的 $LaFeO_3$,在可见光条件下 H_2 和 O_2 的生成速率分别为 $1290\mu mol/h$ 和 $640\mu mol/h$。Yadav 等[27]通过水热法制备了四方 $BaTiO_3$,在紫外光下照射 120min,水杨酸的降解率达 51%。

除了常见的传统半导体氧化物光催化材料外,还有一些非金属光催化剂。比如,成会明等研究发现,环八硫(S-8)的 α-硫晶体是具有可见光活性的单质光催化剂。研究表明,α-S 晶体不仅具有产生羟基自由基的能力,而且具有在紫外-可见光和可见光辐射下的光电化学过程中分解水的能力。尽管 α-硫晶体具有大粒径和较差的亲水性,其绝对活性较低,但他们认为,借助表面改性、纳米尺度效应以及掺杂等,在单质 S 光催化材料活性的提高方面潜力巨大。2012 年余济美教授团队[28]首次发现单质红磷具有可见光光催化活性,但活性不强。2016 年余长林教授团队[29]将小尺寸的纤维红磷负载于 SiO_2 以及利用超声波对纤维红磷进行破碎,并由此在光催化产氢方面取得重大突破。结果发现所制备的红磷稳定性好,产氢活性超过 $600\mu mol/(h \cdot g)$,这是迄今为止催化活性最强的元素催化材料,这与最初报道在 *Nat. Mater.* 上的 C_3N_4 产氢活性相当。这对进一步理解半导体元素光催化材料特性和开发元素光催化材料是十分重要的。

2.1.3　典型光催化材料及其改性

1. 碳酸银基复合光催化剂及其改性

TiO_2、ZnO 等传统光催化剂属于紫外光响应型,无法利用占太阳光能量 50% ~60% 的可见光,因此对太阳能的利用率非常低。研发高光催化活性、高稳定性的可见光响应催化材料在环境处理和能源转化中具有更广泛的应用价值。银基半导体具有良好的可见光响应性能,但是,它普遍存在易发生光化学腐蚀而导致稳定性差等缺点。比如单斜晶相 Ag_2CO_3 的带隙能为 2.50eV,所需入射光最大波长为 496nm,具有可见光响应。

目前,Ag_2CO_3 光催化剂[30-32]还不完全具有工业上要求催化剂的高稳定性、高选择性和高催化效率,暂时还不能投入工业使用。广大研究者对 Ag_2CO_3 光催化剂进行了改性研究,以获得具有高光催化活性和高稳定性的光催化剂,以备能尽早地投入工业使用,进一步缓解环境污染和解决能源短缺等重大问题。目前主要从两个方面进行了改性研究:一是通过半导体耦合构筑形成异质结来降低半导体的禁带宽度,增加其对光的吸收性能;二是非金属掺杂抑制 Ag_2CO_3 半导体的光生电子-空穴对的复合,从而有效地促进了光催化反应的进行。

本书作者对银基半导体的特点做了较系统的研究,提出利用 Ag_2CO_3 和宽禁带的 TiO_2 进行耦合,利用两者的能带匹配性,提高光生电子-空穴对的分离,制备了高光催化活性的 Ag_2CO_3/TiO_2 异质结复合光催化剂[33];然后将 Ag_2CO_3 和窄禁带的 AgX(Cl,Br,I)耦合形成异质结,大幅度提高其光催化性能和稳定性[34-37];此外还利用氧化石墨烯 GO、石墨烯 GR 优异的电子传导性能,设计了 GO/Ag$_2$CO$_3$ 和 GR/Ag$_2$CO$_3$ 等光催化剂[38]。

　　研究发现,Ag$_2$CO$_3$/TiO$_2$ 异质结光催化剂的光催化活性明显要高于纯 Ag$_2$CO$_3$ 和 TiO$_2$[33](图 2-2)。能带结构计算说明了 Ag$_2$CO$_3$ 和 TiO$_2$ 之间有相互匹配的电势,两者之间可以形成异质结结构,能够有效地促进光生电子(e$^-$)与空穴(h$^+$)对的分离和抑制 e$^-$ 和 h$^+$ 对的复合,从而提高了 TiO$_2$ 光催化活性和拓宽了其光谱响应范围。通过超声沉积法合成了 GO/Ag$_2$CO$_3$、GR/Ag$_2$CO$_3$ 复合光催化剂,考察了可见光下不同 GO、GR 掺杂量对复合光催化剂光催化降解甲基橙活性的影响。结果表明复合光催化剂显示出极高的光催化活性。由于石墨烯具有大比表面积和稳定性等优异的性能,它的引入可以有效地促进 e$^-$ 和 h$^+$ 对的分离,从而提高了 Ag$_2$CO$_3$ 的光催化活性。AgBr/Ag$_2$CO$_3$ 光催化剂经过 8 次循环后,在可见光照射下仍然具有较高的光催化活性(图 2-3),这表明 AgBr/Ag$_2$CO$_3$ 异质结复合光催化剂同时具有较好的稳定性能。AgX(Cl,Br,I)与 Ag$_2$CO$_3$ 具有相互匹配的电位,可以形成 AgX(Cl,Br,I)/Ag$_2$CO$_3$ 异质结,加快了光生电子-空穴对之间的分离并减少了其复合概率,光催化活性和稳定性得到了明显提高[35]。

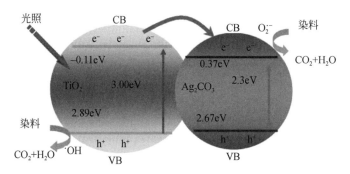

图 2-2　Ag$_2$CO$_3$/TiO$_2$ 异质结光催化剂促进光催化可能机理示意图

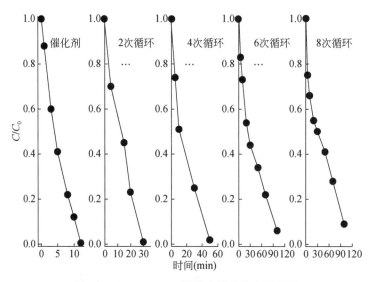

图 2-3　AgBr/Ag$_2$CO$_3$ 样品光催化稳定性测试

本书作者还以廉价的石墨粉为原料,采用 Hummers 氧化法合成了氧化石墨烯 GO,再应用水合肼作为还原剂还原氧化石墨烯 GO 得到石墨烯 GR。应用了液相沉积法合成了一系列的 GO/Ag_2CO_3、GR/Ag_2CO_3 复合光催化剂,光催化降解甲基橙实验结果表明氧化石墨烯 GO 和石墨烯 GR 的引入可以显著提高 Ag_2CO_3 的光催化活性,0.5% GO/Ag_2CO_3 和 1% GR/Ag_2CO_3 复合光催化剂样品显示出最好的光催化活性[38]。由于 GO、GR 具有大比表面积、良好的电子传导性和稳定性等优异的性能,将它们引入 Ag_2CO_3 中可以有效地促进光生电子-空穴对的分离和抑制其复合概率,从而提高了其光催化活性。

此外,制备了其他半导体复合的 Ag_2CO_3 催化剂,提高了其光催化活性。比如通过分步沉淀法制备了一系列不同 $SrCO_3$ 摩尔分数的 $SrCO_3$-Ag_2CO_3 光催化剂[39](图 2-4)。表征结果表明,$SrCO_3$ 的复合增强了 Ag_2CO_3 在可见光区的光吸收能力,拓宽了光响应范围,降低了光生载流子的迁移阻力,提高了光生载流子分离和利用效率,从而提高了 Ag_2CO_3 的光催化活性。以温室气体 CO_2 作为碳源,也可以通过气相共沉淀法制备 $SrCO_3$-Ag_2CO_3 光催化剂。该方法制备的 Ag_2CO_3 纯样的光催化活性比较低,通过调节 $SrCO_3$ 的加入量,光催化活性得到了明显提高。该方法制备的 Ag_2CO_3 样品颗粒较大,加入 $SrCO_3$ 后,催化剂的形貌发生了明显改变,并且比表面积增大,有利于光生电子-空穴对的分离。同时,材料对可见光的吸收得到增强,光催化活性得到提高。采用水热法制备了 MoS_2 层状半导体,使用沉淀法将其引入 Ag_2CO_3 体系,由于 MoS_2 良好的光电性能,复合材料的光生载流子迁移效率明显提高,表现出更优异的光催化活性。

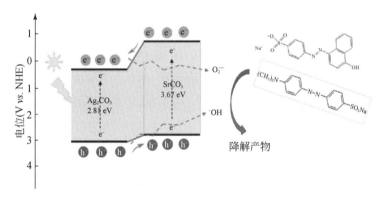

图 2-4　$SrCO_3$-Ag_2CO_3 复合光催化剂降解有机污染物的反应机理

2. 钼酸铋基光催化剂

钼酸铋(Bi_2MoO_6)作为新一代可见光催化剂具有独特的理化性质而受到广泛关注[40]。但单一 Bi_2MoO_6 光催化材料量子效率较低,可以采用异质结构建、非金属离子掺杂以及自身缺陷调控三种手段对 Bi_2MoO_6 进行改性,通过提高光生载流子的利用效率,增强 Bi_2MoO_6 的光催化活性。

①通过醇热(乙二醇)-焙烧法制备具有三元异质结的二元相 TiO_2(锐钛矿、金红石)复合 Bi_2MoO_6 催化剂[41]。引入的 TiO_2 与 Bi_2MoO_6 界面形成异质结,有效降低了 Bi_2MoO_6 光生电

子(e^-)与空穴(h^+)对的复合率,提升了 e^- 和 h^+ 的利用效率。通过醇热(乙二醇)联合煅烧法制备了一系列二元相 TiO_2(锐钛矿、金红石)复合 Bi_2MoO_6 催化剂。如图 2-5 所示,TiO_2 的引入增大了 Bi_2MoO_6 的比表面积,增加了对抗生素的反应位点;TiO_2/Bi_2MoO_6 复合催化剂界面形成异质结构,无法被可见光激发的 TiO_2 可以为 Bi_2MoO_6 的光生电子提供了电子转移平台,从而促进了 e^- 与 h^+ 的分离,提升对载流子的利用效率,使更多的活性自由基($O_2^{·-}$、h^+)可以进行抗生素的降解。

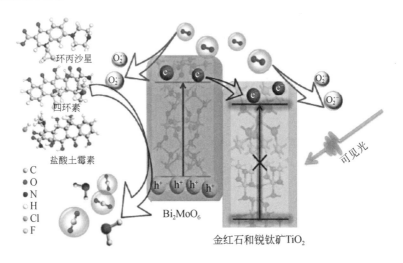

图 2-5　TiO_2/Bi_2MoO_6 复合催化剂的光催化机理

②通过非金属碘离子掺杂制备了一系列 I_y-Bi_2MoO_6 催化剂(y 为 I 与 Mo 的摩尔比)[42](图 2-6)。I 掺杂后明显增大了 Bi_2MoO_6 的比表面积,对抗生素的吸附能力显著增强;此外,碘离子掺杂进入 Bi_2MoO_6 晶格后,能有效提高 e^- 与 h^+ 的分离效率,从而提高载流子的利用效

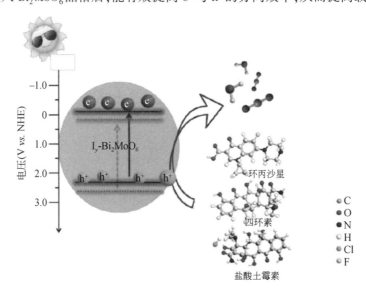

图 2-6　I_y-Bi_2MoO_6 催化剂的光催化机理示意图

率。I_y-Bi_2MoO_6催化剂表现出优异的抗生素降解活性。碘离子掺杂后明显增大了 Bi_2MoO_6 的比表面积,增加了对抗生素的吸附能力,同时能为反应过程提供更多的反应位点;另外,碘离子掺杂后进入 Bi_2MoO_6 晶格成为载流子捕获中心,提升了光生电子(e^-)与空穴(h^+)对的分离,提升对载流子的利用效率,更多的活性物种(h^+)在降解抗生素(CPFX、TC 和 OTTCH)中的发挥作用。利用乙二醛作为辅助溶剂进行溶剂热法制备了具有氧空位的 Bi_2MoO_6 催化剂。氧空位的存在极大地提升了 Bi_2MoO_6 的吸光性能,缩小带隙至 2.25eV,在 Bi_2MoO_6 的能带结构中引入缺陷能提升价带顶和导带底的位置,提高光催化剂氧化还原性能。因此在对抗生素去除上,含氧空位的 Bi_2MoO_6 均表现出优异的性能。

③相较于常用得到氧空位的方法,本书作者还通过一种低成本的乙二醛辅助溶剂利用溶剂热法合成了可调控氧空位的 Bi_2MoO_6 催化剂[43],氧空位存在$[Bi_2O_2]^{2+}$ 层与 MoO_6 中(图2-7)。光电测试结果也表明,氧空位的存在使得载流子浓度、载流子的分离能力与界面电荷迁移能力都有极大的提升,更多的活性物种(h^+)参与到降解抗生素(CPFX、TC 和 OTTCH)的反应中。因此,异质结构建、非金属离子掺杂以及自身缺陷调控是提高 Bi_2MoO_6 光催化性能的有效手段,能有效提高 Bi_2MoO_6 的量子效率。

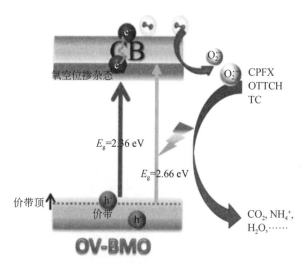

图 2-7　OV-BMO 系列催化剂光催化反应机理示意图

3. TiO_2/$CaTi_4O_9$/$CaTiO_3$ 异质结复合光催化剂[44]

以宽带隙的 TiO_2(3.2eV)与 $CaTiO_3$(3.5eV)构建 Z 型 TiO_2/$CaTi_4O_9$/$CaTiO_3$异质结复合光催化剂,提升光生电子和空穴的分离效率。此外,具有良好电子转移性能的还原氧化石墨烯(RGO)的表面修饰,以及 Cu 纳米粒子(NPs)的局域表面等离子效应(LSPR)对 TiO_2/$CaTi_4O_9$/$CaTiO_3$异质结光催化剂性能也有影响。

①采用醇热法联合煅烧的手段构建了一种 Z 型 TiO_2/$CaTi_4O_9$/$CaTiO_3$复合光催化剂,该催化剂能有效提升载流子的寿命,且促进电子与空穴分离,从而实现了高效光解水产 H_2[3.4-160-700-Ca/Ti,25.28mmol/(h·g)]与光催化 Cr(Ⅵ)还原为 Cr(Ⅲ),分别达到了标准德国产光催化剂 P25(TiO_2)的 1.6 倍与 3.1 倍(图 2-8)。

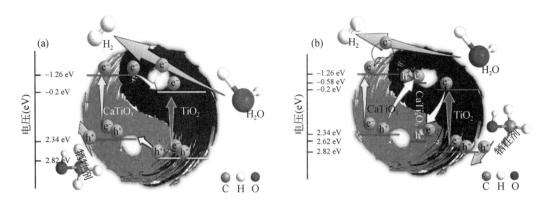

图2-8　复合半导体催化剂的电子转移机制
(a)3.4-160-800-Ca/Ti；(b)3.4-160-700-Ca/Ti

②通过光还原法，将氧化石墨烯(GO)还原为还原石墨烯(RGO)，对 Z 型 TiO$_2$/CaTi$_4$O$_9$/CaTiO$_3$ 进行进一步表面修饰。发现 RGO 的引入有效改善了 Z 型 TiO$_2$/CaTi$_4$O$_9$/CaTiO$_3$ 在可见光区域的光吸收性能，并通过有效接触使得集中在 CaTiO$_3$ 导带的电子 e$^-$ 及时转移，降低了其在催化剂表面或内部的复合概率，使得产 H$_2$ 性能[1.0% RGO-Ca/Ti,34.78mmol/(h·g)]与催化 Cr(Ⅵ) 还原为 Cr(Ⅲ) 效率分别达到 P25(TiO$_2$) 产 H$_2$ 性能与 Cr(Ⅵ) 还原效率的 2.1 倍与 3.7 倍(图2-9)。

图2-9　复合半导体催化剂 RGO-TiO$_2$/CaTi$_4$O$_9$/CaTiO$_3$ 的电子转移机制

③采用还原法将 Cu^{2+} 还原为 Cu 纳米粒子。在 Cu NPs 的局域表面等离子效应(LSPR)影响下，TiO$_2$/CaTi$_4$O$_9$/CaTiO$_3$ 复合光催化剂在可见光区域的光响应能力进一步提升，同时促进了电子 e$^-$ 向 Cu 转移，有效提升载流子的分离，从而实现了无贵金属产 H$_2$[0.25wt% Cu-Ca/Ti,4.90mmol/(h·g)]达到无助剂存在的 TiO$_2$/CaTi$_4$O$_9$/CaTiO$_3$(3.4-160-700-Ca/Ti) 的 67 倍，同

时 2.00wt% Cu-Ca/Ti 对六价铬的还原性能达到 1.0wt% RGO-Ca/Ti 的 1.24 倍(图 2-10)。

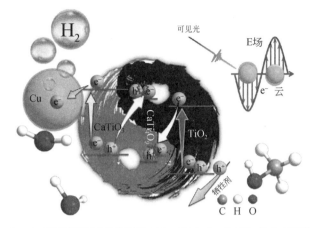

图 2-10　Cu 表面等离子共振促进 TiO$_2$/CaTi$_4$O$_9$/CaTiO$_3$的电子转移机制

4. ZnTiO$_3$/Zn$_2$Ti$_3$O$_8$/ZnO 异质结复合光催化剂[45]

ZnTiO$_3$/Zn$_2$Ti$_3$O$_8$/ZnO 是单 Z 型异质结复合光催化剂,相比传统异质结,有效地促进了光生载流子的分离,从而实现高效的光催化性能。在钛酸正四丁酯加入量为 4mL 和醇热温度为 180℃的条件下,采用醇热-煅烧的方法合成不同煅烧温度的三元异质结光催化剂 ZnTiO$_3$/Zn$_2$Ti$_3$O$_8$/ZnO。其中样品 ZTO-700 在光催化降解罗丹明 B、还原 Cr 与光解水产 H$_2$ 方面分别是 ZnTiO$_3$ 的 3.8 倍、13.3 倍和 11 倍(图 2-11)。

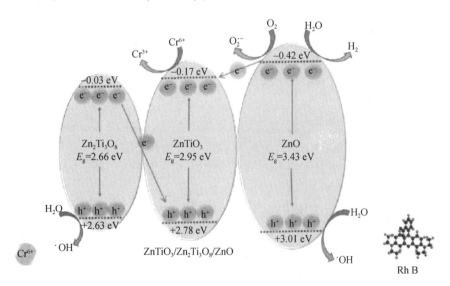

图 2-11　ZnTiO$_3$/Zn$_2$Ti$_3$O$_8$/ZnO 异质结复合光催化剂可能的光催化机制

在煅烧温度为 700℃的条件下,分别合成不同钛酸正四丁酯加入量和不同醇热温度的 ZnTiO$_3$/Zn$_2$Ti$_3$O$_8$/ZnO 异质结复合光催化剂,主要探究不同的钛酸正四丁酯加入量和不同的醇热温度对其物相结构和光催化性能的影响。不同的钛酸正四丁酯加入量和不同的醇热温度分别会影响该异质结光催化剂的物相主体和形貌特征,使得该光催化剂在降解 RhB、还原 Cr 以及光解水产 H₂ 方面表现出不同的光催化性能。

采用光化学沉积法将 Cu 纳米粒子沉积在 ZnTiO₃/Zn₂Ti₃O₈/ZnO 光催化剂上。在 Cu 纳米粒子的局域表面等离子共振效应影响下,ZnTiO₃/Zn₂Ti₃O₈/ZnO 光催化剂在可见光区域的光响应能力进一步提升,同时促进了电子向 Cu 的转移,有效地提高了光生载流子的分离效率,使 3.1% Cu-ZnTiO₃/Zn₂Ti₃O₈/ZnO 的光催化产 H₂ 性能提高了 19 倍(图 2-12)。

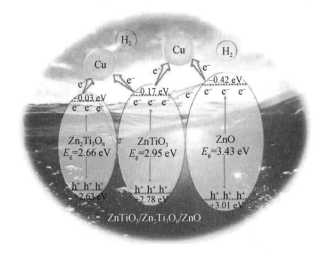

图 2-12　Cu-ZnTiO₃/Zn₂Ti₃O₈/ZnO 中电荷转移示意图

5. Zn₃(VO₄)₂/Zn₂V₂O₇/ZnO 异质结复合光催化剂

多元组分异质结的构建通常需要多个复杂的步骤来制备,而限制了其应用。本书作者基于相转变策略一步法制备多元钒酸锌异质结光催化剂。

①采用 Zn₃(OH)₂V₂O₇·2H₂O 前驱体制备 Zn₃(VO₄)₂/Zn₂V₂O₇/ZnO 异质结体系,不仅增强了三相结构的相互作用,而且保持了中孔纳米片结构。该双 Z 型 THS 材料具有窄带隙、紧密接触的界面、更宽的可见光吸收、更有效的电荷分离和转移机制,高可见光催化活性和循环稳定性。这种合成方法有利于推动实现双 Z 方案 Zn₃(VO₄)₂/Zn₂V₂O₇/ZnO 进一步发展为异质过渡金属钒酸盐的大规模应用[46](图 2-13)。

②通过相转变以及原位沉淀法进一步合成了一种新型 Ag₃VO₄/Zn₃(VO₄)₂/Zn₂V₂O₇/ZnO 四元异质结体系(Ag₃VO₄/Zn-V-O)[47]。Ag₃VO₄、Zn₃(VO₄)₂ 和 Zn₂V₂O₇ 半导体之间良好的能带结构匹配关系,极大增强了 Ag₃VO₄/Zn-V-O 四元异质结的光捕获能力;同时,有效抑制光生 e⁻、h⁺ 对的复合,产生更多的 ·OH 和 O₂⁻ 自由基分解有机污染物;在可见光照射下,Ag₃VO₄/Zn-V-O 四元异质结对酚类化合物的去除表现出优异的光催化降解性能。在 25min 内,50% Ag₃VO₄/Zn-V-O 对双酚 A 的降解率可达 85.91%。在 50min 内,样品 50% Ag₃VO₄/Zn-V-O 对苯酚和对氯苯酚的降解率分别为 70.39% 和 79.68%,表明 Ag₃VO₄/Zn-V-O 光催化降解酚类具备良好的应用前景,尤其是对双酚 A 的降解能力更强(图 2-14)。

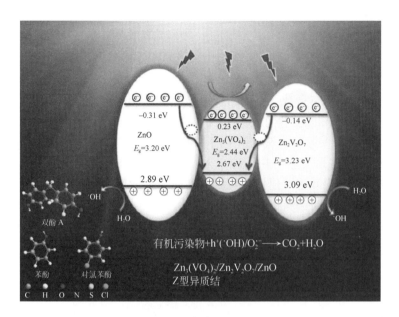

图 2-13 $Zn_3(VO_4)_2/Zn_2V_2O_7/ZnO$ 异质结复合光催化剂对有机污染物的光催化降解过程

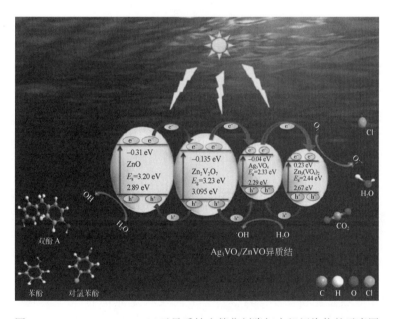

图 2-14 $Ag_3VO_4/Zn\text{-}V\text{-}O$ 四元异质结光催化剂降解有机污染物的示意图

6. PbWO₄基光催化剂

钨基光催化剂因其平均折射率高、辐射损伤小等特点,在高能物理和闪烁晶体等光学领域的应用越来越广泛,同时也是目前具有广泛应用前景的光催化材料之一。但钨基材料在光催化的应用中仍受到限制。比如 PbWO₄自身的带隙较宽,约为 3.4eV,对可见光的利用有限,并且受光催化过程中起重要作用的光生电子–空穴对复合概率的影响。因此改善 $PbWO_4$ 的光响应能力,或者降低 $PbWO_4$ 内部电子与空穴的复合概率是增强光催化活性的有效途径。目前的改性方法主要是金属/非金属元素掺杂、构建异质结、贵金属沉积以及非金属改性等。

①采用水热–光还原法合成了系列(Ag、Pt)/ $PbWO_4$ 纳米棒光催化剂[48]。首先以 CTAB 为模板剂考察了不同水热温度和时间对 $PbWO_4$ 光催化性能的影响,然后考察了不同 Ag、Pt 等负载量对催化剂性能的影响。研究结果表明,当水热温度为 160℃、水热时间为 18h 时,单纯 $PbWO_4$ 具有最好的活性。然后在最佳条件合成的 $PbWO_4$ 上负载 Ag、Pt 纳米粒子,由于 Ag、Pt 的表面等离子共振效应可以使电子从 $PbWO_4$ 的导带转移到 Pt 上,从而使电子空穴的分离率提高,实验结果表明当负载 Ag、Pt 的含量为 0.5% 和 1%(质量分数)时,(Ag、Pt)/ $PbWO_4$ 光催化活性最佳,并且具有良好的稳定性(图 2-15)。

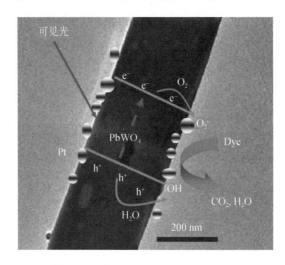

图 2-15　棒状 1% Pt/ $PbWO_4$ 光催化剂的光催化反应机理

②采用简单的水热法制备了不同含量非金属元素(C)修饰的 $PbWO_4$ 树枝状微米晶光催化剂[48]。表征分析结果表明,碳能充当电子受体/穿梭体,加快电子与空穴的分离和提高载流子的利用率,并且一定程度上提高了 $PbWO_4$ 在可见光区域的吸收。以降解多种染料来测试光催化活性,实验结果表明当 C 的含量为 0.52%(质量分数)时,C/ $PbWO_4$ 表现出最高的光催化活性(图 2-16)。

③采用两步水热法制备了 Bi_2WO_6 / $PbWO_4$ 树枝状光催化剂[48]。实验结果表明,复合 Bi_2WO_6 增大了催化剂的比表面积,当 Bi_2WO_6 的复合量为 15% 时,Bi_2WO_6 / $PbWO_4$ 表现出最佳的光催化降解活性。复合 Bi_2WO_6 的能带结构有利于光生载流子的传递,从而加快光生电子和空穴的分离速率,并且比表面积的增大有利于催化剂与污染物充分接触,从而增强半导体材料的光催化活性(图 2-17)。

所以,选取合适的水热合成条件和采用适当的贵金属、非金属修饰及金属氧化物复合,可以改善和加快光生电子和空穴分离效率,从而有效提高 $PbWO_4$ 光催化剂对有机污染物的光催化降解性能。

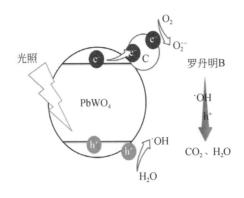

图 2-16　C/PbWO₄ 复合光催化剂对酸性橙 II 的降解机理图

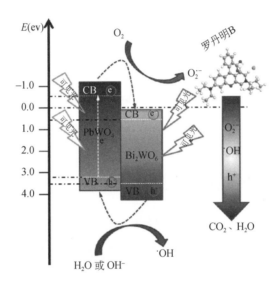

图 2-17　15% Bi_2WO_6/PbWO₄ 复合催化剂的光催化机理示意图

7. g-C_3N_4 基光催化剂

石墨相氮化碳（g-C_3N_4）具有无毒、高稳定和低成本的特点,因此在光催化领域引起了广泛的关注。然而,g-C_3N_4 也面临可见光利用率低、光生电子与空穴易复合和光催化还原能力不足等问题。本书作者通过合成氮缺陷 g-C_3N_4、碳掺杂和氮缺陷共改性 g-C_3N_4、氧掺杂和氮缺陷共改性 g-C_3N_4 三种方式改性 g-C_3N_4,进一步提升了 g-C_3N_4 的光催化产氢和还原 Cr(VI)能力。

①采用甲醛液相化学还原法,利用甲醛在弱酸性溶液中具有弱还原性的特点,合成氮缺陷 g-C_3N_4（FH-g-C_3N_4）,产率高[49]。利用电子顺磁共振（EPR）证实了氮缺陷的存在。利用 XPS 分析了氮缺失在 N（C）₃ 晶格点。缺氮位点具有额外的电子,容易捕获光生空穴,有助于减少光生电子和空穴的复合。最佳样品 30- CN（30mL 甲醛溶液 + 30mL 水）光催化还原

Cr(Ⅵ)活性比 H-g-C$_3$N$_4$（60mL 水）和 P25（TiO$_2$）都提升了 58%，光解水产氢速率 [1.323mmol/(g·h)] 是 H-g-C$_3$N$_4$ [0.654mmol/(g·h)] 的 2 倍。相对于 H-g-C$_3$N$_4$，30-CN 的光吸收能力更强，导带位置更负，还原能力更强（图 2-18）。

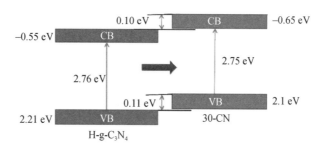

图 2-18　H-g-C$_3$N$_4$ 和 30-CN 的能带结构排列

②采用乙醛辅助水热法制备新型碳掺杂和氮缺陷共改性 g-C$_3$N$_4$（AH-CN），产率高[49]。相对于 H-g-C$_3$N$_4$，AH-CN 的带隙减小且对紫外光、可见光吸收都增强。最佳样品 50A-CN（50mL 乙醛+10mL 水）光催化还原 Cr(Ⅵ)活性比 H-g-C$_3$N$_4$ 提升了 39%，比 P25（TiO$_2$）提升了 41%。光催化活性的增强是由于氮缺陷和碳掺杂的协同作用（图 2-19）。

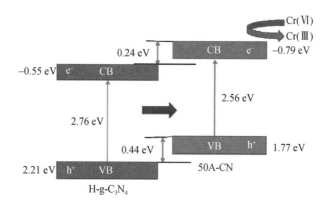

图 2-19　样品 H-g-C$_3$N$_4$ 和 50A-CN 的能带结构排列

③采用乙二醛辅助水热法制备新型氧掺杂和氮缺陷共改性 g-C$_3$N$_4$（GH-CN），产率高[49]。相对于 0G-CN（60mL 水），GH-CN 的带隙减小和对紫外光、可见光吸收都增强。最佳样品 15G-CN（15mL 乙二醛溶液+45mL 水）光催化还原 Cr(Ⅵ)活性比 0G-CN 提升了 36%，比 P25（TiO$_2$）提升了 25%。活性的增强是由于氮缺陷和氧掺杂的协同作用（图 2-20）。

8. 银基–铋基半导体复合光催化剂

银基半导体具有良好的可见光响应性能，但是其普遍存在由光化学腐蚀导致的稳定性差等缺陷。针对这一缺陷，将银基半导体复合到铋基半导体中，利用铋基半导体廉价、环保和其有利于光生电子和空穴分离的特殊层状结构等特点进行了光催化剂改性。

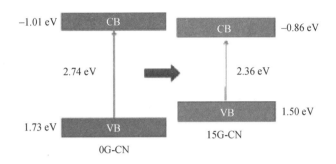

图 2-20　样品 0G-CN 和 15G-CN 的能带结构排列

①采用水热法制备了 $BiVO_4$ 纳米片,再通过沉淀法制备了一系列的 $Ag_2CO_3/BiVO_4$ 异质结复合光催化剂[50],考察了其在可见光下光催化降解罗丹明 B 的光催化活性。实验结果表明,$Ag_2CO_3/BiVO_4$ 异质结光催化剂的光催化活性明显高于纯 Ag_2CO_3 和 $BiVO_4$。能带结构计算说明 Ag_2CO_3 和 $BiVO_4$ 之间存在相互匹配的电势,两者之间可以形成异质结,能够有效抑制光生电子-空穴对的复合,从而提高了样品的光催化活性(图 2-21)。

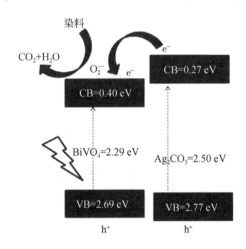

图 2-21　$Ag_2CO_3/BiVO_4$ 异质结复合光催化剂的促进机理示意图

②采用溶剂热法制备了由纳米片组装而成的 BiOX(Cl,Br,I)微球[50],然后通过沉淀法制备一系列的 $Ag_2CO_3/BiOX(Cl,Br,I)$ 异质结复合光催化剂,如图 2-22 所示,制备的复合光催化剂之间能够形成异质结结构,表现出了极其优异的光催化活性。

③利用水热法制备了由纳米片组装的粒径为 $1.5\sim2\mu m$ 的 Bi_2WO_6 微球[50],并以紫外光和可见光分别为光源,罗丹明 B 为降解对象,进行光催化活性测试,考察了在微球表面沉积了不同含量的 Ag_2CO_3 和 $AgCl$ 对 Bi_2WO_6 光催化剂性能的影响。沉积 Ag_2CO_3 并不能有效改善 Bi_2WO_6 的光催化活性,不过沉积 $AgCl$ 可大幅度提高 Bi_2WO_6 的紫外光和可见光催化活性。主要原因是,形成 $AgCl/Bi_2WO_6$ 异质结能有效抑制光生电子和空穴的复合,提高光催化剂的光催化性能(图 2-23)。

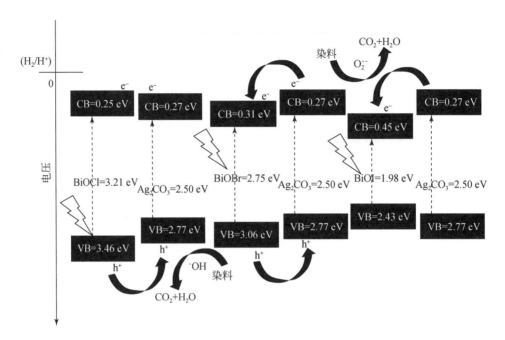

图 2-22　Ag$_2$CO$_3$/BiOX 异质结复合光催化剂促进光催化可能机理示意图

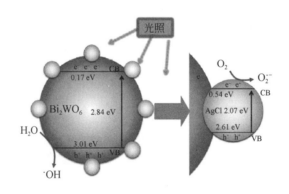

图 2-23　AgCl/Bi$_2$WO$_6$异质结光催化剂促进机理示意图

2.1.4　光催化剂性能的热处理调控

纳米光催化剂的比表面积、平均粒径、结晶度、形貌结构等因素极大影响其光催化性能，且均能通过热处理进行调控。因此，细化晶粒、增加比表面积以及使掺杂元素均匀扩散是热处理调控光催化剂结构与性能的重要手段。

1. 热处理温度的调控

热处理温度是热处理工艺的重要参数，通过温度来调控光催化剂结构与性能的研究最为普遍。通过调控热处理温度可改变光催化剂的形貌，诱发光催化剂发生相转变。因此，目前调控热处理温度主要有两个目的:一是改变催化剂形貌;二是对其相变行为的抑制或促进,以细化晶粒、控制晶体生长及形成异质结。

(1)对催化剂形貌的调控

催化剂的形貌结构与光催化性能紧密相关。热处理温度对光催化剂最直接的影响是对其形貌结构的影响,即对结晶度、晶粒尺寸等的影响。一般认为,低温煅烧有利于维护光催化剂的孔结构,提高样品的结晶度[51],增大其比表面积[52],提升其光催化性能。高温煅烧则会使光催化剂的孔结构破坏,甚至瓦解,引起颗粒烧结并团聚,从而降低其光催化活性。

对于不同形貌的光催化剂,热处理温度产生的影响不同。对于多孔 TiO_2,煅烧可以扩大其特定比表面积、孔径,并促进晶体生长,改善其光催化活性[53];对于介孔 TiO_2,煅烧对样品特定的表面区域、孔隙度和孔隙体积有明显影响[54];对于薄膜,煅烧可以对膜厚度、光带间隙、孔隙度以及透过率造成影响[55,56];对于纳米管状结构,煅烧可以在维持其纳米管状结构的同时,促进比表面积和结晶度的提升[57-59];对于纳米带,通过煅烧控制其纤维直径和结晶度,是重点关注的研究内容[60,61]。

从反面来看,不同的热处理条件又可以调控催化剂形成特定的形貌。首先,煅烧温度可影响晶体的生长速率。研究发现[62],循环热处理的方法可以控制晶粒的生长速率。例如,对于 TiO_2,在低温煅烧时,锐钛矿相晶体生长缓慢;而在高温煅烧时,金红石相晶体的生长速率很快[63]。其次,热处理可以控制形成特殊形貌结构的堆叠。Matsuba 等[64]通过对石墨烯和金属氧化物纳米薄片在中等温度下进行热处理,实现了材料的多层聚积。Kumar 等[65]发现,通过控制煅烧温度,可以控制催化剂形成不同的形貌。ZrO_2 在 500℃ 下煅烧后为纳米颗粒状,而在 700℃ 下煅烧后变为棒状,从而进一步影响了其禁带宽度的改变。随着煅烧温度升高,TiO_2 纳米管长度显著缩短,纳米管直径与壁厚改变,纳米管不再是规则形状,而成为颗粒状[58]。研究者通过调节 $BiOCl_xI_{1-x}$ 中 Cl 与 I 的原子比例来实现其在热处理条件下从球状结构到片状结构的调控[66]。

核–壳结构可以显著提高催化剂的光催化活性[67,68],巧妙利用温度控制也可以调控核–壳结构的形成。Pawar 等[69]通过煅烧 g-C_3N_4 和醋酸锌粉末得到了核–壳结构 ZnO/g-C_3N_4,而醋酸锌粉末在相同煅烧条件下只能获得棒状结构。Cybula 等[70]利用温度控制,使 Au 和 Pd 在 TiO_2 表面形成了 Au@Pd 双金属纳米核–壳结构,并发现了煅烧温度对该核–壳结构形成及其光催化性能的调控规律,如图 2-24 所示。

(2)对于相变行为的影响

煅烧温度是催化剂相变产生的最大影响因素,而相变会改变光催化剂的催化机理。例如,Nakaoka 等[71]发现热相变影响催化剂对光生电子与空穴的捕获过程,热处理使空穴在表面被自由基捕获,电子在晶格内部被 Ti^{3+} 捕获,这与未经过热处理 TiO_2 的自由基捕获的机理不同。

最初的研究认为,相变不利于光催化性能的提升。因此,热处理调控相变的最初目的是尽可能地抑制其相变,提升光催化剂的稳定性。对催化剂进行相变温度以下的煅烧,能促进晶粒细化,提高结晶度,从而提升光催化性能。以 TiO_2 为例,科研人员发现,低温煅烧使锐钛矿形成金红石相的成核位点,温度升高则加速了金红石相的转变,抑制其光催化性能[72,73]。

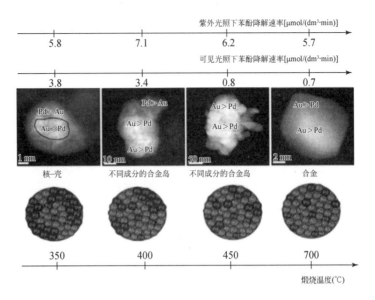

图 2-24　煅烧温度对 Au/Pd 双金属纳米粒子结构的影响

粒子大小[74]和晶体尺寸[75]会影响相的稳定性,因此不同形貌催化剂的相变行为也有所不同。以 TiO$_2$ 为例,TiO$_2$ 纳米片均为不定形结构,热处理过程中会产生从不定形结构向锐钛矿相再向金红石相的转变过程[55,56]。纳米管虽然也为不定形结构,但相变行为有很大的不同。高温煅烧会直接导致纳米管阵列被破坏,比表面积减小,生成金红石微晶甚至在表面出现孔隙[59,76]。

Bae 等[77]指出,通过对热处理产生的异质结进行调控,可以促进光催化剂的催化性能。本书作者研究也发现充分利用光催化剂的受热自转变特性,通过热处理调控形成异质结,可抑制光生载流子的复合,促进其光催化性能的提升。比如 BiOX(X = Cl,Br,I) 系列催化剂热稳定性较差,随着温度升高会转变为 Bi$_5$O$_7$I、BiOCl$_x$I$_{1-x}$、BiOBr$_x$I$_{1-x}$ 异质结,使能带发生改变,而这种相的转变,可以通过煅烧温度来调控[78-80]。本书作者还利用 Ag$_2$CO$_3$ 受热易相变的特性,通过控制煅烧温度与煅烧时间,得到 Ag$_2$CO$_3$ 与 Ag$_2$O 的混合相,形成类核-壳结构的异质结,如图 2-25 所示。该方法显著提高了纯 Ag$_2$CO$_3$ 的光催化活性,10min 内 Ag$_2$O/ Ag$_2$CO$_3$ 对苯酚的降解率达到了 95%[81],这相对于传统光催化剂是非常高效的。

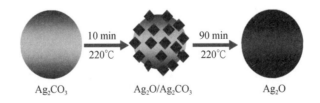

图 2-25　Ag$_2$CO$_3$→Ag$_2$O/ Ag$_2$CO$_3$→Ag$_2$O 的相转换示意图

2. 热处理煅烧气氛调控

不同的煅烧气氛能够提供氧化、还原、惰性和真空环境,可以对光催化材料的制备进行精确调控,因而被广泛采用。常用的气氛主要有 O_2、N_2、Ar、H_2、CO_2 等,主要通过影响光催化剂的氧空位、表面羟基及催化活性位点等来对光催化性能进行精细调控。

氧空位是影响光催化性能的一个重要因素[82]。因为它不仅能够捕获光生电子,抑制光生电子与空穴的复合,还能增大半导体表面的氧气吸收率。但氧空位的浓度过高又会抑制可见光照射下导带中电子空穴的形成,因此适当的氧空位浓度是制备高性能光催化剂的一个重要因素。煅烧会影响 TiO_2 的氧空位浓度,而惰性气氛则是调控氧空位浓度的重要手段。惰性气氛中,氩气表现出对氧空位良好的调节效果。Zhou 等[83]发现在氩气中高温煅烧会使 TiO_2 薄膜失去氧而形成氧空位,并形成较大的孔径;Yang 等[84]发现,在氩气中煅烧得到的 $K_2La_2Ti_3O_{10}$ 比在空气中煅烧得到的 $K_2La_2Ti_3O_{10}$ 具有更高的氧缺陷浓度。Wu 等[85]发现在氩气中煅烧 TiO_2 后,在其表面有大面积羟基覆盖,从而使 TiO_2 产生高光催化活性。Zhao 等[86]也发现 CdS 在氩气中煅烧后表现出最佳的光催化活性。高温煅烧使催化剂的体相氧含量减少,导致活性位点减少[86],而活性位点的数量可以通过调节氧气与氮气的比例来控制。以 TiO_2 为例,Ti^{3+} 作为 TiO_2 表面缺陷,可以影响光生电子的捕获与复合,产生 Ti^{3+} 表面缺陷可以促进光催化性能的提高。一般认为,在煅烧过程中降低氧气含量有助于提高 Ti^{3+} 活性位点的含量,Klaysri 等[87]发现随着煅烧气氛中 O_2 浓度的降低和 N_2 浓度的升高,Ti^{3+} 表面缺陷浓度增加,使其更容易捕获光生电子。但 Suriye 等[88]利用一步法控制 TiO_2 表面 Ti^{3+} 的生成量时,在煅烧过程增加供氧量,达到增加 TiO_2 表面 Ti^{3+} 缺陷量的目的,抑制了 Ti^{3+} 对光生电子和空穴的复合。

H_2 可以提供还原性气氛,多用于掺杂催化剂的调控。Chand 等[89]发现在还原性气氛下煅烧 Cu 离子掺杂的 TiO_2-SiO_2,会在复合材料表面生成 Cu_2O 成为电子陷阱,抑制电子与空穴的复合。Xia 等[90]发现碳热还原气氛中煅烧的磷掺杂 TiO_2 能保留更多的 Ti^{3+} 位点,并使 P 和 O 的分布发生变化,从而表现出高催化活性,如图 2-26 所示。使用氢气与其他气体混合

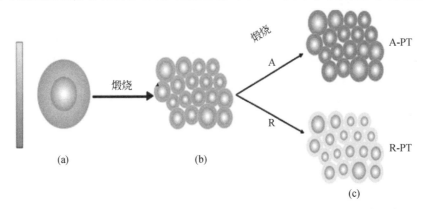

图 2-26　空气气氛(A-PT)与碳热还原气氛(R-PT)制备 P-TiO_2 的 O 分布示意图

(a)煅烧前 P 和 O 分布不均匀;(b)预煅烧时 O 在 P-TiO_2 表面与界面的分布;(c)分别在两种气氛中煅烧后 O 在 P-TiO_2 表面与界面的分布

气氛,能够更好地控制形貌与表面状态,促进组分之间相互作用。Ismail 等[91]巧妙地利用 N_2 气氛中煅烧有利于 TiO_2 晶格产生氧空位,H_2 气氛能将氧化石墨烯还原为石墨烯的特点,在 N_2 与 H_2 混合气中煅烧 TiO_2-氧化石墨烯复合材料,促进氧空位占比的提高,同时促进电子从 TiO_2 到石墨烯的有效迁移。

真空煅烧使相的转变更加剧烈。Sreemany 等[92]的研究证明,TiO_2 薄片在近似真空环境中煅烧,会密集成纳米颗粒,有更高的带隙能。但真空煅烧会造成 TiO_2 催化剂的高浓度缺陷和低浓度表面羟基,抑制光催化活性。本书作者也发现,真空气氛煅烧抑制了卤氧化铋与 O_2 的结合,使其表面羟基数量减少。因此真空煅烧要谨慎使用,精确控制,才能发挥其作用。

3. 热处理的元素掺杂调控

(1) 金属离子掺杂

贵金属改性催化剂的优势比较明显,在提高催化性能的同时可提高催化剂的稳定性。Tang 等[93]对 Au 负载 TiO_2 光催化剂进行煅烧,结果发现其对 CO 催化氧化的稳定性明显提高,该方法也同样适用于同族的 Cu 和 Ag 负载。Cargnello 等[94]合成了 Pd@ CeO_2 核-壳结构沉积的 Al_2O_3 材料,其烧结温度达到了 850℃,并促进了高效率的甲烷氧化,而煅烧促进了核-壳结构的成形。Bashiri 等[95]将 Cu、Ni 负载在 TiO_2 上,发现 Cu、Ni 抑制了其相转变,锐钛矿相向金红石相的转变在 600℃时没有出现。但是贵金属的沉积要求煅烧温度也不能过高,否则会使贵金属扩散到催化剂晶格中,从而减少贵金属的活性位点[96]。

稀土作为一种稀有金属,其独特的 4f 电子使其具备独特的光学性质,因而成为掺杂改性的热点。它对光催化剂结构的调控主要是基于较大的离子半径难以进入晶格内部,会在表面成键,抑制晶体生长,促进催化剂的热稳定性。比如,La 的掺杂在 TiO_2 表面形成 Ti-O-La 键,大大抑制了 TiO_2 锐钛矿向金红石相的结构相变,同时使相变温度显著提高[97]。Ce 的掺杂浓度越大,TiO_2 发生相变温度越高[98],Dy 掺杂可以使 TiO_2 产生晶格缺陷,同时增加表面羟基氧和表面氧空位的含量[99]。将稀土氧化物如 La_2O_3、Yb_2O_3 与 TiO_2 复合,也可以在提升其稳定性的同时提高光催化活性[100]。

相对于贵金属和稀土金属,其他金属掺杂对于相变的作用则有不同,如 Fe^{3+}、Al^{3+}、Zr^{4+} 等掺杂能够有效地抑制相变,而 V^{5+}、Ru^{3+}、Co^{3+} 的掺杂则促进相变[101]。但是 Fe^{3+} 的影响并非一成不变,随着 Fe^{3+} 掺杂浓度的提高,氧空位会增加,加速锐钛矿向金红石相的转化,但温度过高又会抑制相变[102]。但又有研究认为,随着 Fe^{3+} 掺杂浓度提高,先抑制相变,后促进相变[103]。这是由于 Ti-O-Fe 键的形成一定程度上阻隔了 TiO_2 界面间 Ti—O—Ti 键的形成,从而抑制了锐钛矿向金红石相转化所必需的成核作用,使锐钛矿向金红石相的转化延迟。

(2) 非金属离子掺杂

非金属离子掺杂主要包括 N、Si、P、C、S 等元素的掺杂。无一例外,这些元素适量的掺杂,均有效抑制了催化剂的相转变,并产生了一些新的效应。比如 P 和 S 的掺杂均可以有效地抑制 TiO_2 的热相变,但过量的硫掺杂会在 TiO_2 界面起到桥接作用,导致晶体结构相对不稳定,进而在相对较低温度下发生相转变。

N 元素和 C 元素的掺杂可以分别使用 N_2 和 CO_2 气氛作为煅烧气氛来实现。N_2 气氛煅烧能够增大光催化剂的比表面积和活性位点,从而提升其光催化性能。Dawson 等[104]发现了氮的取代和填隙两种状态,填隙氮随着温度升高而增加,比取代氮掺杂具有更优的全光谱催化活性,同时在高温煅烧下氮元素表面修饰形成 Ti—O—N 键,抑制了晶粒的生长。对于 C 元素掺杂,Slimen 等[105]利用活性炭的支撑作用,将碳掺杂的 TiO_2 在氮气气氛中煅烧,抑制了晶体生长。气氛的调控还可用于 C 掺杂光催化剂的制备,钙钛矿型光催化剂 $BaFeO_3$ 在 CO_2 气氛中煅烧可以发生 $BaFeO_3$ 向 $BaCO_3$ 相的转变。Guan 等[106]创新性地将 Ti 粉末涂覆在 Al_2O_3 球表面,形成 Ti 涂层,经 CO_2 气氛煅烧后,在 Ti 涂层表面形成了 TiC_xO_y 结晶纳米块,该方法增加了光催化剂的晶格氧空位含量,同时使催化剂的带隙变窄,提高了其全光谱范围的光催化活性。

由此可见,热处理是光催化剂调控的重要手段之一。热处理使光催化剂的晶粒细化、颗粒均匀分布、掺杂元素均匀扩散,从而影响催化剂的形貌、相变行为、氧空位催化活性位点及热稳定性,这些都是提升光催化性能的重要因素。研究人员已在温度调控、气氛调控和元素掺杂调控方面做了大量工作,形成了一系列的热处理调控理论,创新了多种制备方法,使热处理成为光催化剂制备中必不可少的环节。但就目前的研究而言,热处理对光催化剂的调控作用并没有得到充分发挥。热处理在光催化剂中的调控还需要从以下几个方面深入研究。

①热处理是一个耗能的过程,目前对催化剂的煅烧处理采用传统的热处理手段,呈现耗时、耗能及控温粗放的特点,不符合能源高效利用的要求。因此发展低温、短流程的精确控温调控是研究的重点方向,如蒸汽热处理、溶胶-凝胶热处理等手段的创新,以在降低能耗的同时提升热处理效率。

②从影响因素上看,主要集中在温度调控和气氛调控上,没有充分向热处理的回火、退火等其他流程的精确调控方向延伸,更多促进光催化剂的影响因子,如保温时间、升温速率及 pH 等应被进一步研究。

③目前对热处理调控催化剂的研究还主要集中在 TiO_2 形貌、活性位点以及掺杂热处理的影响方面,对其他新型光催化剂,尤其是热稳定性能不佳、易受热发生自转变形成异质结的光催化剂研究不多,这类光催化剂有望在热处理的能带调控方面,取得更多的研究成果。

2.1.5　光催化环境净化

光催化技术在环境净化领域,如水的消毒、污水处理、空气中挥发性有机污染物的净化等,一直受到研究者的广泛关注。光催化技术不仅可以通过氧化还原反应将有机污染物完全转化为小分子的 CO_2 和水等,还可以去除水中的金属离子及其他无机物质,同时其在杀菌消毒方面也有诸多应用,是一项较为理想的绿色技术,具有巨大的应用价值和潜力。

1. 在室内空气净化中的应用

室内空气污染物的种类繁多,挥发性有机化合物(VOCs)即为其中的一类化合物,包括烃类、含氧烃类、含卤烃类、氮烃及含硫烃等[107],VOCs 的危害性非常高,因而越来越受到人们的关注。光催化氧化可利用半导体光催化剂在光的驱动下产生的强氧化性羟基自由基和负氧离子,消除空气中的各种污染物以达到净化目的,具有环境友好、成本低、效率高等优点,是一种清洁可持续发展的方式,在环境净化、染料敏化以及光电化学保护等方面都有十分广泛的应用[108,109]。

针对光催化技术中,量子产率低、光响应范围窄以及光生载流子复合效率高的问题,本书作者以锐钛矿型 TiO_2 为基底,对其进行贵金属修饰、半导体复合、形貌调控以及多壳层设计等,旨在开发用于 VOCs 光催化净化的高效催化剂,并将光催化与热催化技术结合起来,形成高效光/热催化 VOCs 的反应体系,为后续 VOCs 的处理提供新思路。

①首先以锐钛矿型 TiO_2 纳米球为基底,通过贵金属 Ag 的沉积以及半导体的复合得到光催化材料 $TiO_2@Ag@Bi_2O_3@Ag$(TABA)[110]。结果表明,将贵金属沉积在两层之间,通过 Ag 的界面调控,加快电子迁移率,减少光生载流子的复合,从而提高光催化净化效果。在常温下可见光照射 6h,能够将甲苯的矿化率提高到 79%,降解速率是 $TiO_2@Bi_2O_3@Ag$(TBA)的 1.3 倍,$TiO_2@Ag@Bi_2O_3$(TAB)的 1.4 倍,$TiO_2@Bi_2O_3$(TB)的 2.8 倍,TiO_2(T)的 22.2 倍。在常温下可见光照射 3h,能够将甲醛的矿化率提高到 56%,是 TBA 的 1.2 倍,TAB 的 1.2 倍,TB 的 1.8 倍,T 的 15.0 倍。

②以 TiO_2 纳米管(TN)作为基底和钛源,通过负载 $SrTiO_3$(STO),得到 STO/TN 一维管状型异质结,再通过多壳层结构的设计、形貌的优化以水热合成法得到光催化材料 TiO_2 纳米管 $@SrTiO_3@Pt@Bi_2O_3@Pt$(TSABA)[111]。结果表明,多壳层结构以及异质结的构筑有效提升了 TiO_2 纳米管基催化剂对太阳光的利用效率和有效量子产率、降低了光生载流子的复合,构筑了高效甲苯净化光催化剂。在常温下可见光照射 3h 后,TSABA 的甲苯转化率接近 100%,实现了在室温可见光条件下甲苯的高效催化降解。

③合成由空心 TiO_2 纳米颗粒的表面包覆 In_2O_3 和 In_2S_3 组成的材料,并且有黑磷烯(BP)量子点分散在催化剂各个壳层中。采用水热法和浸渍法制备 TiO_2 与 In_2O_3、In_2S_3 的异质结,有效地促进了光催化降解反应[112]。此外,BP 量子点均匀分散在整个催化剂的各个部分,可以敏化催化剂,进一步拓宽光响应范围,与每层形成的异质结均能有效分离光生载流子,并且黑磷烯本身具有光生热的作用,能吸收红外光转化为热能,实现热促进光催化,进一步提高催化效果。此材料用于低浓度甲苯的可见光/热催化反应时,可以在室温条件下将甲苯完全矿化为二氧化碳和水。

2. 在水体污染物净化中的应用

水质安全标准日趋严格,为减少饮用水中有害物质带给人的危害,需要采用高效、深度的处理技术去除水中杂质。光催化技术在废水处理中有很多重要应用,受到国内外学者越来越多的关注,成为当前国际化学、环境、能源和材料等领域研究的前沿与热点。光催化材料相比于传统的吸附性材料最大的优势是其可以降解、矿化污染物,从而解决了吸附材料二次处理的难题。研究表明,光催化技术可用于去除水中的微量污染物,同时其对细菌、真菌、病毒等微生物体的破坏也可达到对饮用水杀菌消毒的目的。目前研究主要集中在对水中重金属、抗生素等的降解。

①水体污染包含有机废水污染与无机废水污染。无机废水包含无机重金属汞(Hg)、铬(Cr)、镉(Cd)、铜(Cu)、镍(Ni)等。六价铬[Cr(Ⅵ)]作为一种常见的化学工业原料,在冶

金、电镀、印染、皮革等工业中有广泛的应用,因而废水中常常出现 Cr(Ⅵ)超标。而 Cr(Ⅵ)具有高生物毒性,超过 0.1ppm 的 Cr(Ⅵ)就会引发中毒,通过穿透生物膜而起作用,进而导致急性中毒,且 Cr(Ⅵ)极易溶于水,废水中的 Cr(Ⅵ)会随着水流入河道,导致地表、地下水与湖泊的污染,危及动植物的生长和人类的健康。

铬是现代工业科技中重要的金属之一,然而工业废水中的六价铬超标问题给环境带来重大负担,因此引起了不少光催化领域学者投入研究。例如,Wang 等[113]利用一种简单的沉淀法合成了 AgI/TiO$_2$ 复合光催化剂,通过后续煅烧使 γ-AgI 转化为 β-AgI 提升了其可见光吸收性能,如图 2-27 所示,AgI/TiO$_2$ 复合光催化剂使光的响应向可见光方向移动,在 350℃下煅烧 2h 的 350-AgI/TiO$_2$ 是 100-AgI/TiO$_2$ 催化活性的 5 倍。

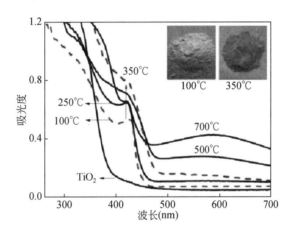

图 2-27　TiO$_2$ 与不同温度制备的 AgI/TiO$_2$ 的紫外可见漫反射光谱图

对于光利用率的提高途径不仅可以通过拓展光吸收边,还可以通过对催化剂的形貌控制,构建 3D 多级结构,提升光在催化剂上发生的反射折射效应,同样可以提升光的利用率。比如 Baloyi 等[114]以 TiCl$_4$ 为钛源、水为溶剂,通过简单的水热法成功合成了一种 3D 蒲公英状的 TiO$_2$。这种 3D 蒲公英状的 TiO$_2$ 对于六价铬离子的还原催化活性比商业 TiO$_2$(P25)的活性更高。活性提高的原因在于这种形貌的分级结构可有效利用光源,以及在分级结构中发生折射更有效地利用光,且这种分级结构的形成使其比表面积提升至 81m^2/g,同时为催化反应提供了更多的活性位点。Cai 等[115]以不同尺寸聚苯乙烯(PS)作为模板,可控合成了具有不同尺寸的空心 TiO$_2$,结果表明在 pH=2.82 光照 2h,尺寸为 450nm 的 TiO$_2$ 对 Cr(Ⅵ)的还原率达到 96%,相比 TiO$_2$(370nm)和 TiO$_2$(600nm)分别提升了 5% 和 8%。TiO$_2$(450nm)呈现了最佳的光吸收性能与量子效率。至今,多种多样的具有可见光响应复合半导体催化剂被应用在六价铬的还原,如 Fe$_3$O$_4$@Fe$_2$O$_3$/Al$_2$O$_3$[116]、SnS$_2$/SnO$_2$[117]、AgI/BiOI-Bi$_2$O$_3$[118]与 Bi$_2$WO$_6$/CdS[119]等。显然,纳米复合光催化剂的制备,尤其是可见光驱动的光催化剂,已成为光催化还原 Cr(Ⅵ)的热点之一。

②抗生素挽救了数以万计生命的同时,在过去几十年里,抗生素的滥用引起了人们对自然水体和人类健康的极大关注。抗生素能稳定残留在生物体内和环境中,可以在生物体内累积。此外,抗生素废水会增加抗性细菌的选择性生长速度,这对人类和动物构成严重威

胁。抗生素废水对生态环境的危害使抗生素也被视为"新型环境污染物"。由于其不可生物降解的性质,抗生素废水无法从传统的废水处理厂完全去除抗生素,导致抗生素残留物持续排放到水环境中。光催化技术很好地解决了这项难题,在处理抗生素废水污染的同时还减少了不可再生能源的消耗。

近年来,为了开拓可见光吸收的光催化剂以提高对太阳光的利用效率,人们在设计和制造可见光驱动光催化剂做了大量的工作,已经开发了多种光催化材料处理抗生素废水。Wen 等[120]在温和的条件下,在 BiOI 纳米片上复合不同含量的 SnO_2 纳米颗粒,经表征分析和计算后发现 SnO_2 的带隙为 3.48eV,在可见光下无催化效果。而 BiOI 的带隙为 1.70eV,过窄带隙的半导体 e^--h^+ 对极易发生复合。尽管 BiOI 光催化效果不高,但两者结合形成 p-n 异质结提高了 e^--h^+ 对的分离效率。复合物在可见光下较纯样 BiOI 对盐酸土霉素的降解效率提高了 70%。除了通过形成异质结的方法提高光催化剂的光催化性能外,还能对形貌结构进行改造。Liu 等[121]以 $Zn_4CO_3(OH)_6 \cdot H_2O$ 为模板进行原位生长合成 Zn_2GeO_4 空心球,这种空心球结构具有高的比表面积,并且为抗生素降解反应提供了更多的活性位点,在对抗生素甲硝唑的降解中较固相法合成的 Zn_2GeO_4 性能上提高了 20%。贵金属沉积改性催化剂形成肖特基结也是提高降解抗生素效率的有效手段之一。Xue 等[122]采用煅烧加光沉积的方法制备了 Au/Pt/g-C_3N_4 催化剂,沉积得到的贵金属 Au 和 Pt 的粒子尺寸为 7~15nm,且均匀分布在 g-C_3N_4 上。研究发现,在可见光下对盐酸四环素的降解效率,Au/Pt/g-C_3N_4 是纯 g-C_3N_4 的 3.4 倍。这归因于 Au 的表面等离子体共振效应,其扩展了光吸收的范围,并且电子可以迁移到 Pt 颗粒以有效地分离光生载流子,从而提高了光催化活性。

除了通过界面接触转移 e^- 与 h^+ 提高光催化降解去除抗生素外,元素掺杂是另一大手段,如金属、非金属离子掺杂,外来离子共掺杂和自掺杂,这些掺杂方法具有改善表面电子性质的能力,从而促进了高效的光催化降解抗生素能力,也因此受到人们的广泛关注。Gurkan 等[123]研究了氮掺杂 TiO_2 催化剂对头孢唑林的光催化降解,在 30min 紫外光辐射下,约有 76% 的头孢唑林被降解,这是因为氮掺杂有效降低了 TiO_2 的带隙,提高了光的利用效率。除此之外,还证明了氮掺杂 TiO_2 降解头孢唑林的活性物种为羟基自由基($\cdot$OH),并且利用密度泛函理论,确定了羟基自由基对头孢唑林分子攻击的活性部位为噻二唑环和二氢噻嗪环上的硫原子。Panneri 等[124]采用无模板喷雾干燥工艺,将尿素与硫脲混合物热解制得的 g-C_3N_4 片转化为高比表面积颗粒,并在 500℃下进行热氧化,而在喷雾干燥和热氧化过程中 g-C_3N_4 引入碳掺杂,降低了带隙,扩大了对可见光区的吸收范围,因此得到的 g-C_3N_4 颗粒对四环素废水的处理具有强吸附和光催化降解双重作用。除了掺杂非金属的研究外,过渡金属离子的掺杂也能拓展可见光吸收。Wu 等[125]利用一步水热法制备出 Mn^{4+} 掺杂 $SrTiO_3$ 纳米立方体,因为 Mn^{4+}(0.67Å)与 Ti^{4+}(0.68Å)离子半径十分接近,并且两者的配位原子数都是 6,所以 Mn^{4+} 掺杂进入 $SrTiO_3$ 晶格中可以替代 Ti^{4+}。导带降低、带隙变小,有利于提升 Mn^{4+} 掺杂的 $SrTiO_3$ 光催化剂在可见光下对四环素的降解能力。然而,与简单的离子掺杂相比,离子基团作为掺杂剂可以更好地调整晶体结构,优化光吸收性能,从而提高半导体的光催化性能。Li 等[126]采用尿素沉淀法将阴离子基团 PO_4^{3-} 引入 Bi_2WO_6,取代了 Bi_2WO_6 中的一些 WO_4,PO_4^{3-} 掺杂 Bi_2WO_6 催化剂与纯 Bi_2WO_6 相比,在可见光下对水中的抗生素(加替沙星、环丙沙星、甲磺酸达氟沙星、盐酸恩诺沙星)显示出优异的光催化降解活性。PO_4^{3-} 掺杂 Bi_2WO_6

光催化活性提高的主要原因是光生电子–空穴对的有效分离,提高了对光生电子–空穴对的有效利用,通过光致发光光谱、荧光衰减、光电化学性质等手段进行了证明及解释。

2.2 热催化基础

2.2.1 热催化作用

化学反应总是伴随着旧化学键的断裂和新化学键的形成。为了引发化学反应,需要对反应物分子赋予额外能量,使其能形成活化络合物,因而大部分反应表现出一定的活化能(即反应能垒)。通过加热升温是实现反应物分子活化、底物分子间碰撞次数增加的有效手段,因此是最有效且直接的提升化学反应速率的方式。然而,出于节能和强化选择性方面的考虑,往往需要使反应过程在相对温和的条件下高效实现。由此诞生了催化的概念以及催化剂的广泛使用,最终形成对高效及高选择性催化剂的研究热潮。传统认为催化剂的作用在于降低或升高反应活化能,具体表现为通过引入催化剂改变反应活化络合物,可以有效改变反应活化能,从而改变反应选择性和反应温度(图 2-28)。反应过程中催化剂本身保持不变。在环境治理领域引入催化过程,可以提升对环境污染物的治理效率和降低反应能耗,因而得到广泛运用。基于经济性和净化效率等因素,应用于环境治理过程的催化过程对于反应速率和最终转化率都有很高的要求。在现有技术条件下,以氧气为氧化剂时,仅有少数种类的污染物(一氧化碳、甲醛)可在室温下(<30℃)实现高效完全氧化。而对于大多数其他污染物,提升反应温度是实现对其进行彻底处理的最便捷、稳定和有效的手段。这种在催化剂的作用下,完全依靠升温而促使反应进行的催化过程即为热催化过程。由于热催化过程在环境污染物终端处理领域应用中的广泛性,开展热催化过程在环境治理领域的应用研究对实现高效环境污染物治理有重大的意义。

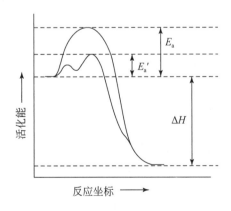

图 2-28 非催化/催化状态下放热反应活化能曲线

热催化在环境治理中的应用领域包括气态、液态和固态污染物的净化,清洁能源中的脱硫、脱氯技术以及资源转化中的热催化过程[127,128]。一些典型的应用热催化反应包括 VOCs

废气治理、氮氧化合物(NO$_x$)选择性还原、汽车尾气净化、水中持久性污染物去除、生物质合成气净化、废油资源化利用等。下面选取一些典型的热催化过程进行简要介绍。

1. VOCs 废气治理

挥发性有机物是一类在常温下沸点为 50～260℃ 的各种有机化合物的统称[129-131]。传统上用于 VOCs 治理的吸附手段通常使用活性炭等作为吸附材料,且 VOCs 分子经过吸附后并未彻底破坏,仅从气相转移至吸附剂表面。后续对吸附饱和的活性炭进行处置仍然存在二次污染的风险。使用冷凝浓缩等手段处理 VOCs 废气,受到成本的制约,仅对有机废气中的高价值成分回收存在一定的使用价值[132,133]。使用高温热焚烧方式处理 VOCs 废气及其衍生出的蓄热燃烧系统(RTO)对常见的大风量、低浓度有机废气处理过程将消耗大量额外燃料以维持系统温度(>800℃),且热焚烧过程中容易次生氮氧化物引发二次污染[134]。相较于上述手段,催化燃烧可在较低的温度下(150～400℃)通过热催化作用将 VOCs 完全氧化为无害的二氧化碳。催化燃烧反应温度较低,一方面能节约大量能源,另一方面避免生成NO$_x$。因此,使用热催化方式处理 VOCs 具有显著的优势(图 2-29)。

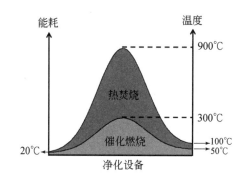

图 2-29　催化燃烧与热焚烧对温度要求的差异

2. 氮氧化物(NO$_x$)选择性催化还原

氮氧化物(NO$_x$)是世界各国公认的主要大气污染物之一。氮氧化物包括一氧化二氮(N$_2$O)、一氧化氮(NO)、二氧化氮(NO$_2$)、五氧化二氮(N$_2$O$_5$)等[135],其中以 NO 和 NO$_2$ 排放量最大。氮氧化物参与对臭氧层的破坏,并且是酸雨和城市光化学烟雾的直接前体,是造成大气环境破坏、威胁人类健康的重要因素[136,137]。在我国,各类火电厂是氮氧化物排放的主要来源。对废气中氮氧化物进行脱除,主要包括两种技术路线:选择性非催化还原(SNCR)和选择性催化还原(SCR)[138]。其中 SNCR 是通过向锅炉内喷射氨分子,在接近 800℃ 条件下将氮氧化物还原成氮气。通常经过合理设计的 SNCR 脱硝效率低于 80%,且氨逃逸量较大,因此只适用于老式锅炉或水泥窑的脱硝改装[139]。SCR 是在催化剂作用下使用少量氨对氮氧化物进行还原,形成氮气的过程(图 2-30)。SCR 途径可实现对 NO$_x$ 的深度脱除,经过合理设计的 SCR 反应器可对 NO$_x$ 的净化效率达到 95% 以上[140]。

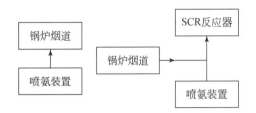

图 2-30　（左）SNCR 装置与（右）SCR 装置布局示意图

3. 汽车尾气三效催化净化

近年来我国主要大城市遭遇持续性雾霾天气,其雾霾的重要来源在于城市中机动车数量快速增长,机动车尾气中所含的碳氢化合物(HC)、CO、NO$_x$ 和硫化物等在日光照射下经过光化学反应形成气溶胶。控制汽车尾气污染,重要的方法是使用三效催化器将尾气中的污染物质经过催化转化形成二氧化碳、氮气等几乎无污染的物质[141]。其中 HC 经过完全氧化生成二氧化碳和水,CO 在高温下被氧化形成二氧化碳,NO$_x$ 被 HC 等还原成氮气(图 2-31)[142,143]。通常三效催化剂以蜂窝模块的形式安装在发动机尾气排口处。蜂窝模块表面均匀涂覆有一层具有强储-放氧能力的稀土氧化物并负载贵金属作为核心活性成分。目前,用于汽车发动机尾气治理的三效催化器消耗的贵金属占工业用总量的 40%[144]。从技术路线看,早期三效催化剂使用 Pt-Pd-Rh 三元贵金属作为主要活性组分。2015 年之前 Pt 和 Rh 价格昂贵,因此逐渐开发出了以单 Pd 为活性组分的三效催化剂体系并由此助推了 Pd 价格猛涨[145]。

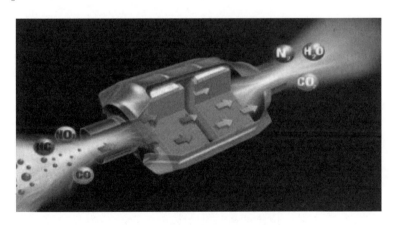

图 2-31　汽车尾气三效催化净化装置

4. 水中持久性有机污染物去除

近年来,随着持久性有机污染物(POP)污染情况的越发突出,人们开始意识到其对社会经济及人类身体健康所带来的巨大伤害。早在 2001 年,世界范围内的 90 多个国家联名签订了《斯德哥尔摩公约》,正式开始了消减、控制 POP 的工作,借助清洁生产、替代技术等手段来减排,而对于那些已经被扩散至环境当中的此类污染物,则实施污染控制。所谓 POP,从基础层面来分析,就是具有高毒性,当此物质进入环境后,很难自己降解,并且还会持续积累,经水、空气等进行长距离的跨境迁移与沉积,直到远离其排放点的区域,之后会在新的水域或地域生态系统中不断积累。由于 POP 有亲脂性特征,其在水中的浓度数量级能够达到 ng/L,如果此时运用传统的水处理技术,就很难去除。而使用生物降解方法则可以比较好地把 POP 无害化处理。采用生物法对 POP 进行处理,借助微生物降解有机污染物,使之成为 H_2O、CO_2,或者是向无害物质转化。现阶段,能够修复 POP 污染的主要催化技术有催化加氢,即在催化剂作用下利用表面解离的游离氢对 POP 污染的 C—X 及双键进行加氢,破坏其致病结构,实现无害化处理。例如,中国科学院广州地球化学研究所 Zhang 等[146]在系统比较纳米硫化零价铁和其他还原剂还原转化六溴环十二烷(HBCD)的动力学及转化途径后,发现纳米硫化零价铁对 HBCD 表现出优异的还原性能(图 2-32)。

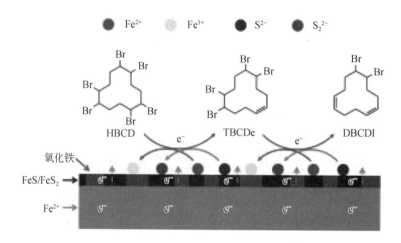

图 2-32　纳米硫化零价铁对 HBCD 的还原降解途径

5. 原油炼制过程中的催化裂解反应

石油炼制过程是能源工业的重要环节。从石油炼制得到的烯烃是现代化学工业的基石。石油炼制过程需要高选择性得到低碳烯烃($C_2 \sim C_4$),以最大化利用石油资源[147,148]。特别的,由于聚丙烯及丙烯相关下游化学品(丙烯腈、环氧丙烷和丙烯酸树脂等)需求的发展,对低碳烯烃需求的结构也发生了重大变化。为更高效提升石油炼制产物中丙烯的收率,以丁烯裂解反应为例,需要引入催化裂解催化剂以降低副反应发生概率,提升主产物收率(图 2-33)。工业应用中催化裂解催化剂一般为以规整微孔为主要特征的分子筛微晶,以及对分子筛起成型和包裹作用的 SiO_2-Al_2O_3 材料等。一般认为,重油分子首先在 SiO_2-Al_2O_3 材料表面初步裂化形成较小片段的 C_8 以下烃类后,进入分子筛内部在微孔限域作用下发生进一步深度裂解,依据分子筛内孔道拓扑结构的差异形成乙烯、丙烯或丁烯等产物。依据石油炼制反应温度不同,一般分为重质油裂化(500~550℃)、轻质油催化裂解(550~600℃)和高温裂解(>800℃)。在石油炼制企业,原油在流化床反应器内与分子筛充分接触,形成裂解产物。石油炼制的重点研发方向在于开发具有高选择性的分子筛材料(包括对其修饰或改性),并开发与其性能对应的催化反应工艺体系。催化裂解的关键是少生成深度氧化产物二氧化碳,多产烯烃。

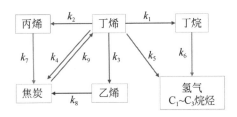

图 2-33 一种丁烯裂解反应网络

除上述介绍的反应外,生物质合成气净化、废油资源化利用等过程,均为使用热催化技术的重要领域,这里不复赘述。

2.2.2 热催化材料、成型及活性组分固载

通过热催化实现环境污染物的高效转化,一个重要的条件是使用高性能热催化材料。热催化材料是由高效热催化剂经过成型加工后形成。典型的热催化剂的微观结构如图 2-34 所示,可归纳为三个部分:

①起核心催化作用的活性成分,包括高度分散的贵金属团簇/原子、过渡金属氧化物或者起酸/碱作用的主族元素等。活性组分是热催化反应过程的核心,参与污染物分子转化的反应速率决定步骤。

②催化剂担载体,一般为高比表面积和具有一定机械强度的氧化铝、氧化硅、分子筛或多孔陶瓷等。担载体可以促进活性组分分散,协助底物活化和改变活性组分的电子结构等。其中,结构化载体还具备较高的机械强度和规则的外形。

③催化助剂,一般为碱金属/碱土金属,过渡金属氧化物或稀土氧化物等。催化助剂与活性成分一同负载于催化剂担载体表面,协助调控活性成分的价态、分散性并协助活化底物等,通常能极大改善催化材料的性能。

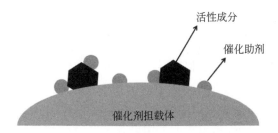

图 2-34 典型热催化剂中活性成分、催化剂担载体和催化助剂的结合方式

环境催化通常采用气-固、液-固和气-液-固等多相接触的方式进行。一般而言,直接使用粉末状态的催化剂,存在机械强度低、床层压降大和不利于催化剂回收等缺点。因此,

催化材料需要被塑造成具有固定宏观外形的材料以便填充于反应器中,这一过程通常称为催化材料的成型过程。通常使用如下三种方式获得不同类型的成型催化剂。

1. 颗粒催化剂成型

将制好的催化剂粉末添加黏结剂后,通过挤出、喷丸等方式形成特定外形(图 2-35)。此方法应用较为简便,通过更换模具的形状,可以方便地对催化剂形状进行控制。常用的黏结剂包括蒙脱土、硅胶、水铝石和硝酸等无机黏结剂和羟甲基纤维素、海藻酸钠、瓜尔胶和聚乙烯醇等有机黏结剂。在实际应用中,黏结剂的配方需要通过研发者的经验结合催化剂成分、使用环境和需要的机械强度灵活调整。由于非均相催化是表面过程,而添加黏结剂可能会导致活性组分被黏结剂包覆而无法发挥最大的效用,因此黏结剂对催化性能的影响也是生产过程中予以考虑的重要因素。

图 2-35 不同形态催化剂颗粒

尽管如此,挤出法或喷丸法生产的成型催化剂由于生产过程快捷和一致性强的特点,仍然是工业催化剂开发的主流。催化剂颗粒的外形及机械强度特征常用的表征参数罗列如下:

①催化剂目数。催化剂目数(catalyst mesh number)描述了催化剂的尺寸大小,以催化剂颗粒在不同孔径筛网上的通过能力进行表示。催化剂目数越大,说明催化剂颗粒越细小,因而暴露出较大的外表面积;催化剂目数越小,说明其催化剂颗粒越大,因此暴露的外表面积越小。具体反映催化剂目数的参数为矩形孔筛网的筛孔尺寸,以每平方英寸(25.4mm×25.4mm)上所具有的网孔数量定义其目数(表 2-1)。对于球形催化剂,其目数与球的颗粒直径相关;对于实心柱形、空心柱形及一些不规则外形的催化剂颗粒,通常不适用目数直接表述,而改用直径和高度或其最长边和最短边等参数表述。一般而言,400 目以上的催化剂颗粒已接近常用的催化剂粉体。

②催化剂机械强度。对催化剂机械强度要求的原因在于,在生产和安装过程中催化剂颗粒会承受搬运时的振动磨损、装填时的冲击磨损和装填后承受自身重力的影响。在催化剂使用过程中,催化剂颗粒承受升温–降温循环应力、气流冲击以及气流中夹杂的粉体冲击等因素的影响。上述因素均对催化剂颗粒强度提出了一定的要求。因此,目前催化剂厂家和应用方均把催化剂机械强度列为主要控制指标之一。

我国早期对催化剂机械强度的检测标准有磨油法、冲击法和容积抗碎强度法等,上述方法在世界上已逐渐过时。近年来美国 ASTM（American society for testing materials）标准中 D4058—87 方法也用于测定。因此我国催化剂强度检测方法与世界方法并不通用，存在相互认证的问题。

表 2-1　筛网目数与粒径对照表

目数（mesh）	微米（μm）	目数（mesh）	微米（μm）
2	8000	30	550
3	6700	32	500
4	4750	35	425
5	4000	40	380
6	3350	60	250
7	2800	80	180
8	2360	100	150
10	1700	200	75
12	1400	400	38
14	1180	800	18
16	1000	1000	13
18	880	2000	6.5
20	830	5000	2.6
24	700	8000	1.6
28	600	10000	1.3

ASTM 方法指定的标准中 D4058—87 文件是关于催化剂材料颗粒机械强度的测试方法，具体包括催化剂颗粒强度、耐磨性和载体磨损率的标准测定方法。该方法也被经常应用于其他用途固定床催化剂的开发。

按照该标准的要求，片剂、条状、球形以及粒度大于 1.6mm 或小于 19mm 的不规则形催化剂及其载体属于该标准的测试范畴，该标准规定了催化剂担载体的耐磨性和机械强度的数据。必须指出，催化剂及其担载体的机械性能比较，只有在相同目数或相同规格下才能进行有意义的比较和分析。

该标准通过旋转测试对催化剂颗粒耐磨性和机械强度进行测定：将 100g 催化剂颗粒装入直径为 245mm 并带一挡板的鼓型装置中，在 60r/min 条件下，旋转 1800 圈后，经过 20 号标准筛过筛，测定磨损实验后产生的细粉质量。

磨损率：

$$磨损率\% = (A-B)/A \times 100\%$$

式中，A 为试样重量；B 为筛分重量。

标准方法精度：

意为在相同方法、相同条件下测定相同样品时，测定结果允许的最大误差，按照国际标准（1505725—1981E）中的要求，以 Ir 表示：

$$Ir = 2\sqrt{2Sr}$$

以上参数定义了测试方法的重复性和再现性。

上式中测量方法重复性精密度计算方法为：

$$Sr = \sqrt{\frac{\sum_1^m S_1^2}{m}}$$

式中，S_i 是不同时间对同一样品进行 m 次 n 回重复测定过程中，每一回 n 次测定的标准离散差：

$$S_i = \sqrt{\frac{\sum_1^m (X_i - \bar{X})^2}{n - 1}}$$

式中，$\bar{X}$ 代表样品在测试中磨损的平均值，X_i 代表 n 次实验中某次实验的测试磨损率。

③催化剂表观堆密度。2017 年《化工名词》（一）（石油炼制·煤制油及天然气·生物质制油）第一版公布了"催化剂表观堆密度"（apparent compact density of catalyst，ACDC）作为描述单位体积密实堆积催化剂颗粒的质量的名词。

对催化剂的表观堆密度测定依据一般为美国 ASTM 标准中 D4058—87 方法和中华人民共和国石油化工行业标准《SH/T 0958—2017 成型催化剂和催化剂载体机械振实堆积密度测定法》。上述两标准基于类似的测试原理，但在振动设备凸轮轴转速、天平最大称量值规定和结果表示等方面有细微的差异，以适应各标准颁布地方的具体情况。对成型催化剂表观堆密度的测试通过将处理过的成型催化剂或催化剂担载体试样装入具刻度量筒中进行机械振动，测定催化剂或催化剂担载体的质量和振实体积，计算得到机械振实堆密度。

2. 蜂窝催化剂制备及成型工艺

蜂窝催化剂制备方法主要可分为两类：在已成型的蜂窝陶瓷表面涂覆具有高催化活性的催化剂涂层；通过挤出等手段直接制备整块催化剂蜂窝材料。

（1）在已成型的蜂窝陶瓷表面涂覆具有高催化活性的催化剂涂层

蜂窝陶瓷是由堇青石等制成的具有大量平行且互不连通孔道的一种陶瓷材料。蜂窝陶瓷耐热性、耐热冲击性和机械强度均非常出色，且床层压降极低，可以应用于废气处理量大且需要频繁升温–降温的场合，如汽车尾气净化、挥发性有机物治理等［图 2-36（a）］。同时，由于蜂窝陶瓷单位体积外表面积高（>400m²/m³），可以极大提升贵金属催化剂的利用效率，降低使用成本。在蜂窝陶瓷表面涂覆催化剂涂层，工业上一般通过涂覆机的形式进行：将催化剂粉体制成具有一定流变性的浆料后，均匀浸没蜂窝载体，随后吹除孔道内多余浆料，煅烧固化得到催化剂涂层。为保证每块蜂窝载体表面催化剂涂层量相同，应严格控制蜂窝陶瓷载体的吸水率。

典型的无机械臂单工作台蜂窝催化剂涂覆设备［图 2-36（b）］运行参数如下：

①工作节拍：载体大小不一，节拍不同（35～80 次/h）；

②涂覆载体直径范围：Φ70～330mm；

③涂覆载体高度范围:60～200mm;

④定量在陶瓷载体上涂覆浆料,涂覆精度正负公差5%(定量涂覆与载体浆料物理性质有关),涂覆的浆料的量可以方便设置;

⑤设备具备产品数据采集处理及储存功能,并且能够分析数据及数据异常报警功能;

⑥载体夹具方便更换,打浆机清洗便利;

⑦气囊压力可独立调节,调节范围0～0.6MPa;

⑧生产过程中载体转移靠人完成,每台机1～2人可操作完成。

图 2-36 (a)安装蜂窝催化剂的 VOCs 催化燃烧固定床反应器内部结构和
(b)整体式催化剂生产设备

(2)通过挤出等手段直接制备整块催化剂蜂窝材料

挤出法制备整块催化剂材料常见于脱硝催化剂生产过程。由于热电厂锅炉脱硝工序位于除尘工序后,面对气流冲刷和少量未去除颗粒撞击,以及含硫磷杂质的毒害,因此要求催化剂有较好的再生能力。采用整块挤出的脱硝催化剂能经受多次再生而维持较高比例的初始性能,因此成为火力发电厂的首选。挤出法生产整体式催化剂的生产工艺如图 2-37 所示,添加的黏结剂包括硝酸、羟甲基纤维素、硅胶等,根据实际需要的催化剂结构选择挤出模具。挤出法生产催化剂在成型过程中由于水分的挥发存在一定的收缩现象,因此对黏结剂的选择和混炼过程的均匀性提出了较高的要求。

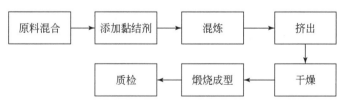

图 2-37 挤出法生产整体式催化剂流程

3. 将活性成分固载于已成型的担载体表面

利用预先制得的催化剂担载体固载活性成分,可以有效避免添加黏结剂对催化性能的影响。目前,多种形式的预制载体已在市场上销售。将含有活性组分的溶液通过过量浸渍/等体积浸渍等方式,可以方便地把活性组分负载到担载体上。采用浸渍等方式负载活性组分时,由于吸附和干燥过程的毛细作用而导致活性组分出现不均匀分布(图2-38)。例如,以氯钯酸为活性组分负载于氧化铝球上,由于氯钯酸易于在氧化铝表面发生吸附,最终在担载体上呈现蛋壳型分布。添加柠檬酸等络合剂降低氯钯酸吸附性后,可以获得活性组分均匀分布的催化剂颗粒。为了避免分布不均匀导致活性组分团聚、烧结等影响催化性能下降的情况,有研究者报道使用沉积–沉淀和冷冻干燥等促使活性组分在成型载体表面均匀分布的方法。不少研究结果显示,对于某些特定的反应,适当的活性组分的不均匀分布反而可以对催化效能产生积极的影响。

均匀分布　　　　蛋壳型分布　　　　蛋黄型分布

图2-38　活性组分在成型催化剂表面的几种分布情况

对担载活性组分的催化剂,生产中最关心的是活性组分在催化剂上的分散情况和价态。上述两个方面的研究,大多可分别通过测定活性组分的分散度和能谱学手段得到。对活性组分的分散度测定已发展出一系列方案,包括滴定法、电子显微镜法等。上述方法均可在相关经典催化化学教材,如辛勤等编著的《现代催化研究方法》《固体催化剂研究方法》中找到,本书不复赘述。

2.2.3　用于环境净化的热催化剂

近年来环境保护已成为社会关注的焦点,学术界和工业界对用于污染物终端处理的热催化剂已开展多年的探索。针对不同用途的热催化反应器,已开发出种类繁多的用于环境净化的热催化剂,下面将按照用途不同简要分类介绍。

1. 用于挥发性有机物(VOCs)净化的热催化剂

工业上用于挥发性有机物净化的热催化剂的主要组分是贵金属,少量地区的工业装置中有非贵金属催化剂的报道,但是至今仍非常罕见。究其原因,在于非贵金属催化剂的主要活性组分如Ni、Co等容易与载体中的氧化铝在长期运行条件下形成化学惰性和具有极低比表面积的偏铝酸化合物,从而导致催化剂物化特性和活性相的改变,引发催化剂性能下降。上述现象成为对非贵金属催化剂改性的焦点。总的来说,目前贵金属催化剂成本较高,至成稿之日,贵金属价格有进一步上涨的趋势。因此,开展降低贵金属催化剂中贵金属用量的研究,以及非贵金属代替的研究,仍极具价值。

董安琪[149]借助莫来石(AMn_2O_5,A = Re)具有较高稳定性和易于产生氧空位的特征,发展了具备超强氧化能力和结构稳定的莫来石粉末和纤维催化剂。一系列催化效能和多种表征均证明,其对丙酮、短链烷烃和烯烃的氧化能力优于贵金属 Pt。CdMn$_2$O$_5$ 和 YMn$_2$O$_5$ 分别对丙酮和丙烯/丁烷的催化氧化能力显著优于传统 Pt 纳米颗粒催化剂。从理论模拟结合实验的角度,系统地表征了合成的莫来石晶相,阐述表面成键和活性物质如何影响 VOCs 和 NO 氧化反应过程。上述结果揭示了低对称三元锰基氧化物在催化转化应用中的潜在联系,为新一代拓扑结构催化剂开发提供了理论依据。

应用催化剂的拓扑结构理论在 VOCs 净化催化剂的开发中具有很强的指导意义,王冬雪[150]对 SnO$_2$ 与一些常用金属氧化物(如 Ce、Fe、Cr、Mn、Ta、Nb 等)构建得到的非连续固溶体结构在 VOCs 催化燃烧中净化效率的变化规律进行研究。借助简单易行的 XRD 外推法用于定量非连续固溶体的晶格容量。

夏昱[151]借助融盐法开发 Fe$_2$O$_3$ 负载 Pt 催化剂,实现 Pt 在载体表面高度分散。通过对融盐法组分的选择,分别实现了 Pt 和 Pd 的高分散固载。对获得的催化剂进行耐久性实验结果表明,高度分散的 Pt 具有极强的耐热冲击能力和长时间稳定性。由于贵金属固载量极低,制备工艺简单,对甲苯等有机物催化净化效能良好,因此具有极高的工业潜力。

2. 用于氮氧化物(NO$_x$)净化的热催化剂

目前,工业上应用最广泛的是钒钛催化剂,但贵金属催化剂、其他过渡金属催化剂也得到研究者的广泛研究,取得了一系列成果。脱硝催化剂是决定一个 SCR 系统能否成功应用的关键。据统计,在一个 SCR 系统中,催化剂的全寿命成本占系统总成本的 40% ~ 60%。因此 SCR 催化剂市场前景广阔。研发高性能且具有自主知识产权的脱硝催化剂意义重大。

目前钒钛类催化剂在工业装置上使用范围最广,其中在电厂等大规模具有稳定工况的工业装置上使用最多。以 TiO$_2$ 锐钛矿为载体的钒系催化体系主要包括 V$_2$O$_5$/TiO$_2$、V$_2$O$_5$-WO$_3$/TiO$_2$、V$_2$O$_5$/TiO$_2$、CeO$_2$-V$_2$O$_5$/TiO$_2$、MoO$_3$-V$_2$O$_5$/TiO$_2$ 和 Ce-Mn/TiO$_2$ 等。脱硝催化剂的性能取决于 TiO$_2$ 载体的晶相(锐钛矿、金红石相及其两者的混晶)及负载物种分散形态。

合肥工业大学张先龙等[152]以锐钛矿 TiO$_2$(P25)为载体,在其表面引入原位生长技术,高精度、可控地固载了锰氧化物,形成了 Mn/TiO$_2$ 催化剂,等体积浸渍并进行煅烧后,制得掺杂氧化铈 Ce-Mn/TiO$_2$ 催化剂,对其烟气低温 SCR 脱硝性能进行评价,发现煅烧温度对催化剂效能影响显著,500℃ 煅烧获得的催化剂具有最优的脱硝催化效能。其中,引入 Ce 能有效提升催化剂表面氧空位数量,是获得更多的 Mn^{4+} 物种的关键。

曹悦等[153]对商业 V$_2$O$_5$-WO$_3$/TiO$_2$ 型 SCR 催化剂进行改性,添加少量 Cu 元素,强化其在低温下对 NO 的捕捉能力,并考察了模拟 SCR 尾部烟气条件下对逃逸氨和残余 NO$_x$ 的去除效果。通过原位红外表征发现,NH$_3$ 先在 Cu 表面被吸附,再在 NO 的作用下发生氧化,最终转化为 N$_2$。上述特征是 Cu 改性 SCR 催化剂具有优异性能的来源,为催化剂进一步开发提供了思路。

莫建益等[154]通过浸渍 Ho、Ce、Sb 制备了一系列 V$_{2.5}$W$_5$M$_x$/TiO$_2$ 催化剂。在测试中发现,Ce 和 Sb 的改性对 NO$_x$ 的转化率在 220℃ 时接近 95%。当温区进一步变宽,其催化剂性能基本不变。适量 Ho、Ce 和 Sb 的加入能促使表面其他活性物种分散均匀,因此对提升催化性能表现出有益的作用。改性后催化剂表面氧化还原性能和酸性的优化是其低温活性提升的重要原因。

由于 SCR 催化剂应用和生产范围的扩大(表 2-2),开展高效 SCR 催化剂开发的工作在未来一段时间内仍大有前景。

表 2-2　我国重要 SCR 催化剂生产厂家及产能

序号	名称	技术来源	产品类型	规划产能 (m^3/a)	目前产能 (m^3/a)
1	东方凯瑞特	德国 KWH	蜂窝式	13500	4500
2	远大环保	美国康美泰克	蜂窝式	10000	10000
3	龙源环保	日本触媒	蜂窝式	16000	3000
4	中天环保	BASF	蜂窝式	18000	6000
5	青岛华拓	SK	蜂窝式	15000	
6	大拇指	日本触媒	蜂窝式	6000	6000
7	瑞基环保	不详	蜂窝式 板状式	6000 2000	
合计					93500

3. 类 Fenton(芬顿) 催化剂在废水深度净化中的应用

传统的 Fenton 反应是将过氧化氢在 Fe^{2+} 的催化下形成具有高催化活性的羟基自由基,再在羟基自由基的作用下对水中有机物进行降解,实现高效、快速污水净化的反应。自从 Fenton 反应被发现以来,其原料对环境友好并易于在后续生化过程中处理,因此在污水净化中的应用一直延续至今。由于 Fenton 过程在反应前对 pH 要求在较低的范围(pH<4)下使用,反应后剩余的 Fe 通常以铁泥的形式进入污泥中,给后续固废处理带来极大压力。因此,有研究者提出使用负载型过渡金属催化剂,仿照 Fe^{2+} 的机理,代替均相溶液中金属离子的功能,在接近中性的条件下,实现对过氧化物的高效催化分解,充分形成自由基,实现更加"绿色"的 Fenton 过程。

Mn 系氧化物是一类有应用潜力的类芬顿催化活性相。杨金帆等[155]采用碱-氧化法在壳聚糖交联的纤维素滤纸上原位合成纳米 MnO_2 ,以过氧化氢为还原剂,在室温下对亚甲基蓝进行催化降解,实现了在 1h 内对亚甲基蓝的 100% 降解。催化剂再生实验表明,该非均相催化剂可以很容易从反应体系内分离,从而实现高效绿色的污水净化过程。

Cu 系非均相催化剂具有易于发生 Cu^{2+} 到 Cu^+ 转变的特点,因此也被用于类芬顿催化剂的开发。鲍艳等[156]通过改变 CuS 纳米颗粒的形貌,提升了对亚甲基橙的降解效率。在 110min 后甲基橙的降解率可高达 86.6% 。

类芬顿催化最优越的一点在于催化剂的可回收。通过向催化剂中引入磁性可分离组分,将极大简化催化剂的分离步骤。刘长辉等[157]通过开发 Fe_3O_4 磁体并与 Cu 颗粒结合,实现对甲基橙废水的高效降解。在 1h 内,甲基橙的降解率达 97.2% 。

2.2.4 热催化材料性能调控

热催化材料的性能调控是催化剂行业最核心的研究领域。自德国化学家哈伯(Haber,1868—1934 年)开发铁系合成氨材料以来,对催化剂结构和催化性能间的构效关系研究至今是催化剂开发的理论研究前沿。基于上述原因,在催化领域的理论研究通常落后于对最优催化材料独特性质来源的探索。例如在哈伯等发明合成氨用铁系催化剂以来,惰性 N_2 分子是如何在催化剂表面被活化的研究一直持续了接近一百年。下面将分若干领域讲述本书作者在工作中接触的一些典型热催化材料性能调控的研究思路。

1. 用于挥发性有机物净化的整体式催化剂性能调控

目前,在催化燃烧领域运用最为广泛的是整体式催化剂。整体式催化剂是将催化活性组分与蜂窝结构的载体结合,构成具有特定外形的模块化催化材料。相较于用于固定床的传统颗粒式催化剂,整体式催化剂具有床层压降低、机械强度大和放大效应小等优势。整体式催化剂使用的结构载体通常由比表面积较小的惰性材料组成,一般不直接参与催化反应。显然,整体式催化剂的催化性能与其表面的催化活性涂层的组成、结构等因素的关系更加密切。因此,开展针对挥发性有机物在整体式催化剂上催化燃烧中关键科学问题的研究,尤其是整体式催化剂涂层表面结构可控构筑、涂层反应过程强化、涂层结构–反应性能之间关系(构效关系)的研究,具有重要的科学意义和研究价值。

近年对于粉体催化材料的研究表明,规整的孔道结构对于实现高效催化燃烧至关重要。孔道结构对于催化燃烧的促进作用包括两个方面:①产生较高的比表面,可以促进催化活性组分在载体表面高度分散,从而提供较多的活性位点,有效促进底物活化;②规整的孔结构,有利于底物在催化剂表面吸附和传递,强化反应过程。

2. 固态类芬顿催化剂在印染废水深度处理中的应用

印染废水来源于染料生产、浆洗和染色等工序,含有染料、助染剂和高浓度无机盐等成分,具有可生化性差、有机物含量高、碱性强和水质变化范围广的特点,属于环境危害较大的工业废水。印染工业中约 70% ~80% 的用水量最终以废水形式排放,其较大的污水排放量和复杂的污水水质导致常规二级处理工艺难以达到日趋严格的排放标准。现代社会对染色牢固度和染料鲜艳度的要求增强,新的合成染料和印染工艺不断被开发出来,其生产过程排放更多种类难处理的污染物对后续物化处理技术也提出了更高的挑战。

对印染废水二级处理后排水进行深度处理是一种充分利用原有的二级处理设施,在不显著提高改造成本的前提下,有效降低废水中 COD_{Cr}、氨氮和色度等指标,提高废水可生化性,使其达到排放或回用标准的一种合理有效的技术路线。目前来看,印染废水深度处理常用的有效手段包括吸附、分离和化学法等方法。吸附法对低浓度废水处理效果较好,利用吸附剂的高比表面和丰富的吸附位点,可以有效吸附废水中染料分子,降低 COD_{Cr} 和氨氮等各项指标。其缺点为吸附剂用量较大,且吸附后产生的废渣通常属于危险固废,处理成本较高,部分抵消了吸附剂的价格优势。分离法是使用分离膜或萃取技术使污染物与废水分离的方法,若设计得当可将分离法处理后得到的废水直接回用,节约企业总耗水量,但是浓缩后的污染物仍需要进行处理。分离法处理单位体积废水能耗较高,处理设备构造复杂,无法广泛应用到污水处理领域。化学法主要以臭氧/H_2O_2 等试剂为氧化剂,在催化剂/UV 等协同下对废水中有机物进行选择性断键,直至最终矿化。其中 H_2O_2+固体催化剂形式的非均相芬顿体系用于废水深度处理时对设备要求较低,运行过程耗电量少,对水质和废水量变化耐受性强,处理后的废水可以直接回用,且克服了传统芬顿法副产大量含铁污泥的缺陷,是目前较有希望得到广泛运用的深度处理方法。非均相芬顿法在印染废水深度处理中得到广泛应用的关键是开发合适的催化剂体系。

总之,在宽 pH 范围的条件下,实现对印染废水进行深度处理的研究尚未成熟,有较多的机遇。实现印染废水高效催化氧化的催化体系设计极具挑战性,反应需要耦合多种活性中心,设计双功能乃至多功能催化剂体系对该领域的突破显得非常关键。近年来不断涌现的各种新催化材料和分子或纳米尺度下催化剂的可控制备技术为构建结构明确的多功能催化剂提供了可能。从应用研究的角度看,对印染废水非均相芬顿催化氧化的催化剂表面活性中心之间互相耦合强化反应过程的信息了解还非常少。

参 考 文 献

[1] Kisch H. Semiconductor photocatalysis——mechanistic and synthetic aspects[J]. Angew. Chem. Int. Ed. , 2013,52:812-847.

[2] Du S,Bian X,Zhao Y,et al. Progress and prospect of photothermal catalysis[J]. Chem. Res. Chin. Univ. , 2022,38:723-734.

[3] 刘增泽,谭芳,刘燕群,等. 光催化纳米材料在工业废水处理中的应用[J]. 广州化工,2021,49(12): 7-10.

[4] 苗晓亮,徐高田. 光催化氧化技术处理酸性红染料废水研究[J]. 科技资讯,2010,(25):9-10.

[5] 刘玉安. 光催化氧化技术在 VOCs 废气治理过程中存在的难点及对策[J]. 化工设计通讯,2020,46 (3):252-253.

[6] 李娟娟,张梦,蔡松财,等. 光热催化氧化 VOCs 的研究进展[J]. 环境工程,2020,38(1):13-20.

[7] Debono O,Thévenet F,Gravejat P,et al. Gas phase photocatalytic oxidation of decane at ppb levels:Removal kinetics,reaction intermediates and carbon mass balance[J]. J. Photochem. Photobiol. A:Chem,2013,258: 17-29.

[8] Zhang Z,Chen J,Gao Y,et al. A coupled technique to eliminate overall nonpolar and polar volatile organic compounds from paint production industry[J]. J. Clean Prod. ,2018,185:266-274.

[9] d'Hennezel O,Pichat P,Ollis D. Benzene and toluene gas-phase photocatalytic degradation over H_2O and HCl pretreated TiO_2:by-products and mechanisms[J]. J. Photochem. Photobiol. A:Chem,1998,118:197-204.

[10] Mo J,Zhang Y,Xu Q,et al. Determination and risk assessment of by-products resulting from photocatalytic oxidation of toluene[J]. Appl. Catal. B:Environ. ,2009,89:570-576.

[11] Muggli D,McCue J,Falconer J. Mechanism of the photocatalytic oxidation of ethanol on TiO_2[J]. J. Catal. , 1998,173:470-483.

[12] Sauer M,Ollis D. Photocatalyzed oxidation of ethanol and acetaldehyde in humidified air[J]. J. Catal. ,1996, 158:570-582.

[13] Einaga H,Futamura S,Ibusuki T. Heterogeneous photocatalytic oxidation of benzene,toluene,cyclohexene and

cyclohexane in humidified air:Comparison of decomposition behavior on photoirradiated TiO$_2$ catalyst[J]. Appl. Catal. B:Environ. ,2002,38 :215-225.

[14] Gora A, Toepfer B, Puddu V, et al. Photocatalytic oxidation of herbicides in single- component and multicomponent systems:Reaction kinetics analysis[J]. Appl. Catal. B:Environ. ,2006,65(1-2):1-10.

[15] Berberidou C, Kitsiou V, Lambropoulou D, et al. Decomposition and detoxification of the insecticide thiacloprid by TiO$_2$-mediated photocatalysis:Kinetics,intermediate products and transformation pathways[J]. J. Chem. Technol. Biot. ,2019,94(8):2475-2486.

[16] Arslan I,Balcioglu I,Bahnemann D. Heterogeneous photocatalytic treatment of simulated dyehouse effluents using novel TiO$_2$-photocatalysts[J]. Appl. Catal. B:Environ. ,2000,26(3):193-206.

[17] Carey J,Lawrence J,Tosine H. Photodechlorination of PCB's in the presence of titanium dioxide in aqueous suspensions[J]. B. Environ. Contam. Tox. ,1976,16(6):697-701.

[18] Qiu H,Zhang R,Yu Y,et al. BiOI-on-SiO$_2$ microspheres:A floating photocatalyst for degradation of diesel oil and dye wastewater[J]. Sci. Total Environ. ,2020,706:136043.

[19] Qin C,Liao H,Rao F,et al. One-pot hydrothermal preparation of Br-doped BiVO$_4$ with enhanced visible-light photocatalytic activity[J]. Solid State Sci. ,2020,105:106285.

[20] Mishra M, Chun D. α- Fe$_2$O$_3$ as a photocatalytic material:A review[J]. Appl. Catal. A- Gen. ,2015,498: 126-141.

[21] Chou S,Jang J,Lee J,et al. Porous ZnO-ZnSe nanocomposites for visible light photocatalysis[J]. Nanoscale, 2012,4(6):2066-2071.

[22] Fujishima A,Honda K. Electrochemical photolysis of water at a semiconductor electrode[J]. Nature,1972, 238:37.

[23] 黄新玉,李丽华,张金生,等. 纳米二氧化铈的制备及应用研究进展[J]. 应用化工,2014,43(9): 1701-1704.

[24] 周川,刁显珍,彭著林,等. 纳米 WO$_3$ 光催化材料的研究现状[J]. 科技创新导报,2013(12):17-18.

[25] Domen K,Kudo A,Onishi T. Mechanism of photocatalytic decomposition of water into H$_2$ and O$_2$ over NiO@ SrTiO$_3$[J]. J. Catal. ,1986,102(1):92-98.

[26] Parida K, Reddy K, Martha S, et al. Fabrication of nanocrystalline LaFeO$_3$:An efficient sol- gel auto- combustion assisted visible light responsive photocatalyst for water decomposition [J]. Int. J. Hydrogen. Energ. ,2010,35(22):12161-12168.

[27] Yadav A, Hunge Y, Mathe V, et al. Photocatalytic degradation of salicylic acid using BaTiO$_3$ photocatalyst under ultraviolet light illumination[J]. J. Mater. Sci. :Mater. Electron. ,2018,29:15069-15073.

[28] Wang F,Li C,Li Y,et al. Hierarchical P/YPO$_4$ microsphere for photocatalytic hydrogen production from water under visible light irradiation[J]. Appl. Catal. B:Environ. ,2012,(119-120):267-272.

[29] Hu Z, Yuan L, Liu Z, et al. An elemental phosphorus photocatalyst with a record high hydrogen evolution efficiency[J]. Angew. Chem. Int. Edit. ,2016,55(33):9580-9585.

[30] Wang H,Li J,Huo P,et al. Preparation of Ag$_2$O/Ag$_2$CO$_3$/MWNTs composite photocatalysts for enhancement of ciprofloxacin degradation[J]. Appl. Surf. Sci. ,2016,366:1-8.

[31] Liu Y, Kong J, Yuan J, et al. Enhanced photocatalytic activity over flower- like sphere Ag/Ag$_2$CO$_3$/BiVO$_4$ plasmonic heterojunction photocatalyst for tetracycline degradation[J]. Chem. Eng. J. ,2018,331:242-254.

[32] Xiao P,Yuan H Y,Liu J Q,et al. Radical mechanism of isocyanide-alkyne cycloaddition by multicatalysis of Ag$_2$CO$_3$,solvent,and substrate[J]. ACS Catalysis,2015,5(10):6177-6184.

[33] Yu C,Wei L,Chen J,et al. Enhancing the photocatalytic performance of commercial TiO$_2$ crystals by coupling

with trace narrow-band-gap Ag_2CO_3[J]. Ind. Eng. Chem. Res. ,2014,53(14):5759-5766.

[34] Guo M,Wang L,Cai Y,et al. Effect of pH value on photocatalytic performance and structure of $AgBr/Ag_2CO_3$ heterojunctions synthesized by an *in situ* growth method[J]. J. Electron. Mater. ,2020,49:3301-3308.

[35] Li J,Yang W,Ning J,et al. Rapid formation of Ag_nX ($X = S,Cl,PO_4,C_2O_4$) nanotubes via an acid-etching anion exchange reaction[J]. Nanoscale,2014,6(11):5612-5615.

[36] Xu H,Yan J,Xu Y,et al. Novel visible-light-driven $AgX/graphite$-like C_3N_4($X = Br,I$) hybrid materials with synergistic photocatalytic activity[J]. Appl. Catal. B:Environ. ,2013,129:182-193.

[37] Zeng C,Hu Y,Guo Y,et al. Facile *in situ* self-sacrifice approach to ternary hierarchical architecture Ag/AgX ($X = Cl,Br,I$)$/AgIO_3$ distinctively promoting visible-light photocatalysis with composition-dependent mechanism[J]. Acs. Sustain Chem. Eng. ,2016,4(6):3305-3315.

[38] Li J,Wei L,Yu C. Preparation and characterization of graphene oxide/Ag_2CO_3 photocatalyst and its visible light photocatalytic activity[J]. Appl. Surf. Sci. ,2015,358:168-174.

[39] Yu C,Zhang M,Fan Q,et al. Fabrication and characterization of a visible light-driven $SrCO_3$-Ag_2CO_3 composite photocatalyst via a gas-phase co-precipitation route with CO_2[J]. Desalin. Water Treat. ,2020, 188:185-193.

[40] 潘杰,莫创荣,谭顺,等. 钼酸铋基光催化剂的研究进展[J]. 中国金属通报,2021,(2):283-284.

[41] Liu Z,Tian J,Zeng D,et al. Binary-phase TiO_2 modified Bi_2MoO_6 crystal for effective removal of antibiotics under visible light illumination[J]. Mater. Res. Bull. ,2019,112:336-345.

[42] Liu Z,Liu X,Yu C,et al. Fabrication and characterization of I doped Bi_2MoO_6 microspheres with distinct performance for removing antibiotics and Cr(VI) under visible light illumination[J]. Sep. Purif. Technol. , 2020,247:116951.

[43] Liu Z,Tian J,Yu C,et al. Solvothermal fabrication of Bi_2MoO_6 nanocrystals with tunable oxygen vacancies and excellent photocatalytic oxidation performance in quinoline production and antibiotics degradation[J]. Chinese J. Catal. ,2022,43(2):472-484.

[44] 吴榛. Z 型 $TiO_2/CaTi_4O_9/CaTiO_3$ 在光解水产氢(H_2)与光催化还原 Cr(VI)中的研究[D]. 赣州:江西理工大学,2018.

[45] 陈范云. 单 Z 型 $ZnTiO_3/Zn_2Ti_3O_8/ZnO$ 异质结的构建及其光催化性能研究[D]. 赣州:江西理工大学,2020.

[46] Zeng D,Yang K,Yu C,et al. Phase transformation and microwave hydrothermal guided a novel double Z-scheme ternary vanadate heterojunction with highly efficient photocatalytic performance[J]. Appl. Catal. B: Environ. ,2018,237:449-463.

[47] Yu C,Zeng D,Chen F,et al. Construction of efficient solar-light-driven quaternary $Ag_3VO_4/Zn_3(VO_4)_2/$ $Zn_2V_2O_7/ZnO$ heterostructures for removing organic pollutants via phase transformation and *in situ* precipitation route[J]. Appl. Catal. A-Gen. ,2019,578:70-82.

[48] 白羽. 复合 $PbWO_4$ 纳米光催化剂的制备与光催化性能研究[D]. 赣州:江西理工大学,2018.

[49] 马小帅. 甲醛、乙醛和乙二醛辅助水热增强 g-C_3N_4 光催化还原能力的研究[D]. 赣州:江西理工大学,2020.

[50] 李家德. 银基/铋基复合半导体的制备及光催化性能研究[D]. 赣州:江西理工大学,2016.

[51] Tanaka Y,Suganuma M. Effects of heat treatment on photocatalytic property of sol-gel derived polycrystalline TiO_2[J]. J. Sol-Gel Sci. Techn. ,2001.22(1-2):83-89.

[52] Jiang R,Zhu H,Chen H,et al. Effect of calcination temperature on physical parameters and photocatalytic activity of mesoporous titania spheres using chitosan/poly(vinyl alcohol) hydrogel beads as a template[J].

Appl. Surf. Sci. ,2014,319(1):189-196.

［53］ Tian C,Yang Y,Pu H. Effect of calcination temperature on porous titania prepared from industrial titanyl sulfate solution［J］. Appl. Surf. Sci. ,2011,257(20):8391-8395.

［54］ Bakardjieva S,Subrt J,Stengl V,et al. Photoactivity of anatase-rutile TiO_2 nanocrystalline mixtures obtained by heat treatment of homogeneously precipitated anatase［J］. Appl. Catal. B:Environ. , 2005. 58 (3-4): 193-202.

［55］ Abidov A,Allabergenov B,Lee J,et al. Study on Ag modified TiO_2 thin films grown by sputtering deposition using sintered target［J］. J. Cryst. Growth,2014,401:584-587.

［56］ Sönmezoğlu S,Çankaya G,Serin N,et al. Phase transformation of nanostructured titanium dioxide thin films grown by sol-gel method［J］. Applied Physics A,2012,107(1):233.

［57］ Yu J,Dai G,Cheng B. Effect of crystallization methods on morphology and photocatalytic activity of anodized TiO_2 Nanotube Array Films［J］. J. Phys. Chem. C,2010,114(45):19378.

［58］ Fang D,Luo Z P,Huang K. Effect of heat treatment on morphology,crystalline structure and photocatalysis properties of TiO_2 nanotubes on Ti substrate and freestanding membrane［J］. Appl. Surf. Sci. ,2011,257 (15):6451-6461.

［59］ Yu J,Wang B. Effect of calcination temperature on morphology and photoelectrochemical properties of anodized titanium dioxide nanotube arrays［J］. Appl. Catal. B:Environ. ,2010,94(3-4):295-302.

［60］ Nor N,Jaafar J,Ismail A,et al. Effects of heat treatment of TiO_2 nanofibers on the morphological structure of PVDF nanocomposite membrane under UV irradiation［J］. J. Water Process Eng. ,2017,20(11):193-200.

［61］ Ji Y. Facile route for synthesis of TiO_2 nanorod arrays by high-temperature calcinations［J］. Mater. Lett. , 2013,108:208-211.

［62］ Omori T,KusamaT,Kawata S,et al. Abnormal grain growth induced by cyclic heat treatment［J］. Science, 2013,341(6153):1500-1502.

［63］ Zhang H,Banfield J. Understanding polymorphic phase transformation behavior during growth of nanocrystalline aggregates:Insights from TiO_2［J］. J. Phys. Chem B. ,2000,104(15):3481-3487.

［64］ Matsuba K,Wang C,Saruwatari K,et al. Neat monolayer tiling of molecularly thin two-dimensional materials in 1 min［J］. Sci. Adv. ,2017,3(6):e1700414.

［65］ Kumar S,Bhunia S,Ojha A. Effect of calcination temperature on phase transformation,structural and optical properties of sol-gel derived ZrO_2 nanostructures［J］. Physica E. ,2015,66:74-80.

［66］ 方稳,何洪波,薛霜霜,等. $BiOCl_xI_{1-x}$复合半导体的热稳定性及光催化性能［J］. 硅酸盐学报,2016,44 (5):711-719.

［67］ Kadam A,Bhopate D,Kondalkar V,et al. Facile synthesis of Ag-ZnO core-shell nanostructures with enhanced photocatalytic activity［J］. J. Ind. Eng. Chem. ,2018,61:78-86.

［68］ Reddy C,Shim J,Cho M. Synthesis,structural,optical and photocatalytic properties of CdS/ZnS core/shell nanoparticles［J］. J. Phys. Chem. Solids,2017,103:209-217.

［69］ Pawar R,Son Y,Kim J,et al. Integration of ZnO with $g-C_3N_4$ structures in core-shell approach via sintering process for rapid detoxification of water under visible irradiation current［J］. Applied Physics,2016,16(1): 101-108.

［70］ Cybula A,Priebe J,Pohl M,et al. The effect of calcination temperature on structure and photocatalytic properties of Au/Pd nanoparticles supported on TiO_2［J］. Appl. Catal. B:Environ. ,2014,152-153(1): 202-211.

［71］ Nakaoka Y,Nosaka Y. ESR investigation into the effects of heat treatment and crystal structure on radicals produced over irradiated TiO$_2$ powder[J]. J. Photoch. Photobio. A. ,1997,110(3):299-305.

[72] Górska P,Zaleska A,Kowalska E,et al. TiO$_2$ photoactivity in vis and UV light:The influence of calcination temperature and surface properties[J]. Appl. Catal. B:Environ. ,2008,84(3-4):440-447.

[73] Ovenstone J,Yanagisawa K. Effect of hydrothermal treatment of amorphous titania on the phase change from anatase to rutile during calcination[J]. Chem. Mater. ,1999,11(10):2770-2774.

[74] Schulte K,Desario P,Gray K. Effect of crystal phase composition on the reductive and oxidative abilities of TiO$_2$ nanotubes under UV and visible light[J]. Appl. Catal. B:Environ. ,2010,97(3-4):354-360.

[75] Kim C,Kwon I,Moon B,et al. Synthesis and particle size effect on the phase transformation of nanocrystalline TiO$_2$[J]. Mater. Sci. Eng. C. ,2007,27(5-8):1343-1346.

[76] Fan Y Z,Deng M,Chen G,et al. Effect of calcination on the photocatalytic performance of CdS under visible light irradiation[J]. J. Alloy. Compd. ,2011,509(5):1477-1481.

[77] Bae C,Ho T,Kim H,et al. Bulk layered heterojunction as an efficient electrocatalyst for hydrogen evolution [J]. Sci. Adv. ,2017,3(3):1602215.

[78] Yu C,Zhou W,Yu J,et al. Thermal stability,microstructure and photocatalytic activity of the bismuth oxybromide photocatalyst[J]. Chinese J. Chem. ,2012,30(3):721-726.

[79] Yu C. Fan C,Yu J,et al. Preparation of bismuth oxyiodides and oxides and their photooxidation characteristic under visible/UV light irradiation[J]. Mater. Res. Bull. ,2011,46(1):140-146.

[80] 樊启哲,余长林,周晚琴,等. 煅烧温度、时间和气氛对 BiOBr 结构和光催化性能的影响[J]. 材料热处理学报,2015,36(5):10-16.

[81] Yu C,Li G,Kumar S,et al. Phase transformation synthesis of novel Ag$_2$O/Ag$_2$CO$_3$ heterostructures with high visible light efficiency in photocatalytic degradation of pollutants[J]. Adv. Mater. ,2014,26(6):892-898.

[82] Setvin M,Aschauer U,Scheiber P,et al. Reaction of O$_2$ with subsurface oxygen vacancies on TiO$_2$ anatase (101)[J]. Science,2013,341(6149):988-991.

[83] Zhou S,Zhong Z,Fan Y,et al. Effects of sintering atmosphere on the microstructure and surface properties of symmetric TiO$_2$ membranes[J]. Chinese J. Chem. Eng. ,2009,17(5):739-745.

[84] Yang Y,Qiu G. Chen Q,et al. Influence of calcination atmosphere on photocatalytic reactivity of K$_2$La$_2$Ti$_3$O$_{10}$ for water splitting[J]. Trans. Nonferrous Met. Soc. China,2007,17(4):836-840.

[85] Wu N,Lee M,Pon Z,et al. Effect of calcination atmosphere on TiO$_2$ photocatalysis in hydrogen production from methanol/water solution[J]. J. Photoch. Photobio. A. ,2004,163(1-2):277-280.

[86] Zhao J,Liu H,Zhang O. Preparation of NiO nanoflakes under different calcination temperatures and their supercapacitive and optical properties[J]. Appl. Surf. Sci. ,2017,392:1097-1106.

[87] Klaysri R,Wichaidit S,Tubchareon T,et al. Impact of calcination atmospheres on the physiochemical and photocatalytic properties of nanocrystalline TiO$_2$ and Si- doped TiO$_2$ [J]. Ceram. Int. ,2015,41(9):11409-11417.

[88] Suriye K,Praserthdam P,Jongsomjit B. Control of Ti^{3+} surface defect on TiO$_2$ nanocrystal using various calcination atmospheres as the first step for surface defect creation and its application in photocatalysis[J]. Appl. Surf. Sci. ,2007,253(8):3849-3855.

[89] Chand R,Obuchi E,Katoh K,et al. Enhanced photocatalytic activity of TiO$_2$/SiO$_2$ by the influence of Cu-doping under reducing calcination atmosphere[J]. Catal. Commun. ,2011,13 (1):49-53.

[90] Xia Y,Jiang Y,Li F,et al. Effect of calcined atmosphere on the photocatalytic activity of P-doped TiO$_2$[J]. Appl. Surf. Sci. ,2014,289:306-315.

[91] Ismail A,Geioushy R,Bouzid H,et al. TiO$_2$ decoration of graphene layers for highly efficient photocatalyst:

Impact of calcination at different gas atmosphere on photocatalytic efficiency[J]. Appl. Catal. B:Environ. , 2013,129:62-70.

[92] Sreemany M, Sen S. Influence of calcination ambient and film thickness on the optical and structural properties of sol-gel TiO₂ thin films[J]. Mater. Res. Bull. ,2007,42(1):177-189.

[93] Tang H. Su Y, Zhang B, et al. Classical strong metal-support interactions between gold nanoparticles and titanium dioxide[J]. Sci. Adv. ,2017,3(10):e1700231.

[94] Cargnello M,Delgado J,Hernández G,et al. Exceptional activity for methane combustion over modular Pd@ CeO₂ subunits on functionalized Al₂O₃[J]. Science,2012,337(6095):713-717.

[95] Bashiri R,Mohamed N,Fai K,et al. Enhanced hydrogen production over incorporated Cu and Ni into titania photocatalyst in glycerol-based photoelectrochemical cell:Effect of total metal loading and calcination temperature[J]. Int. J. Hydrogen Energ. ,2017.42(15):9553-9566.

[96] Zhang M,Jin Z,Zhang J,et al. Effect of calcination and reduction treatment on the photocatalytic activity of CO oxidation on Pt/TiO₂[J]. J. Mol. Catal A:Chem. ,2005,225(1):59-63.

[97] Meksi M,Berhault G,Guillard C,et al. Design of TiO₂ nanorods and nanotubes doped with lanthanum and comparative kinetic study in the photodegradation of formic acid[J]. Catal. Commun. ,2015,61:107-111.

[98] 朱晓东,冯威,裴玲秀,等. 不同浓度铈掺杂二氧化钛的锐钛矿结构热稳定性研究[J]. 热加工工艺, 2017,46(18):202-205.

[99] 黄风萍,张双,王帅,等. 稀土 Dy 掺杂对纳米 TiO₂ 相变及光催化性能的影响[J]. 材料导报研究篇, 2015,29(11):6-10.

[100] Lin J. Yu J. An investigation on photocatalytic activities of mixed TiO₂-rare earth oxides for the oxidation of acetone in air[J]. J. Photoch. Photobio. A. ,1998,116(1):63-67.

[101] Zhang Y H, Reller A. Phase transformation and grain growth of doped nanosized titania [J]. Mat. Sci. Eng. C-Mater. ,2002,19(1-2):323-326.

[102] 郑广涛,施建伟,陈铭夏,等. 过渡金属离子掺杂纳米 TiO₂ 的相变与光催化活性[J]. 化工学报, 2006,57(3):564-570.

[103] 张玉红,徐永熙,王彦广. Fe³⁺,Si⁴⁺掺杂 TiO₂纳米材料相变和热稳定性研究[J]. 无机化学学报,2003 (10):1099-1103.

[104] Dawson M,Soares G B,Ribeiro C. Influence of calcination parameters on the synthesis of N-doped TiO₂ by the polymeric precursors method[J]. J. Solid State Chem. ,2014,215:211-218.

[105] Slimen H, Lachheb H, Qourzal S, et al. The effect of calcination atmosphere on the structure and photoactivity of TiO₂ synthesized through an unconventional doping using activated carbon [J]. J. Environ. Chem. Eng. ,2015,3(2):922-929.

[106] Guan S,Hao L,Yoshida H,et al. Enhanced photocatalytic activity of photocatalyst coatings by heat treatment in carbon atmosphere[J]. Mater. Lett. ,2016,167:43-46.

[107] 高莲,谢永恒. 控制挥发性有机化合物污染的技术[J]. 化工环保,1998,18(6):343-346.

[108] 方选政,张兴惠,张兴芳. 吸附−光催化法用于降解室内 VOC 的研究进展[J]. 化工进展,2016,35 (7):2215-2221.

[109] Mohlmann L, Wilke O. Photocatalytic degradation of toluene, butyl acetate and limonene under UV and visible light with titanium dioxide-graphene oxide as photocatalyst[J]. Environments,2017,4(1):9.

[110] 中山大学. 一种多壳层纳米颗粒的 TiO₂ 光催化剂及其制备方法与应用:CN201710747166.3[P]. 2017-12-22.

[111] Kong J,Xia F,Wang Y,et al. Boosting interfacial interaction in hierarchical core-shell nanostructure for

highly effective visible photocatalytic performance[J]. J. Phys. Chem. C. ,2018,122,11:6137-6143.

[112] 中山大学. 一种空心纳米颗粒二氧化钛/黑磷烯光热催化剂及其制备方法与应用: CN201810298524. 1[P]. 2018-04-04.

[113] Wang Q,Shi X,Xu J,et al. Highly enhanced photocatalytic reduction of Cr(VI) on AgI/TiO₂ under visible light irradiation:Influence of calcination temperature[J]. J Hazard. Mater. ,2016,307:213-220.

[114] Baloyi J,Seadira T,Raphulu M,et al. Preparation,characterization and growth mechanism of dandelion-like TiO₂ nanostructures and their application in photocatalysis towards reduction of Cr(VI)[J]. Mater. Today. ,2015,2(7):3973-3987.

[115] Cai J,Wu X,Zheng F,et al. Influence of TiO₂ hollow sphere size on its photo-reduction activity for toxic Cr(VI) removal[J]. J. Colloid Interf. Sci. ,2017,490:37-45.

[116] Nagarjuna R,Challagulla S,Ganesan, R, et al. High rates of Cr(VI) photoreduction with magnetically recoverable nano-Fe₃O₄@Fe₂O₃/Al₂O₃ catalyst under visible light[J]. Chem. Eng. J. ,2017,308:59-66.

[117] Zhang Y,Yao L,Zhang G,et al. One-step hydrothermal synthesis of high-performance visible-light-driven SnS₂/SnO₂ nanoheterojunction photocatalyst for the reduction of aqueous Cr(VI)[J]. Appl. Catal. B: Environ. ,2014,144:730-738.

[118] Wang Q,Shi X D,Liu E,et al. Facile synthesis of AgI/BiOI-Bi₂O₃ multi-heterojunctions with high visible light activity for Cr(VI) reduction[J]. J. Hazard Mater. ,2016,317:8-16.

[119] Liu Y,Liu S,Wu T,et al. Facile preparation of flower-like Bi₂WO₆/CdS heterostructured photocatalyst with enhanced visible-light-driven photocatalytic activity for Cr(VI) reduction[J]. J. Sol-Gel Sci. Techn. ,2017, 83(2):315-323.

[120] Wen X,Niu C,Zhang L,et al. Fabrication of SnO₂ Nanopaticles/BiOI n-p heterostructure for wider spectrum visible-light photocatalytic degradation of antibiotic oxytetracycline hydrochloride [J]. ACS Sustain Chem. Eng. ,2017,5(6):5134-5147.

[121] Liu J,Zhang G,Yu J,et al. In situ synthesis of Zn₂GeO₄ hollow spheres and their enhanced photocatalytic activity for the degradation of antibiotic metronidazole[J]. Dalton T. ,2013,42(14):5092-5099.

[122] Xue J,Ma S,Zhou Y,et al. Facile photochemical synthesis of Au/Pt/g-C₃N₄ with plasmon-enhanced photocatalytic activity for antibiotic degradation[J]. ACS Appl. Mater. Inter. ,2015,7(18):9630-9637.

[123] Gurkan Y,Turkten N,Hatipoglu A,et al. Photocatalytic degradation of cefazolin over N-doped TiO₂ under UV and sunlight irradiation:Prediction of the reaction paths via conceptual DFT[J]. Chem. Eng. J. ,2012, 184:113-124.

[124] Panneri S,Ganguly P,Mohan M,et al. Photoregenerable,bifunctional granules of carbon-doped g-C₃N₄ as adsorptive photocatalyst for the efficient removal of tetracycline antibiotic[J]. ACS Sustain Chem. Eng. , 2017,5(2):1610-1618.

[125] Wu G,Xiao L,Gu W,et al. Fabrication and excellent visible-light-driven photodegradation activity for antibiotics of SrTiO₃ nanocube coated CdS microsphere heterojunctions[J]. RSC Adv. ,2016,6(24): 19878-19886.

[126] Li C,Chen G,Sun J,et al. Doping effect of phosphate in Bi₂WO₆ and universal improved photocatalytic activity for removing various pollutants in water[J]. Appl. Catal. B:Environ. ,2016,188:39-47.

[127] Zhou K,Li B,Zhang Q,et al. The catalytic pathways of hydrohalogenation over metal-free nitrogen-doped carbon nanotubes[J]. ChemSusChem,2014,7(3):723-728.

[128] Podyacheva O,Bulushev D,Suboch A,et al. Highly stable single-atom catalyst with ionic Pd active sites supported on n-doped carbon nanotubes for formic acid decomposition[J]. Chemsuschem,2018,11(21):

3724-3727.

[129] Wu P,Zhao S,Yu J,et al. Effect of absorbed sulfate poisoning on the performance of catalytic oxidation of VOCs over MnO$_2$[J]. ACS Appl. Mater. Inter. ,2020,12(45):50566-50572.

[130] Delgado-Rodríguez M,Ruiz-Montoya M,Giraldez I,et al. Influence of control parameters in VOCs evolution during MSW trimming residues composting[J]. J Agr. Food Chem. ,2011,59(24):13035-13042.

[131] Baldasano J,Delgado R,Calbó J,et al. Applying receptor models to analyze urban/suburban VOCs air quality in martorell[J]. Environ. Sci. Technol. ,1998,32(3):405-412.

[132] Banerjee S. Wet line extension reduces VOCs from soft wood drying[J]. Environ. Sci. Technol. ,1998,32(9):1303-1307.

[133] Chen Y,Liu H. Absorption of VOCs in a rotating packed bed[J]. Ind. Eng. Chem. Res. ,2002,41(6):1583-1588.

[134] Hwang O,Lee S,Cho S,et al. Efficacy of different biochars in removing odorous volatile organic compounds (VOCs) emitted from swine manure[J]. ACS Sustain Chem. Eng. ,2018,6(11):14239-14247.

[135] 程灏旻,王维,罗卿,等. 空气污染对人体健康的影响[J]. 化工设计通讯,2021,47(01):167-168.

[136] 李玲. 2015—2019 年河北省大气污染状况分析[J]. 科技视界,2021,(3):111-113.

[137] 丁镭,刁贝娣. 空间计量经济学视角下的浙江工业大气污染物排放及社会影响因素[J]. 环境污染与防治,2021,43(1):132-138.

[138] 安恩政,何仙平. 探究电厂锅炉脱硫脱硝及烟气除尘技术[J]. 天津化工,2021,35(1):83-85.

[139] 张曜,于娟,姜金东,等. SNCR 脱硝总包反应动力学模型研究[J]. 热能动力工程,2021,36(1):87-92.

[140] 陶莉,肖育军. SCR 区域喷氨的 NH$_3$ 分布与均匀性调整[J]. 环境工程技术学报:2021,11(4):663-669.

[141] Three-way catalyst cleans auto exhaust[J]. Chem. Eng. News,1977,55(11):26.

[142] Yu C. Hydrothermal synthesis of nano Ce-Zr-Y oxide solid solution for automotive three-way catalyst[J]. J. Am. Ceram. Soc. ,2006,89(9):2949-2951.

[143] Koltsakis G,Stamatelos A. Dynamic behavior issues in three-way catalyst modeling[J]. Aiche. J. ,1999,45(3):603-614.

[144] Chorkendorff I,Niemantsverdriet H. Concepts of modern catalysis and kinetics[J]. Environmental Catalysis,2003:377-400.

[145] Lan L,Chen S,Li H,et al. Optimally designed synthesis of advanced Pd-Rh bimetallic three-way catalyst [J]. Can. J. Chem. Eng. ,2019,97(9):2516-2526.

[146] Li D,Zhong Y. Abiotic transformation of hexabromocyclododecane by sulfidated nanoscale zerovalent iron: Kinetics,mechanism and influencing factors[J]. Water Res. ,2017,121:140-149.

[147] 于善青,郗艳龙,唐立文,等. 增产碳四烯烃催化裂化催化剂的工业应用[J]. 石油炼制与化工,2020,51(4):7-12.

[148] 刘海燕,于建宁,鲍晓军,等. 世界石油炼制技术现状及未来发展趋势[J]. 过程工程学报,2007,(01):176-185.

[149] 董文琪. 莫来石(AMn$_2$O$_5$,A＝稀土)材料在 VOC 和 NO 氧化中的应用研究[R]. 中国稀土学会 2020 学术年会暨江西(赣州)稀土资源绿色开发与高效利用大会. 赣州,2020.

[150] 王冬雪. 利用 XRD 外推法探讨 Sn-Cr-O 固溶体用于 VOC 燃烧的构效关系[R]. 第十一届全国环境催化与环境材料学术会议. 沈阳,2018.

[151] 夏昱. 熔融盐法制备氧化铁纳米催化剂消除挥发性有机物的研究[D]. 北京:北京工业大学,2018.

[152] 张先龙,张新成,胡晓芮,等. Ce$_x$Mn/TiO$_{2-y}$催化剂低温 NH$_3$-SCR 脱硝性能[J]. 环境化学,2021,(2): 632-641.

[153] 曹悦,陈传敏,刘松涛,等. 铜改性 SCR 催化剂脱氨脱硝实验研究[J]. 华北电力大学学报(自然科学版),2021,48(1):98-106.

[154] 莫建益,吴鹏,眭华军,等. 稀土元素对钒基 SCR 脱硝催化剂的改性研究[J]. 环境科学与技术, 2020,43(11):90-95.

[155] 杨金帆,敖志锋,张素风. 纸基浸入式催化剂的制备及其在亚甲基蓝类芬顿降解中的应用[J]. 陕西科技大学学报,2021,39(1):20-25,31.

[156] 鲍艳,高璐,史秀娟,等. 空心柱状 CuS 的制备及其降解染料性能[J]. 材料工程,2021,49(2): 136-142.

[157] 刘长辉,陈天仪,曾浩,等. 基于类芬顿反应的 Fe$_3$O$_4$@CuNPs 复合纳米材料降解甲基橙废水[J]. 湖南城市学院学报:自然科学版,2020,29(06):68-72.

第3章 光/热催化环境净化反应器

3.1 光催化反应器

光催化技术一般可以在常温常压下进行高效反应,在能源领域中可以将低密度的太阳能转化为可储存高密度洁净能源——氢能[1-9],也可以将 CO_2 还原转化为具有高附加值的化学品和燃料,如 CO、CH_4、CH_3OH、HCOOH、C_2H_4、C_2H_5OH 等[10-13];在环境领域中可以将环境中的有机污染物降解为 CO_2 和 H_2O 等无毒性的物质[14-16],也可以将水中的有毒重金属离子还原为无毒的金属离子[17-20]。在光催化反应过程中,反应器的材料、结构形状,光源的几何位置、强度和波长,以及催化剂的存在形式等都会严重影响光催化的效率,因此,在设计光催化反应器的过程中要考虑这些因素带来的影响。目前,根据光源、操作方式、光源的照射方式和催化剂存在形式等可以划分为不同的光催化反应器,本节重点介绍典型的负载型光催化反应器、光催化膜反应器、管状光催化反应器、筒式光催化反应器和列管式光催化反应器。

1. 负载型光催化反应器

由于悬浮型光催化反应器存在催化剂分离较困难等问题,因此,研究者设计出负载型光催化反应器,催化剂可以固体状态形式存在,负载在一些载体上。载体一般要求具有较好的透光性,可以与催化剂牢固结合,而且催化剂可以在载体表面均匀分散。载体形状通常有颗粒型、管型、丝网、平板型和转盘型等,其中颗粒型载体一般有玻璃球、硅胶、砂石、活性炭、沸石等,平板型一般有石英片等。负载型光催化反应器具有催化剂与反应液容易分离等优点,但是其制备过程较复杂,而且容易受到传质等影响。

Yu 等受邀撰写的关于光催化还原 CO_2 的综述文章中,比较了气固相(负载型)和液固相(悬浮型)光催化还原 CO_2 的性能差异,其反应装置示意图如图 3-1 所示[21]。液固相反应模式比较简单,催化剂直接分散在反应溶液中。但是 CO_2 在水中的溶解度很低,从而导致了低的光催化还原 CO_2 活性。为了克服溶解度低的问题,广大研究者尝试添加一定量的碱性电解质来增加 CO_2 的溶解度。但是在碱性电解质中,会形成 CO_3^{2-} 和 HCO_3^-,而且它们很难被还原。然而气固相反应模式可以克服这些缺点。Xie 等采用 0.5wt% Pt-TiO_2 光催化剂比较这两种反应模式的性能差异,在液固相反应模式中,CO、CH_4 和 H_2 的生成速率分别为 $0.76\mu mol/(g \cdot h)$、$1.4\mu mol/(g \cdot h)$ 和 $55\mu mol/(g \cdot h)$,CO_2 还原的选择性只有 11% 左右,而在气固相反应模式中,CO、CH_4 和 H_2 的生成速率分别为 $1.1\mu mol/(g \cdot h)$、$5.2\mu mol/(g \cdot h)$ 和 $33\mu mol/(g \cdot h)$,CO_2 还原的选择性达到 40%[22]。在气固相反应模式中,CH_4 的生成速率是液固相反应模式的 3.7 倍,而 H_2 的生成速率远远低于液固相反应模式。因此,在气固相反应模式中,催化剂被暴露在 CO_2 气氛中,从而可以有效限制 H_2 的生成,从而显著提高 CO_2 还原的选择性。在水存在的条件下,气固相反应模式更适合于光催化还原CO_2。

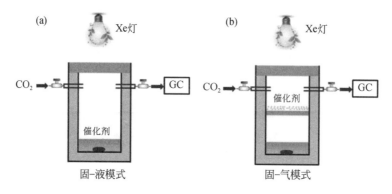

图 3-1　两种典型的光催化还原CO_2反应模式

(a)液固相反应模式;(b)气固相反应模式

2. 光催化膜反应器

在悬浮型光催化反应器中,催化剂直接加入反应溶液中,分散较均匀,催化剂表面积与反应器有效体积比很高,而且具有传质快等优点,因此,具有较好的光催化反应效率。但是,这种悬浮型光催化反应器中催化剂回收工艺较复杂,从而提高了工业成本,此外,它不能连续操作,因此限制了其在工业上广泛应用[23]。近年来,光催化膜反应器也得到了广泛应用。根据分类方法不同,可以划分为悬浮型和固定式光催化膜反应器。悬浮型光催化膜反应器根据膜组件和光催化反应器结合形式不同可以划分为浸没式光催化膜反应器和外置式光催化膜反应器[24]。图 3-2 是典型的浸没式光催化膜反应器示意图,主要由光源、曝气管、原水箱、冷却水和膜组件等组成。浸没式光催化膜反应器可以充分利用膜的分离作用进行分离回收催化剂,催化剂流失较少,而且操作比较简单、成本较低。在浸没式光催化膜反应器中存在着曝气和水力搅拌,可以大大减少膜上污染物的附着,进而延长膜的使用寿命。光催化膜反应器的主要影响因素有光源、膜材料、催化剂和溶液 pH 等,因此可以通过优化这些因素来获得较高的光催化反应效率。

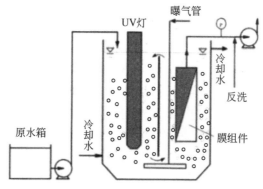

图 3-2　浸没式光催化膜反应器

3. 管状光催化反应器

目前,大部分光催化反应器是从强化其光催化性能设计的,但是对于光催化反应器内的传质–反应过程很少涉及,主要是由于传质–反应过程具有很大的复杂性和特殊性。郑洁等从高效、节能等方面出发,设计了一种新颖的折流式管状光催化反应器,并以甲醛、苯和甲苯等 VOCs 为目标污染物分析了其传质–反应特性[25]。折流式管状光催化反应器采用非密闭型环境舱[图 3-3(a)],长、宽和高分别为 1.5m、1m 和 1.3m,其有效体积为 1.95m³,反应器的材质为不锈钢结构。VOCs 由外部发生器生成,并与干洁空气混合引入环境舱内,通过一定的气体交换来模拟真实的室内环境。此外,在环境舱的外部与折流式管状光催化反应器之间还设有循环回路,在循环泵的作用下,使得 VOCs 可以多次经过反应器参与反应。在折流式管状光催化反应器的进、出气口都设有采样口,可以检测样品含量。折流式管状光催化反应器的结构示意图如图 3-3(b)所示,反应器的内径为 13cm,管长为 45cm,反应有效面积较大。从图 3-3(b)可以看出,光源设在反应器的管轴上,此外,在反应器内部与光源之间还设有 3 个肋片,光催化剂一般涂覆在反应器内壁和肋片的表面。在反应器的出气口方向,肋片的一端设有一个工艺缺口,从而在反应器内部可以形成多股气道,使得 VOCs 在管内呈现多管程流动。实验结果表明,有肋片增加的折流式管状光催化反应器比传统的无肋片管状光催化反应器的洁净空气量提高了 60%,其反应有效度接近 0.5。由此可知,折流式管状光催化反应器具有很好的传质–反应速率,表现出优异的光催化反应性能。

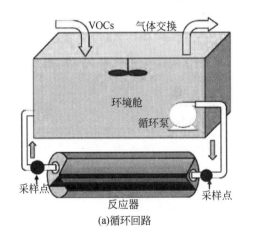
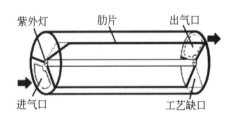

(a)循环回路　　　　　　　　　　　(b)折流式管状光催化反应器

图 3-3　折流式管状光催化反应器实验装置原理图

4. 筒式光催化反应器

在光催化技术中,光催化剂粉末的催化活性较高,但是回收较困难,限制了其工业化应用。目前,很多研究集中于如何将光催化剂粉末固定在合适的载体,如柔性纤维。王理明等设计了一套筒式光催化反应装置,其结构示意图如图 3-4 所示,并考察了水产养殖废水作为模型降解物的光催化性能[26]。筒式光催化反应器采用有机玻璃材质,其有效容积约为350mL。筒式光催化反应器中有气相、液相和固相,分别为空气、反应溶液和固体光催化剂,是一个多相反应过程。筒式光催化反应器主要有光源、光催化剂、模拟养殖箱、抽水泵、气体流量计和充气泵等。从图 3-4 可以看出,紫外光光源置于筒式光催化反应器的中心,光催化剂在光源的附近,反应溶液从底部进入,经过与光催化剂充分接触后,从顶部流出。通过优化曝气量、初始 pH、催化剂用量、氨氮初始浓度等参数来获得最佳的光催化性能,其中最高氨氮降解率可以达到 85.3% ,这为实际工业化应用提供了一些指导。

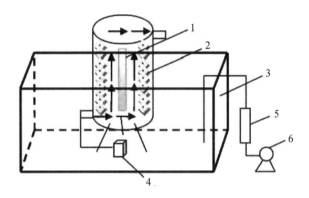

图 3-4　筒式光催化反应器装置示意图

1. 紫外灯;2. 光催化剂;3. 模拟养殖箱;4. 抽水泵;5. 气体流量计;6. 充气泵

5. 列管式光催化反应器

鉴于流化床光催化反应器有利于光源的设置以及光催化剂可以与反应溶液充分接触,加上多级串联全混流反应器是一种典型的反应器,邓洪权等设计了一套连续列管式光催化反应器,其光催化反应器装置示意图如图 3-5 所示[27],主要由光催化反应器、恒流水泵和空气压缩机等组成。光源设置在光催化反应器的中心位置,并在光源周围排列透明的石英玻璃反应管,而且这些反应管以串联或并联方式连接。反应管的管长和直径分别为 485mm 和 25mm,有效体积较大。通过水泵将反应溶液输入反应管,而且反应管之间通过塑料软管连

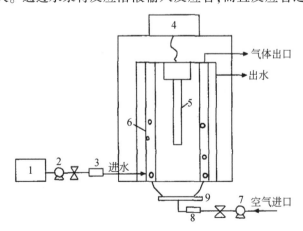

图 3-5　列管式光催化反应器装置示意图

1. 储水池;2. 水泵;3. 液体流量计;4. 变压器;5. 光源;6. 反应管;7. 空气压缩机;8. 气体流量计;9. 气体分布板

接,依次流经各个反应管。空气压缩机可以在反应器底部进行曝气,可以防止光催化剂颗粒在反应器底部沉积。以纳米 TiO_2 为光催化剂,考察了光催化降解甲基橙溶液的性能。当反应管数量为 4,并采用首尾相互连接,甲基橙的降解率达到 97.7%。这种光催化反应器放大之后对光源设置没有影响,而且结构简单,容易操作,有望工业化应用。

3.2 光热协同催化反应器

光热协同催化是将光催化技术和热催化技术相结合而发展起来的一种新兴技术,其相对于热化学反应具有温度低的优势,相对于光化学反应具有速率快的优点,是当前新型催化技术的研究焦点[28]。光热协同催化技术的关键在如何有效地利用太阳光和热源,进而最大程度提高反应速率,除了构筑高效的催化剂,还要求设计合理的光热催化反应装置。根据目前太阳光利用的方式不同,可将光热协同催化反应器归为非聚光型和聚光型两类。

3.2.1 非聚光型光热协同催化反应器

非聚光型光热协同催化反应器通常以一定倾斜角度固定装置并引入电加热,不需要配备专门的太阳光追踪器,其结构简单,操作方便,如图 3-6 和图 3-7 所示,反应器主体为一带石英玻璃窗的容器和一加热炉,反应物在紫外灯或太阳光的照射下反应,灯与石英窗的距离可调,温度可以通过反应炉的控温面板控制,温度可以高达 400～600℃,这使得对非照明(即暗)的热催化研究成为可能,而来自辐照源的热通过使用特制的过滤器被最小化,从而实现光热协同催化,这类反应器是目前实验室应用最广泛的一种光热协同催化活性评价装置[29-34]。

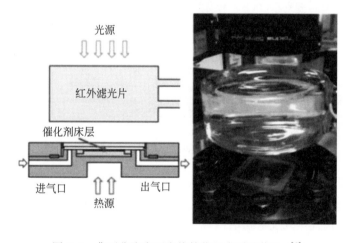

图 3-6 典型非聚光型光热催化反应测试装置 1[6]

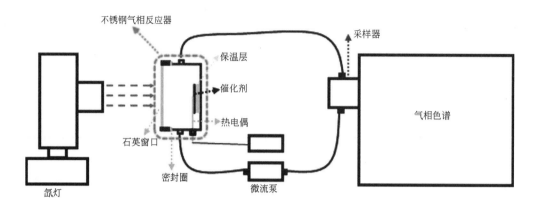

图 3-7　典型非聚光型光热催化反应测试装置 2[7]

3.2.2　聚光型光热协同催化反应器

聚光型光热协同催化反应器是通过特定的聚光装置,将太阳能转换成热能,从而将接收器中的介质(液体或气体)加热到较高温度,然后将加热介质直接加以利用,或者用于驱动其他化学反应的进行[35]。与非聚光型光热协同催化反应器相比,该类反应器通常采用二次聚光的空腔集热器,其结构如图 3-8 所示,反应物通过载气沿轴向连续均匀进入反应腔体内;经 CPC 聚光后的光束透过石英窗照射在反应腔里的反应物上;反应物吸热发生化学反应,其产物由载气带出反应器。

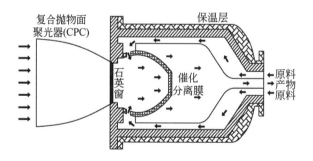

图 3-8　聚光型光热协同反应器结构示意图[45]

瑞士保罗谢勒研究所 Steinfeld 教授团队在该方向做了大量工作[36]。1998 年,该团队首次提出了 5kW 涡流式太阳能集热化学反应器制取 Zn 和合成气[37],其结构如图 3-9 所示,ZnO 颗粒与 CH$_4$ 平衡气进入反应器后沿腔内壁面的凹槽旋进,同时被入射光加热并进行反应,产物从出口离开反应器。当太阳光辐照度低于 2000kW/m^2,反应器内温度为 1077℃时,甲烷完全转化。随后该团队建立了 10kW“旋转腔体”式高温光热化学反应器[38],最高太阳光辐照强度可达到 4000kW/m^2,旋转腔体促进了反应器内反应物的传热、传质,降低了其热惯性,并提高了抵抗温度剧增的能力。在此基础上,该团队的 Schunk 等[39]研制了多层级的高温光热反应器,该反应器的主体腔体从内至外分别由烧结的氧化锌瓷砖、多孔的 80% Al$_2$

O$_3$-20% SiO$_2$绝热层和陶瓷基绝热材料组成,这种结构保证了反应器的气密性和热稳定性。虽然这些研究为提高太阳能–化学能高转换提供了可能,但是太阳光的高聚焦辐照和反应腔体的快速升温,导致反应物在反应过程中出现烧结。

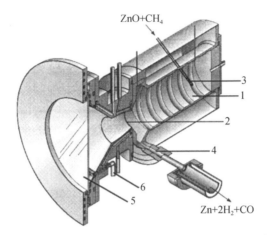

图 3-9　制取合成气和 Zn 的"Synmet"光热化学反应器[10]
1. 腔体;2. 聚光孔;3. 进料口;4. 出料口;5. 石英窗;6. 载气进口

为了解决上述问题,Chueh 等[40]提出一种多孔介质衬底的光热化学反应器(图 3-10),

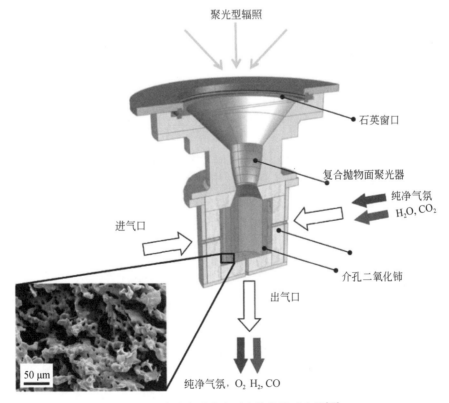

图 3-10　多孔介质聚光型光热化学反应器[40]

其内腔体为多孔介质的 CeO_2 衬底,聚光的太阳辐射通过石英窗照射在 CeO_2 内壁上,多孔的设计可以产生多次光反射,确保了太阳光的高利用,经过 500 次的快速产燃料循环试验并未出现内腔损坏,然而这种反应器的光-化学转换效率不足 1%,这主要是因为热化学循环速率相对较低。Gokon 团队[41]结合太阳光聚光器提出了另外一种内部循环流化床光热协同催化反应器,如图 3-11 所示,参与反应的物料通过环形通道从反应器底部循环至顶部,随后暴露在聚光后的太阳能辐射下。这样设计的好处在于内部的流动能够避免物料的结块,然而这个概念在太阳能加热粒子悬浮停止问题上存在很大的困难。

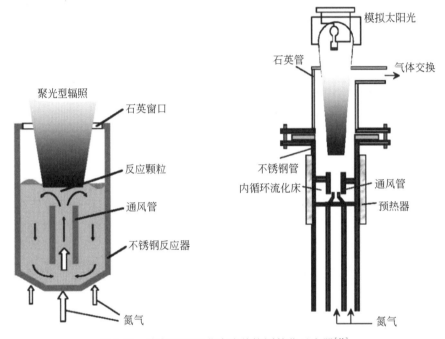

图 3-11　内部循环流化床光热协同催化反应器[41]

　　总的来说,聚光型光热协同催化反应器具有太阳光利用率高、热效率好等优点,是目前光热协同催化反应器主要的研究热点,但这类反应器也存在明显的不足,在云层遮挡、反应器启停或聚光非均匀条件下,除了腔式集热器固有的流动不均匀、局部过热和失效问题外[42],反应腔和吸热腔一体化,要直接承受非均匀高热流密度的太阳辐射热冲击,腔体抗热震性要求高;使反应器内表面产生热点,热点处易导致反应物或催化剂烧结,影响反应进程。

　　光热协同催化技术的关键之一是光热协同催化反应器。现有大多数聚光型高温光热催化反应器均是通过移用或改造塔式或碟式热发电的腔式集热器而来,难以满足高温光热化学反应的要求。非聚光型光热协同催化反应器结构简单,操作简单,但外加热源不仅需要反应腔体具有高的抗热性能,且采用的透明石英窗易污染,同时反应体积的增大不利于光场和热场的有效转换,因此这类反应器仅停留在实验室阶段。聚光型光热反应效率高,光-化学转换效率好,操作弹性比较大,但直接承受非均匀高热流密度的太阳辐射热冲击,反应器内易产生"热点",导致反应物或催化剂烧结,影响反应进程,同时也面临着石英窗口易污染的难题。因此开发高效光热协同催化反应器,匹配特定的反应体系,解决光热协同材质、工艺以及与反应体系的相容性,揭示非均匀极强辐射条件下光热耦合热质传递的反应机理,才有可能使之从实验室走上工业化。

参 考 文 献

[1] Wang R,Hashimoto K,Fujishima A,et al. Light-induced amphiphilic surfaces[J]. Nature,1997,388:431-432.

[2] 彭峰,任艳群. TiO₂-SnO₂复合纳米膜的制备及其光催化降解甲苯的活性[J]. 催化学报,2003,24(4):243-247.

[3] 魏刚,黄海燕,熊蓉春. 纳米二氧化钛的光催化性能及其在有机污染物降解中的应用[J]. 现代化工,2003,23(1):20-23.

[4] Kim I,Ha H,Lee S,et al. Degradation of chlorophenol by photocatalysts with various transition metals[J]. Korean J. Chem. Eng. ,2005,22(3):382-386.

[5] 李娄刚. TiO₂光催化氧化降解偶氮染料废水的研究[J]. 化学工业与工程技术,2008,29(2):11-14.

[6] 关鲁雄,秦旭阳,丁萍,等. 光催化降解亚甲基蓝[J]. 中南大学学报(自然科学版),2004,35(6):970-973.

[7] Altomare M,Nguyen N,Hejazi S,et al. A cocatalytic electron-transfer cascade site-selectively placed on TiO₂ nanotubes yields enhanced photocatalytic H₂ evolution[J]. Adv. Funct. Mater. ,2017,28(2):1704259.

[8] Yu X,Shavel A,An X,et al. Cu₂ZnSnS₄-Pt and Cu₂ZnSnS₄-Au heterostructured nanoparticles for photocatalytic water splitting and pollutant degradation[J]. J. Am. Chem. Soc. ,2014,136:9236-9239.

[9] Wang Z,Li C,Domen K. Recent developments in heterogeneous photocatalysts for solar-driven overall water splitting[J]. Chem. Soc. Rev. ,2019,48:2109-2125.

[10] Liu G,Xie S,Zhang Q,et al. Carbon dioxide-enhanced photosynthesis of methane and hydrogen from carbon dioxide and water over Pt-promoted polyaniline-TiO₂ nanocomposites[J]. Chem. Commun. ,2015,51:13654-13657.

[11] Xie S,Wang Y,Zhang Q,et al. SrNb₂O₆ nanoplates as effcient photocatalysts for the preferential reduction of CO₂ in the presence of H₂O[J]. Chem. Commun. ,2015,51:3430-3433.

[12] Kang Q,Wang T,Li P,et al. Photocatalytic reduction of carbon dioxide by hydrous hydrazine over Au-Cu alloy nanoparticles supported on SrTiO₃/TiO₂ coaxial nanotube arrays[J]. Angew. Chem. In. Ed. ,2015,54:841-845.

[13] Long R,Li Y,Liu Y,et al. Isolation of Cu atoms in Pd lattice:Forming highly selective sites for photocatalytic conversion of CO₂ to CH₄[J]. J. Am. Chem. Soc. ,2017,139:4486-4492.

[14] Yu C,Wei L,Zhou W,et al. Enhancement of the visible light activity and stability of Ag₂CO₃ by formation of AgI/Ag₂CO₃ heterojunction[J]. Appl. Surf. Sci. ,2014,319:312-318.

[15] Yu C,Wei L,Zhou W,et al. A visible-light-driven core-shell like Ag₂S@Ag₂CO₃ composite photocatalyst with high performance in pollutants degradation[J]. Chemosphere,2016,15:250-261.

[16] Yu C,Wei L,Chen J,et al. Novel AgCl/Ag₂CO₃ heterostructured photocatalysts with enhanced photocatalytic performance[J]. Rare Metals,2016,35(6):475-480.

[17] Yu C,Zeng D,Fan Q,et al. The distinct role of boron doping in Sn₃O₄ microspheres for synergistic removal of phenols and Cr(Ⅵ) in simulated wastewater[J]. Environ. Sci-Nano. ,2020,7:286-303.

[18] Wang C,Du X,Li J,et al. Photocatalytic Cr(Ⅵ) reduction in metal-organic frameworks:A mini-review[J]. Appl. Catal. B-Environ. ,2016,193:198-216.

[19] Mu R, Xu Z, Li L, et al. On the photocatalytic properties of elongated TiO₂ nanoparticles for phenol degradation and Cr(Ⅵ) reduction[J]. J. Hazard. Mater. ,2010,176 (1-3):495-502.

[20] Nanda B, Pradhanb A, Parida K. Fabrication of mesoporous CuO/ZrO₂- MCM- 41 nanocomposites for photocatalytic reduction of Cr(Ⅵ)[J]. Chem. Eng. J. ,2017,316:1122-1135.

[21] Wei L, Yu C, Zhang Q, et al. TiO₂-based heterojunction photocatalysts for photocatalytic reduction of CO₂ into solar fuels[J]. J. Mater. Chem. A. ,2018,6:22411-22436.

[22] Xie S, Zhang Q, Liu G, et al. Photocatalytic and photoelectrocatalytic reduction of CO₂ using heterogeneous catalysts with controlled nanostructures[J]. Chem. Commun. ,2016,52:35-59.

[23] 张永涛, 闫军, 杜仕国, 等. 悬浮型光催化膜分离反应器研究进展[J]. 信息记录材料,2009,10(6): 44-47.

[24] 王玲, 张国亮, 张辉, 等. 用于废水处理的新型光催化膜反应器研究进展[J]. 水处理技术,2010,36 (6):5-13.

[25] 刘鹏, 郑洁, 周亚亚, 等. 新型管状光催化反应器降解 VOCs 特性[J]. 环境工程学报,2018,12(7): 2010-2017.

[26] 王理明, 欧耳, 郭雅妮, 等. 筒式光催化反应器降解养殖废水研究[J]. 应用化工,2018,47(7): 1441-1443.

[27] 邓洪权, 唐亭, 符纯华, 等. 新型连续光催化反应器光催化降解特性的研究[J]. 工业水处理,2013,33 (12):31-34.

[28] Jia J, Wang H, Lu Z, et al. Photothermal catalyst engineering:Hydrogenation of gaseous CO₂ with high activity and tailored selectivity[J]. Adv Sci (Weinh),2017,4:1700252.

[29] Liu H, Li Y, Yang Y, et al. Highly efficient UV-Vis-infrared catalytic purification of benzene on CeMn_xO_y/TiO₂ nanocomposite, caused by its high thermocatalytic activity and strong absorption in the full solar spectrum region[J]. J. Mater. Chem. A. ,2016,4:9890-9899.

[30] Huang H, Mao M, Zhang Q, et al. Solar-light-driven CO₂ reduction by CH₄ on silica-cluster-modified Ni nano-crystals with a high solar- to- fuel efficiency and excellent durability [J]. Adv. Energy Mater. , 2018, 8:1702472.

[31] Ji W, Shen T, Kong J, et al. Synergistic performance between visible-light photocatalysis and thermocatalysis for VOCs oxidation over robust Ag/F-codoped SrTiO₃[J]. Ind. Eng. Chem. Res. ,2018,57:12766-12773.

[32] Jiang C, Wang H, Wang Y, et al. Modifying defect states in CeO₂ by Fe doping:A strategy for low-temperature catalytic oxidation of toluene with sunlight[J]. J. Hazard. Mater. ,2020,390:122182.

[33] Tan T, Scott J, Ng Y, et al. Understanding plasmon and band gap photoexcitation effects on the thermal-catalytic oxidation of ethanol by TiO₂-supported gold[J]. ACS Catal. ,2016,6:1870-1879.

[34] Zeng M, Li Y, Mao M, et al. Synergetic effect between photocatalysis on TiO₂ and thermocatalysis on CeO₂ for gas- phase oxidation of benzene on TiO₂-CeO₂ nanocomposites[J]. ACS Catal. ,2015,5:3278-3286.

[35] 廖传华, 马朱, 陈马, 等. 太阳能高温热化学反应器研究进展[J]. 化工进展,2014,33(11):1138.

[36] Koepf E, Alxneit I, Wieckert C, et al. A review of high temperature solar driven reactor technology:25 years of experience in research and development at the Paul Scherrer Institute[J]. Appl. Energ. ,2017,188:620-651.

[37] Steinfeld A, Meier A. A solar chemical reactor for co-production of zinc and synthesis gas[J]. Energy,1998, 23:803-814.

[38] Haueter P, Moeller, S, Palumbo R, et al. The production of zinc by thermal dissociation of zinc oxide—solar chemical reactor design[J]. Sol. Energy,1999,67:161-167.

[39] Schunk I, Haeberling P, Wepf S, et al. A receiver-reactor for the solar thermal dissociation of zinc oxide[J].

J. Sol. Energ. ,2008,130:021009.

[40] William C,Chueh C,Mandy A,et al. High-flux solar-driven thermochemical dissociation of CO_2 and H_2O using nonstoichiometric ceria[J]. Science,2010,330:1787-1797.

[41] Gokon N,Takahashi S,Yamamoto H,et al. New solar water-splitting reactor with ferrite particles in an internally circulating fluidized bed[J]. J. Sol. Energ. ,2009,131:011007.

[42] Kribus A,Ries H,Spirkl W. Inherent limitations of volumetric solar receivers[J]. J. Sol. Energ. ,1996,118 (3):151-155.

第 4 章　光催化处理 VOCs

4.1　光催化处理 VOCs 的优势

社会经济的发展和工业化的进程,引发各种环境污染,特别是空气污染。挥发性有机物(volatile organic compounds, VOCs)通常是指在常温下饱和蒸气压高于 70Pa、常压下沸点低于 260℃ 的有机化合物,如苯、甲苯、甲醛和丙酮等[1-7]。VOCs 来源广泛,在室外主要有工业废气、汽车尾气和光化学污染等,在室内主要有油漆、涂料和胶黏剂等[8-11]。VOCs 大多数具有特殊的气味,而且具有一定的毒性、致畸性和致癌作用,尤其是苯、甲苯和甲醛等,这对人类的身体健康产生巨大的负面影响[12-14]。VOCs 也可以与大气中的氮氧化物形成光化学烟雾,主要来源于煤化工、石油化工和燃料涂料制造等过程[15-18]。因此,怎么有效消除 VOCs 是一个重大的研究课题,这对于提高人类的生活质量有非常重要的影响。

当前,VOCs 的控制技术有源头削减技术、过程控制技术和末端治理技术,主要是以末端治理技术为主,其技术主要有回收利用技术(吸附、吸收、膜分离等)和销毁技术(直接燃烧和催化氧化等),其路线图如图 4-1 所示[1]。吸附技术主要是利用颗粒活性炭或者活性炭纤维等作为吸附材料,等吸附饱和之后再通过热源将 VOCs 气化进而达到分离的目的。但是,其吸附量较小,而且随着吸附剂的消耗,其吸附能力也变小,到最后其吸附能力很小甚至没有吸附能力。直接燃烧技术主要是利用 VOCs 中可燃的气体进行燃烧过程,而且在燃烧过程中常常伴有明亮的火焰,主要用于有害气体浓度较高或者热值较高的 VOCs。这种技术工艺较简单,而且投资很小,适合于高浓度和小风量的 VOCs,但是需要较高的操作要求和安全技术。催化氧化技术是在催化剂的存在下,将 VOCs 氧化分解为 CO_2 和 H_2O 等无毒无害的产物。这种技术可以在很宽的 VOCs 浓度范围下进行操作,与直接燃烧技术相比,所需要的温度较低,因此是一种有效的 VOCs 处理技术。目前,催化氧化技术主要包含热催化氧化技术和光催化氧化技术两种。热催化氧化技术主要是采用升温的方法提供能量,将 VOCs 氧化分解为 CO_2 和 H_2O 等。目前,催化剂主要是采用贵金属型催化剂,其催化活性较高、选择性较好且不存在二次污染等优点[1,19,20]。但是,贵金属的成本高,转化温度较高,而且很容易在催化燃烧苛刻的水热环境中失去活性。此外,这种热催化氧化技术能耗高,以及反应过程中的中间物种容易发生毒化,从而导致催化剂的稳定性差等问题。

光催化氧化技术是指在半导体催化剂材料上进行光照,当入射光的能量大于或者等于半导体的禁带宽度(E_g)时,价带被激发产生光生电子(e^-)并逐步转移到导带上,而在价带上则留下了相应的光生空穴(h^+),因此形成了光生电子-空穴对(e^-/h^+),将氧气催化生成羟基自由基和超氧阴离子自由基等,接着与催化剂表面形成的羟基自由基将 VOCs 分子转化成 CO_2 和 H_2O 等无毒无害物质,其典型的示意图如图 4-2 所示。光催化氧化技术一般在

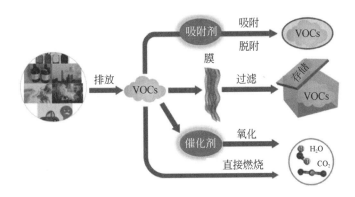

图 4-1　VOCs 主要处理技术路线图

常温常压下进行,所需要的反应条件较温和,能耗较低,操作简单,成本较低,氧化产物为无毒无害物质,不存在二次污染,而且反应具有一定的选择性。光催化氧化技术是一项绿色环保、经济可行、具有广泛应用前景的有效处理 VOCs 的技术。

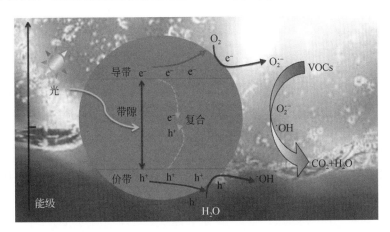

图 4-2　光催化氧化技术处理 VOCs 的示意图

4.2　光催化去除醛酮类 VOCs

4.2.1　醛类 VOCs

1. 甲醛

甲醛,也称蚁醛,是一种无色有刺激性气味的气体,对人眼、鼻等有刺激性作用。甲醛容易溶于水和乙醇中,其中甲醛水溶液浓度为 40% 时,俗称福尔马林。甲醛具有一定的还原性,尤其是在碱性溶液中。甲醛蒸气可以与空气形成爆炸性混合物,其爆炸极限范围在

7%～73%（体积分数）。在众多的 VOCs 中，甲醛被世界卫生组织认定为致癌和致畸物质，也是潜在的强致突变物之一[21,22]。另外，甲醛也被列入有毒有害水污染物名录。

日常生活中，甲醛可以说无处不在，包含了生活中最重要的四件事——衣、食、住、行。甲醛是最常见的室内污染物之一，其来源主要有墙纸、各种黏合剂、涂料、人造板材制造的家具、地毯、合成织品（布艺、窗帘、沙发）等[23]。国家标准中曾提出室内甲醛浓度必须低于 $0.07mg/m^3$ 的标准，如果超过该标准，则会对人体健康造成不同程度的危害[24]。新装修的房间甲醛含量较高，是众多疾病的主要诱因。当室内甲醛大于标准浓度后，可引起眼红、眼痒、喉咙不适、疼痛、声音嘶哑、胸闷和气喘等。浓度过高会引起急性中毒，表现为咽喉烧灼痛、呼吸困难、肺水肿、过敏性紫癜、过敏性皮炎、肝转氨酶升高、黄疸等[25-30]。因此，有效地消除甲醛越来越受到研究者的关注，已经成为研究热点。

目前，大多数新装修房屋存在甲醛浓度超标的现象，严重危害了人类的身体健康。为了大气环境和人类健康，去除有害物质——甲醛就显得尤为重要。近年来，越来越多的科研工作者关注室内甲醛污染的脱除，研制和改进了多种甲醛脱除的方法和工艺。当前，甲醛的去除方法主要有两大类：一是物理方法，主要利用吸收法、吸附法或者分离法等技术来回收甲醛；二是化学方法，主要利用热、光、电、植物或微生物等外界作用将甲醛转化为无毒无害的水和二氧化碳，从而将甲醛彻底降解，如光催化氧化法、催化燃烧法、生物氧化法等[31-37]。而光催化氧化法是一种绿色、环境友好的方法，在甲醛的去除方面发挥着重要的作用。

二氧化铈（CeO_2）具有高的储氧能力、氧化还原能力和热稳定性等优异的物理化学性质，已经被广泛地应用到电化学、光化学和材料科学等[38-43]。CeO_2 是一种萤石型氧化物，其晶胞中 Ce^{4+} 按面心点阵排列，O^{2-} 占四面体位置，每个 Ce^{4+} 被 8 个 O^{2-} 包围，而每个 O^{2-} 由 4 个 Ce^{4+} 配位，其结构容易从晶格中失去一定的氧而形成大量的氧空位存在于 CeO_{2-x} 中[44]。此外，这种亚稳态结构的 CeO_{2-x} 又容易被氧化为 CeO_2，从而具有优越的氧化还原能力。据文献报告，这种氧空位的存在可以显著提高 CeO_2 的催化性能。CeO_2 又极其容易形成缺陷氧，即使是很少的一部分也有利于反应的进行，缺陷氧能跟氧气反应而形成超氧化物，缺陷氧的存在从本质上影响了催化剂的电子和物理化学性质[45]。

本书作者通过一种简单的电沉积法将 Eu 掺杂进 CeO_2 纳米片中，并调变电镀液中 Eu 和 Ce 的比例来调控 Eu 的掺杂含量[46]。其典型的合成过程如下：通过标准的三电极体系模式，其工作电极、辅助电极和参比电极分别为铜片、石墨棒和饱和甘汞电极，电解液主要有 $0.01mol/L$ 硝酸铈、$0.001mol/L$ 硝酸铕和 $0.1mol/L$ 硝酸铵，调控硝酸铕的量按 1%、2%、4% 和 8% 进行调变，控制电解过程中的温度为 70℃。将制备好的样品分别用去离子水、乙醇清洗数次后烘干备用。最后将电极片在 N_2 氛围下 550℃ 煅烧 1h 得到 Eu-CeO_2 纳米片。

采用化学元素分析法分析检测 Eu-CeO_2 纳米片中 Eu 的含量，其分析结果如表 4-1 所示。从表 4-1 可以看出，Eu-CeO_2 纳米片中 Eu 的含量与电解液中 Eu 的含量相符合。由此可以说明通过调控电解液中 Eu 的含量来调控 Eu-CeO_2 纳米片中 Eu 的相对含量是完全可行的。

表 4-1　Eu-CeO$_2$ 纳米片中 Eu 的含量

样品	Eu 理论含量(%)	Eu 实际含量(%)	相对误差(%)
CeO$_2$	0	0	—
1% Eu/CeO$_2$	1	0.99	−1.0
2% Eu/CeO$_2$	2	1.97	−1.5
4% Eu/CeO$_2$	4	3.97	−0.75
8% Eu/CeO$_2$	8	7.98	−0.25

　　X 射线衍射(XRD)可以分析催化剂样品的物相结构。CeO$_2$、1% Eu/CeO$_2$、2% Eu/CeO$_2$、4% Eu/CeO$_2$ 和 8% Eu/CeO$_2$ 催化剂的 XRD 结果如图 4-3 所示。从图中可以清楚地看到各个催化剂样品中均含有立方相 CeO$_2$ 的衍射峰(PDF#34-0394)。随着 Eu 掺杂含量的增加,Eu 氧化物的衍射峰并没有出现,因此表明 Eu 离子能够掺入 CeO$_2$ 的晶格中。此外,随着 Eu 掺杂含量的增加,CeO$_2$(111)晶面的衍射峰向高角度移动,这可能是由于氧缺陷的形成,也表明了 Eu 离子能够成功地掺入 CeO$_2$ 的晶格中。

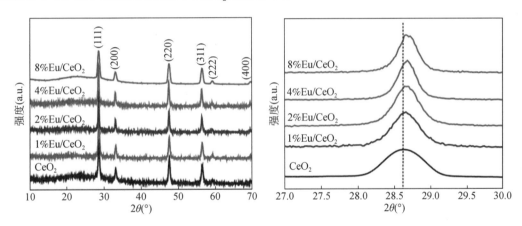

图 4-3　催化剂样品的 XRD 谱图

　　扫描电子显微镜(SEM)和透射电子显微镜(TEM)能够很好地表征催化剂样品的微观形貌信息。催化剂样品的 SEM 和 TEM 图像如图 4-4 所示。从 SEM 图像中明显看出,制备好的 CeO$_2$ 为多孔纳米片,Eu 掺杂之后形貌没有发生明显变化。4% Eu/CeO$_2$ 的 TEM 图像[图 4-4(g)]表现出组合形成多孔形状,电子衍射图显示为多晶结构。4% Eu/CeO$_2$ 的 HRTEM 图像[图 4-4(h)]显示的条纹间隔为 0.271nm,对应于立方相 CeO$_2$ 的(200)晶面。由 SEM 和 TEM 图像可以看出 CeO$_2$ 以及 Eu/CeO$_2$ 催化剂为多孔结构,推测其应该具有大的比表面积。

　　催化剂的孔结构和孔径大小与催化活性和选择性有重要的联系,利用 N$_2$ 吸脱附可以对催化剂进行比表面积和孔结构分析。图 4-5 为 CeO$_2$、1% Eu/CeO$_2$、2% Eu/CeO$_2$、4% Eu/CeO$_2$ 和 8% Eu/CeO$_2$ 样品的 N$_2$ 吸附-脱附等温线。根据目前国际纯粹与应用化学联合会(IUPAC)吸附等温线的分类法,CeO$_2$ 和 Eu/CeO$_2$ 样品的 N$_2$ 吸附-脱附等温线为 IV 型,是中孔材料的特征吸附-脱附等温线[47],这些孔是由纳米片相互堆积而产生的。利用 BET 法计

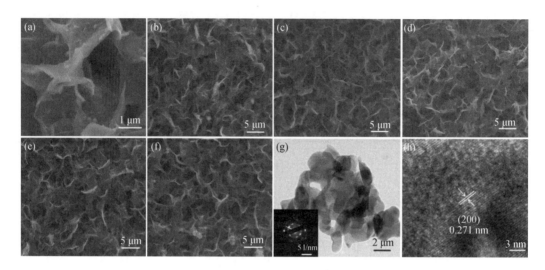

图 4-4　(a)、(e)4% Eu/CeO₂,(b)CeO₂,(c)1% Eu/CeO₂,(d)2% Eu/CeO₂,(f)8% Eu/CeO₂的 SEM 图和(g)4% Eu/CeO₂的 TEM 图及(h)4% Eu/CeO₂的 HRTEM 图

算 CeO₂和 Eu/CeO₂样品的比表面积、孔体积和孔径大小,其数据结果如表 4-2 所示。掺杂 Eu 的 CeO₂比表面积比单纯的 CeO₂大,说明掺杂能够提高催化剂样品的比表面积,进而可以提供更多的活性位。

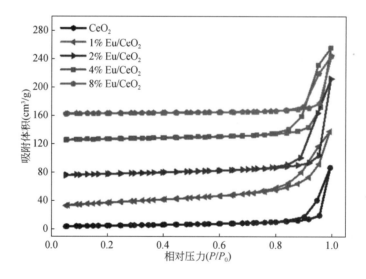

图 4-5　催化剂样品的 N₂吸附-脱附等温线

表 4-2　催化剂样品的比表面积、孔体积和孔径

样品	比表面积(m^2/g)	孔体积(cm^3/g)	孔径(Å)
CeO₂	12.53	0.13	418.37
1% Eu/CeO₂	16.87	0.14	320.17

续表

样品	比表面积(m²/g)	孔体积(cm³/g)	孔径(Å)
2% Eu/CeO₂	25.34	0.21	332.82
4% Eu/CeO₂	28.24	0.22	312.48
8% Eu/CeO₂	20.35	0.19	312.48

为了研究和对比不同催化剂样品的氧化还原性能,可以通过氢气程序升温还原(H_2-TPR)对样品进行还原处理,其结果如图4-6(a)所示。CeO_2样品在420℃和750℃处的还原峰分别代表表面以及体相氧物种的还原[43]。Eu 掺杂之后,位于470℃的还原峰向低温移动,说明掺杂 Eu 能够降低还原所需的温度,这可能是由于掺杂后催化剂表面存在缺陷氧。H_2-TPR 的结果表明 Eu/CeO_2样品具有高的氧化还原能力。图4-6(b)为 CeO_2 和 Eu/CeO_2 样品的拉曼光谱图,CeO_2样品在465cm^{-1}和600cm^{-1}处有相应的拉曼振动峰,其中位于465cm^{-1}为立方相 CeO_2 的 F_{2g} 对称振动的拉曼特征峰,而在600cm^{-1}处为 CeO_2 中氧缺陷的拉曼特征峰。随着 Eu 掺杂含量的增加,其峰的强度先增强后减弱,说明掺杂 Eu 能使 CeO_2产生氧缺陷。2000cm^{-1}后的峰是由 Eu 的振动模式引起的,其强度也随 Eu 含量的增多而增强。结合XRD 和拉曼光谱图等分析结果,可以看出 Eu 掺杂能够把氧缺陷成功地引进 CeO_2 纳米片中。

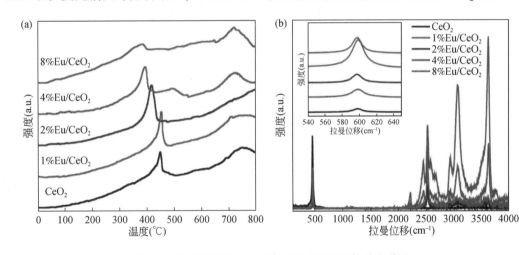

图4-6　催化剂样品的(a)H_2-TPR 图和(b)拉曼光谱图

X 射线光电子能谱(XPS)可以分析催化剂样品中的元素组成和价态。图4-7 为 CeO_2 和Eu/CeO_2样品的 XPS 谱图,全谱显示五个样品表面都覆盖有 Ce、O 和 C 元素,而 Eu/CeO_2 则有 Eu 元素出现,由此说明 Eu 成功地掺杂到 CeO_2 中。284.6eV 处的 C 峰,主要是由于空气中的 CO_2 吸附在样品表面所致。为了分析样品中 Eu 的价态及含量,比较几种不同 Eu 掺杂含量样品的高分辨 Eu 1s 谱。从图可知,CeO_2中没有检测到 Eu 的信号,Eu/CeO_2检测出 Eu的信号峰,且随着 Eu 掺杂含量的增加而增强。样品中 Ce 3d 峰可以分为8个主要的峰,u、u_2和 u_3 主要归属于 $Ce^{4+}3d_{3/2}$,v、v_2 和 v_3 归属于 $Ce^{4+}3d_{5/2}$;而 $Ce^{3+}3d_{3/2}$ 和 $3d_{5/2}$ 的峰分别是 u_1 和v_1,这表明 CeO_2中存在 Ce^{4+} 和 Ce^{3+}。CeO_2、1% Eu/CeO_2、2% Eu/CeO_2、4% Eu/CeO_2 和 8%

Eu/CeO$_2$ 中 Ce^{3+} 的含量分别为 13.47%、14.21%、14.89%、18.54% 和 15.52%，表明 Eu 的掺杂改变了 Ce^{3+} 的含量，4% Eu/CeO$_2$ 中 Ce^{3+} 的含量最高，能够提供更多的活性位点从而增强其催化活性。

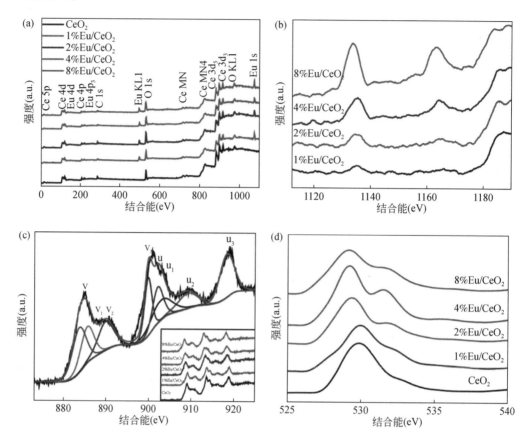

图 4-7　CeO$_2$ 和 Eu/CeO$_2$ 样品的 XPS 谱图
(a)全谱,(b)Eu 1s 谱,(c)Ce 3d 谱,(d)O 1s 谱

通过紫外可见漫反射光谱(UV-vis DRS)对 CeO$_2$ 和 Eu/CeO$_2$ 样品进行光学吸收性质分析,其结果如图 4-8 所示。从图 4-8(a)分析可知,CeO$_2$ 样品在波长 400nm 后并没有强的吸收峰,说明 CeO$_2$ 样品对可见光吸收能力不强。随着掺杂 Eu 之后,Eu/CeO$_2$ 样品的吸收峰明显增强,吸收带也有很大的红移,8% Eu/CeO$_2$ 样品在 500nm 处有吸收。SEM 等数据显示样品的形貌没有多大的不同,而 XPS 和拉曼图等证明了其缺陷的存在,说明掺杂引进氧缺陷能够提高催化剂样品对光的吸收能力。作为间接半导体,Eu/CeO$_2$ 纳米片的能带间隙可以通过公式计算出来:$\alpha h\nu = A(h\nu - E_g)^{1/2}$,其中,$h\nu$ 为光子能量,A 为常数,E_g 为样品的禁带宽度值。利用 $(\alpha h\nu)^{1/2}$ 对 $h\nu$ 作图,直线部分外推至横坐标交点,即为禁带宽度值,如图 4-8(b)所示,1% Eu/CeO$_2$、2% Eu/CeO$_2$、4% Eu/CeO$_2$ 和 8% Eu/CeO$_2$ 的禁带宽度值分别为 2.50eV、2.45eV、2.23eV 和 2.20eV。光催化氧化甲醛(初始浓度为 500ppm)实验是在一个自己设计的封闭反应器中进行,主要是由聚合物玻璃和 saint-glass 组成。实验所用的光源为商用的卤钨灯(1000W),通过滤光片去除紫外光进而获得可见光的光源,并且通过循环冷却水泵控制

测试的温度为 25℃。采用安捷伦公司的 7890A 气相色谱进行产物检测。在可见光照射下，CeO_2 和 Eu/CeO_2 催化剂光催化去除甲醛的性能如图 4-9(a) 所示。从图中可以明显看出，CeO_2 样品的光催化性能优于 P25，且掺杂 Eu 之后，Eu/CeO_2 催化剂样品的光催化性能明显提高，其中，最佳 Eu 掺杂含量为 4%，在反应 2h 之后，甲醛的转化率能达到 88% 左右。以上结果表明，适量的 Eu 掺杂 CeO_2 后引进了氧缺陷，提高了其对可见光的吸收能力和光生电子–空穴的分离效率，从而提高了光催化活性；而过多的氧缺陷会成为电子与空穴的复合中心，反而降低其光催化活性。图 4-9(b) 为 4% Eu/CeO_2 催化剂样品的循环稳定性测试。从图中可以看出，经过 4 个循环的光催化测试后，其光催化活性并没有降低，表明该催化剂具很好的稳定性。为了研究 O_2 对 4% Eu/CeO_2 光催化机制的影响，图 4-9(c) 比较了有无 O_2 的存在对 4% Eu/CeO_2 催化剂光催化活性的影响。由图可见，加入 O_2 光照 120min 后，甲醛的转化率高达 88% 左右，而没有 O_2 参与的转化率只有 47%，表明 O_2 对光催化氧化降解反应有明显的促进作用。图 4-9(d) 为光催化去除甲醛的可能反应机理。光照射到催化剂表面时，表面生成光生电子和空穴。

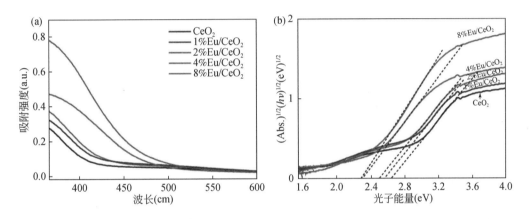

图 4-8　CeO_2 和 Eu/CeO_2 样品的紫外可见漫反射谱图

在相似的研究中，本书作者首先合成出 BiOI 纳米片，再通过硝酸处理 BiOI 纳米片，成功将氧缺陷引进 BiOI 中，合成出具有氧缺陷的 BiOI 催化剂样品[48]。当硝酸加入体积为 8mL 时，标记为 BiOI-8，其表现出最佳的光催化氧化甲醛的催化活性。在可见光照射下，反应 90min 后甲醛几乎全部降解，远远高于 P25、BiOI、BiOI-5 和 BiOI-10 催化剂样品。因此，氧缺陷的引入可以显著提高 BiOI 的可见光吸收能力和光生电子–空穴对的分离效率，从而显著提高其光催化氧化甲醛的能力。

在进一步的研究中，本书作者首先合成出 $Bi_2O_2CO_3$ 催化剂样品，再通过热处理进行部分分解得到 $Bi_2O_3/Bi_2O_2CO_3$ 催化剂样品，最后将 $Bi_2O_3/Bi_2O_2CO_3$ 与 Na_2S 溶液进行离子交换进而合成出 $Bi_2S_3/Bi_2O_3/Bi_2O_2CO_3$ 催化剂样品，并探究了其光催化氧化甲醛的催化活性[46]。在可见光的照射下，甲醛本身降解很小，可以忽略不计。在光照时间 100min 之后，$Bi_2O_2CO_3$、$Bi_2O_3/Bi_2O_2CO_3$ 和 $Bi_2S_3/Bi_2O_3/Bi_2O_2CO_3$ 的甲醛转化率分别为 10%、24% 和 99%。

由此可知，$Bi_2S_3/Bi_2O_3/Bi_2O_2CO_3$ 催化剂样品具有最佳的光催化活性。本书作者通过 PL、光电流、电化学阻抗和紫外可见漫反射等表征手段证明了 $Bi_2S_3/Bi_2O_3/Bi_2O_2CO_3$ 复合催

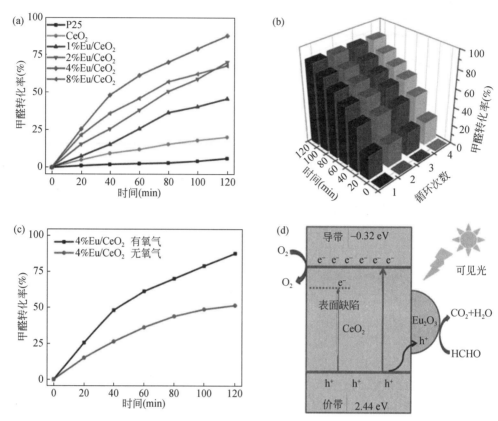

图 4-9　(a)CeO₂ 和 Eu/CeO₂ 的光催化性能,(b)4% Eu/CeO₂ 光催化反应的循环稳定性,
(c)氧气对光催化性能的影响和(d)可能的光催化反应机理

化剂能够显著地拓宽可见光的吸收范围,有效地提高光生电子–空穴对的分离效率,从而显著提高催化剂的光催化活性。

2. 乙醛

乙醛,也称醋醛,是一种无色有刺激性气味的液体,其熔点和沸点分别是 –121℃ 和 20.8℃。乙醛可以与水、乙醇、乙醚和氯仿等有机物质互溶。乙醛易燃、易挥发,可以和空气形成爆炸性混合物。乙醛具有一定的刺激性和致畸性,对人类身体健康和环境有危害,也会对水体产生污染。此外,乙醛也是一种常见的醛类 VOCs。

Choi 等[49] 合成表面氟化的 TiO₂(F-TiO₂)薄膜,并探究其在紫外光照射下光催化去除乙醛的催化活性。F-TiO₂ 薄膜表现出高的光催化活性,其生成 CO₂ 的一级反应速率常数 k 是 TiO₂ 的 2.5 倍。高活性的原因可能是由于 F-TiO₂ 薄膜可以产生更多的 ·OH 自由基,同时可以提高其在固体/空气界面的光催化氧化反应动力学。

4.2.2　酮类 VOCs

丙酮,又称二甲基酮、二甲基甲酮、二甲酮、醋酮和木酮,是最简单的一种饱和酮,其熔点和沸点分别为-94.6℃和56.5℃。丙酮是具有辛辣特殊气味的无色透明液体,易溶于水、乙醇、乙醚和氯仿等物质。此外,丙酮具有易燃、易挥发、易制毒和易制爆等特性,其化学性质较为活泼。丙酮对人类身体健康有一定的负面作用,对人类的中枢神经系统有麻醉效用,中毒之后可以表现出乏力、恶心、头痛和易激动,严重的产生呕吐、气急和痉挛,甚至昏迷。丙酮是一种常见的酮类 VOCs。

He 等采用简单的方法合成了一种可见光响应型的硫酸化 MoO_x/MgF_2 催化剂样品,当硫酸掺杂量为 5mol%、煅烧温度为 350℃,样品标记为 SMM-5-350,并比较了 P25、N-TiO₂和 SMM-5-350 在紫外光和可见光($\lambda>380nm$ 和 $\lambda>420nm$)照射下的光催化氧化丙酮的催化性能,其结果如图4-10 所示[50]。从图中可以明显看出,在可见光照射下,SMM-5-350 表现出较好的光催化性能,由此说明合成的 SMM-5-350 是一种可见光响应型的催化剂。

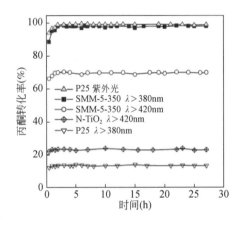

图 4-10　在紫外光和可见光照射下催化剂样品光催化氧化丙酮的催化性能比较

4.3　光催化去除烃类 VOCs

非甲烷总烃又称非甲烷烃,是常见的 VOCs,根据《大气污染物综合排放标准》(GB 16297—1996)与《大气污染物排放标准详解》,是指除甲烷以外的所有可以挥发的碳氢化合物,如烷烃、烯烃、芳香烃和含氧烃等,主要是指具有 $C_2 \sim C_{12}$ 的烃类物质。而根据《固定污染源排气中非甲烷总烃的测定　气相色谱法》(HJ/T 38—1999),非甲烷总烃是指除甲烷以外的碳氢化合物,其主要是指 $C_2 \sim C_8$ 的总称。本节主要介绍乙烷、丙烷、丁烷和 $C_5 \sim C_7$ 轻质烷烃等。

4.3.1　乙烷

乙烷,是最简单的含 C—C 单键的烃类物质。乙烷是无色无臭的气体,熔点和沸点分别为-183.3℃和-88.6℃。乙烷不溶于水,但是微溶于乙醇和丙酮,溶于苯,以及可以和四氯化碳互溶。乙烷可以发生卤化反应、硝化反应、磺化反应和氯磺化反应等典型的烷烃类反应。在工业上乙烷主要用于裂解合成乙烯和在冷冻设施中作为制冷剂。

当前,乙烷氧化脱氢制乙烯一般需要较高的温度如 873K,因此在温和的反应条件下开发乙烷氧化脱氢制乙烯的方法是一项重要挑战。Tang 等合成了 Pd/TiO$_2$ 催化剂,并探究了光催化氧化乙烷的催化性能,其结果如图 4-11 所示[51]。首先,比较在黑暗、Ar 和 CO$_2$ 反应条件下的催化性能,结果表明在 CO$_2$ 气氛下,乙烯和合成气的生成速率最大,由此说明 CO$_2$ 作为氧化剂有助于乙烷脱氢。其次,在 TiO$_2$ 载体上负载了不同的金属纳米颗粒(Pd、Pt 和 Au),结果表明 Pd/TiO$_2$ 的乙烯和合成气的生成速率是最大。同时,也合成了 Pd/SiO$_2$ 催化剂进行载体的对比,由此说明,合成的 Pd/TiO$_2$ 催化剂具有优异的催化活性。

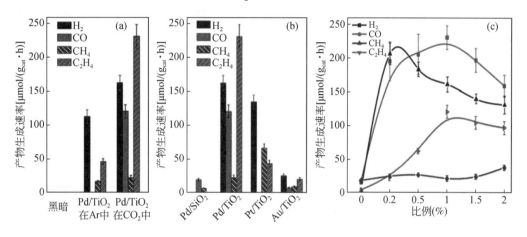

图 4-11　光催化氧化乙烷的催化性能:(a)在黑暗、Ar 和 CO$_2$ 条件下,(b)不同金属和载体,(c)在 Pd/TiO$_2$ 上不同 Pd 含量[反应条件:CO$_2$(Ar):C$_2$H$_6$=1:1,25mg 催化剂,反应时间 1h,压力 0.2MPa,温度 308K]

4.3.2　丙烷

丙烷是一种具有三个碳原子的烷烃,通常情况下是无色气体,但是为了运输方便,一般压缩成液态。此外,纯的丙烷是无味的,其熔点和沸点分别为-187.6℃和-42.09℃。丙烷微溶于水以及可以溶于乙醇和乙醚。丙烷具有微量的毒性,可以作为麻醉剂,对眼和皮肤没有刺激,但是直接接触可致冻伤。在实际应用上,丙烷可以作为乙烯和丙烯的原料气或者可以作为炼油产业中的溶剂。此外,也常常用作发动机和家用取暖系统等燃料。

Takenaka 等首先合成出 V$_2$O$_5$/SiO$_2$ 催化剂,再通过浸渍 RbOH 溶液,最后在空气气氛下 773K 煅烧,获得 Rb 掺杂的 V$_2$O$_5$/SiO$_2$ 复合光催化剂(Rb-VS),并探究在紫外-可见光照射下光催化氧化丙烷的催化性能,其结果如图 4-12 所示[52]。在反应温度为 333K 时,光催化的活性位主要用于生成丙酮。丙烯在 333K 的收率很低,但是随着温度的升高,其收率逐渐增加。在 473K 时,丙酮和丙烯的收率是在 333K 的 3 倍以上。由此说明,羰基化合物的收率随着温度的增加而增加,但是 CO$_2$ 几乎没有改变。

4.3.3　丁烷

丁烷是一种无色有轻微刺激性气味的气体,其熔点和沸点分别为-138.4℃和-0.5℃。

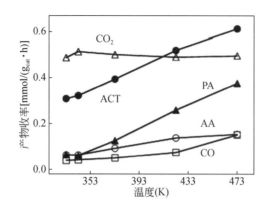

图 4-12　在反应温度 333～473K 下光照射下光催化氧化丙烷的产物收率
（● 丙酮、▲ 丙烯、○ 乙醇、△ CO_2 和 □ CO）

丁烷难溶于水,但是易溶于醇和氯仿。它是一种易燃易爆气体,可以与空气混合形成爆炸性混合物。在实际应用中,丁烷主要用作溶剂、制冷剂和有机合成原料。

　　Štengl 等通过热处理氧化石墨纳米片(GO) 和 TiO_2 过氧络合物的混合物进而构筑了 TiO_2-GO 复合光催化剂,其中 GO 的掺杂质量为 XXX 克,复合光催化剂标记为 TiGO-XXX,并通过光催化降解气相丁烷来评价其在紫外光和可见光照射下的光催化活性[53]。在紫外光照射下,TiGO-100 表现出最佳的光催化活性,其反应速率常数 k 为 $0.03012h^{-1}$;而在可见光照射下,TiGO-075 表现出最佳的光催化活性,其反应速率常数 k 为 $0.00774h^{-1}$。GO 可以增加复合光催化剂的比表面积大小,同时也可以作为吸收剂、电子受体和光敏剂共同提高丁烷的光催化活性。

4.3.4　C_5~C_7 轻质烷烃

　　戊烷、己烷和庚烷等构成了重要的轻质烷烃,其可以参与芳构化生成芳烃。在石油化工企业中可以满足高标号汽油的需求以及下游化工原料的需求。Philippopoulos 等[54] 在连续搅拌反应器中探究了光催化氧化戊烷、异戊烷、己烷、异己烷和庚烷等 VOCs 的光催化活性,在很短的时间内 VOCs 转化率就可以达到 90% 以上,其产物主要是无毒无害的 CO_2 和 H_2O,其结果如图 4-13 所示。

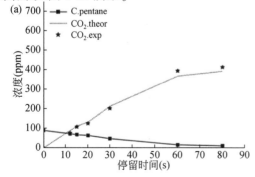

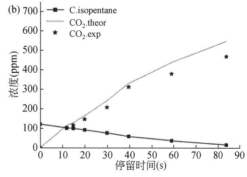

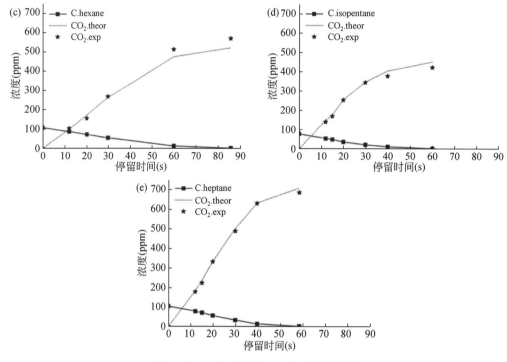

图 4-13 VOCs 消耗和 CO_2 生成浓度变化

（a）正戊烷（$C_{in}=90.2ppm$），（b）异戊烷（$C_{in}=124ppm$），（c）己烷（$C_{in}=107.5ppm$），（d）异己烷（$C_{in}=78.8ppm$）和（e）庚烷（$C_{in}=104.8ppm$）

4.4 光催化去除苯和酚类 VOCs

4.4.1 苯类 VOCs

1. 苯

苯是一种最简单的芳烃化合物。在常温条件下，苯具有甜味、可燃、有致癌毒性的无色透明液体，并且具有特定的芳香气味。苯的熔点和沸点分别为 5.5℃ 和 80.1℃，难溶于水，但是易溶于乙醇、乙醚和丙酮等有机溶剂。在工业上，苯主要用作化工原料，尤其在石油化工中，其产量和生产的技术水平是一个国家石油化工发展水平的标志之一。但是，苯具有很大的挥发性，容易在空气中扩散，会对人类身体健康产生一定的负面作用。苯是一种常见的室内污染物，主要来源于涂料和黏合剂等。

Huang 等采用简单的溶胶-凝胶法合成了 $LaVO_4/TiO_2$ 复合光催化剂，同时采用同样的方法也合成了 TiO_2，并分别在 400℃ 和 500℃ 煅烧（标记为 T400 和 T500），探究了在可见光（$450nm<\lambda<900nm$）照射下光催化氧化气相苯的催化性能，其结果如图 4-14 所示[55]。在黑

暗条件下,LaVO$_4$/TiO$_2$催化剂样品的苯转化率很低,几乎可以忽略不计。此外,在反应 10h 后,P25 和 LaVO$_4$的苯转化率也很低,而 T400 和 T500 的苯转化率达到 8% 左右。在可见光照射下,LaVO$_4$/TiO$_2$催化剂样品表现出最佳的催化性能,其苯转化率达到 57% 以上和 CO$_2$生成量达到 260ppm。高活性的原因可能是由于 LaVO$_4$和 TiO$_2$之间相互匹配的能带结构以及两者之间构筑异质结的结构,有效地促进光生电子和空穴的分离,抑制了光生电子和空穴之间的复合。

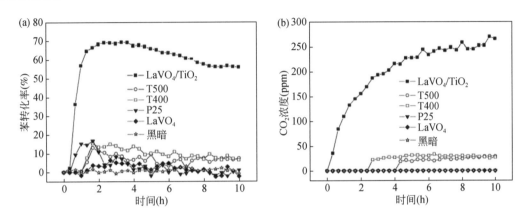

图 4-14　可见光照射下不同催化剂样品的苯转化率(a)和 CO$_2$浓度(b)

2. 甲苯

甲苯,又名甲基苯或者苯基甲烷,是一种无色澄清的液体,具有类似苯的芳香气味。甲苯的熔点和沸点分别为-94.9℃和 110.6℃,不溶于水,但是可以混溶于苯、醇、醚等多数有机溶剂。甲苯作为苯系物中具有代表性的一种污染物,对皮肤和黏膜有一些刺激性,并且对中枢神经系统有麻醉作用。此外,甲苯对空气、水环境和水源可以造成一定的污染。

本书作者采用多次水热法合成了 TiO$_2$@ Ag@ Bi$_2$O$_3$@ Ag 核–壳结构材料,标记为 TABA[56]。其典型的合成过程如下所示:首先,通过微波水热合成了 TiO$_2$纳米颗粒(T);其次,采用水热–煅烧法合成了 TiO$_2$@ Ag@ Bi$_2$O$_3$材料(TAB);最后,采用水热法合成了 TABA催化剂,其核–壳结构示意图如图 4-15 所示。与此同时,也制备了 TiO$_2$@ Bi$_2$O$_3$(TB)和 TiO$_2$@ Bi$_2$O$_3$@ Ag(TBA)材料进行对比。

催化剂样品的晶体结构通过 XRD 进行测试,其结构如图 4-16 所示。从图中可以明显看出,合成出 TiO$_2$(T)的特征峰和正方晶系锐钛矿相 TiO$_2$(PDF#21-1272)一致,在其表面包覆一层 Bi$_2$O$_3$得到的 TB 由锐钛矿相(PDF#21-1272)和正方晶系三氧化二铋(PDF#27-0052)组成,在其上再包一层 Ag 之后得到 TBA 由三种物相组成,新加的一种物相为单质 Ag(PDF# 04-0783),不同包覆顺序得到的 TAB 物相与 TBA 一致。再包覆一层 Ag 之后得到 TABA 也和 TBA 的物相一致,并未检测到其他特征峰,由此表明催化剂样品的物相结构较为纯净。但是,鉴于 Bi$_2$O$_3$掺杂含量较低,其特征峰不是很明显。样品的 SEM 和 TEM 图像如图 4-17 所示。从图中可以看出,Ag 和 Bi$_2$O$_3$依次均匀分布在 TiO$_2$的球状表面。从图 4-17(j)中的选取衍射图说明所制备的 TABA 属于多晶。再根据图 4-17(k)中的 HRTEM 图像估算 TABA

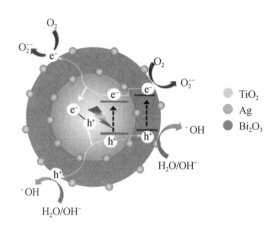

图 4-15　TiO$_2$@Ag@Bi$_2$O$_3$@Ag 核壳结构示意图

的晶格间距分别约为 3.56Å、2.49Å 和 3.86Å,分别对应 TiO$_2$(101)面、Ag(111)面和 Bi$_2$O$_3$ 的 (110)面。TABA 中的元素组成可以通过元素分析得到,其结果如图 4-17(1)所示。由图可知,元素 Ti、O、Ag 和 Bi 均匀分布在整个 TABA 催化剂样品上。

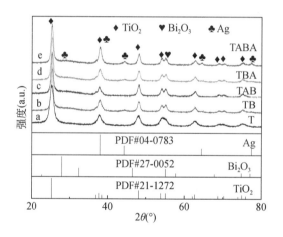

图 4-16　催化剂样品的 XRD 谱图

　　催化剂样品的紫外可见漫反射光谱图如图 4-18(a)所示,TiO$_2$ 的光吸收带边在 380nm 附近,在其表面包覆 Bi$_2$O$_3$ 后得到 TB,光吸收带在可见光区略有所增加,再包覆一层 Ag 纳米颗粒之后得到 TBA,在可见光区的光吸收能力明显增强。包覆 Ag 和 Bi$_2$O$_3$ 后得到的 TAB 样品的光吸收带边也拓宽至可见光区域,光吸收能力比 TiO$_2$ 强很多,再包覆一层 Ag 之后得到样品 TABA,在可见光区的光吸收能力最强。图 4-18(b)为催化剂样品的光致发光(PL)谱图,所有制备好的催化剂样品在 577nm 左右均出现一个近带发射峰(NBE),峰的强度大小关系为:TABA<TBA<TAB<TB<T。由此表明,TABA 样品的光生电子–空穴对的分离效果最好,其复合率最低,形成异质结的结构能够有效抑制光生电子–空穴对的复合[57]。

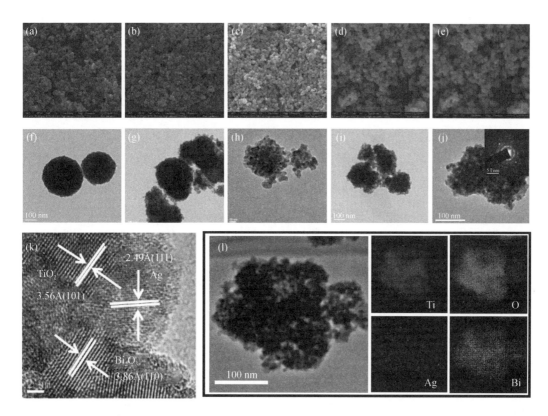

图 4-17 （a）～（e）样品的 SEM 图：（a）T，（b）TB，（c）TAB，（d）TBA，（e）TABA；（f）～（j）样品的 TEM 图：（f）T，（g）TB，（h）TAB，（i）TBA，（j）TABA；（k）TABA 样品的 HRTEM 图；（l）样品 TABA 的元素分布图

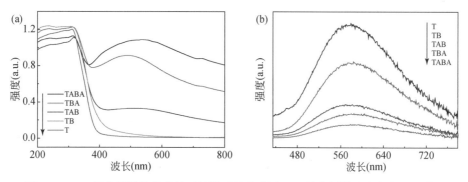

图 4-18 （a）催化剂样品的紫外可见漫反射光谱图；（b）催化剂样品的光致发光谱图

通过光催化去除甲苯来评价催化剂样品的光催化性能，其结果如图 4-19 所示。在黑暗条件下，反应 6h 之后，TABA 催化剂样品的甲苯基本没有转化；在可见光照射下，反应 6h 之后，TABA 催化剂样品的甲苯转化率达到 79%。对比了几种不同催化剂样品的光催化性能，其甲苯的转化率顺序为 TABA>TBA>TAB>TB>T。由此说明，TABA 具有最佳的催化活性。Ag 作为一种贵金属离子，能够均匀分散在催化剂的表面，两相之间能够充分交织在一起，以及有效分离 TiO_2 受可见光激发产生的光生电子-空穴，TABA 催化剂表现出比纯相 TiO_2 更优

异的光催化性能。

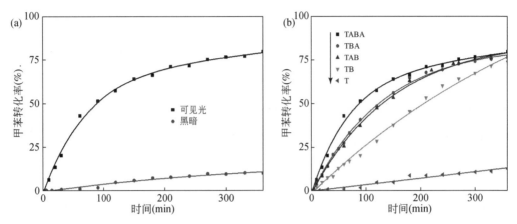

图 4-19 （a）在可见光和黑暗条件下，TABA 催化剂样品对甲苯的吸附曲线；
（b）催化剂样品光催化降解甲苯的性能

在进一步的研究中，本书作者利用微波水热法和浸渍法对 TiO_2 纳米阵列管（TN）进行多层包覆，构筑出 TiO_2 纳米管@ $SrTiO_3$@ Ag@ Bi_2O_3@ Ag（TSABA）多壳层结构，其结构示意图如图 4-20 所示[56]。通过光催化去除甲苯来评价其光催化性能，也对比了 TN、TiO_2 纳米管@ Ag（TA）、TiO_2 纳米管@ $SrTiO_3$（TS）、TiO_2 纳米管@ Ag@ $SrTiO_3$（TAS）、TiO_2 纳米管@ Ag@ $SrTiO_3$@ Ag（TASA）、TiO_2 纳米管@ $SrTiO_3$@ Ag（TSA）、TiO_2 纳米管@ $SrTiO_3$@ Bi_2O_3（TSB）、TiO_2 纳米管@ $SrTiO_3$@ Ag@ Bi_2O_3（TSAB）和 TiO_2 纳米管@ $SrTiO_3$@ Bi_2O_3@ Ag（TSBA）的催化性能，其实验结果如图 4-21 所示。从图中可以看出，甲苯本身的降解可以忽略不计的，制备好的催化剂样品对甲苯的降解率顺序关系为：TSABA>TASA>TSBA>TSAB>TAS>TSA>TSB>TS>TA>TN，其中 TSABA 样品对甲苯的降解率最高，反应 5h 后，甲苯几乎可以转化完全。TN 能够促进对光子的捕获能力，有利于加快载流子的迁移和分离；$SrTiO_3$ 能够充当电子传输层，有效抑制 TN 的光生载流子复合。此外，Ag 作为一种贵金属纳米颗粒均匀沉积在两层之间，通过 Ag 的界面调控，能够加快电子迁移速率，降低光生载流子的复合。同时还沉积 Bi_2O_3 作为复合相组分，形成多相异质结，可以促进光生电子-空穴的分离，从而提高光催化反应效率。

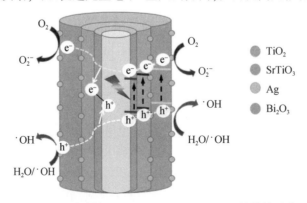

图 4-20 TiO_2 纳米管@ $SrTiO_3$@ Ag@ Bi_2O_3@ Ag 的结构示意图

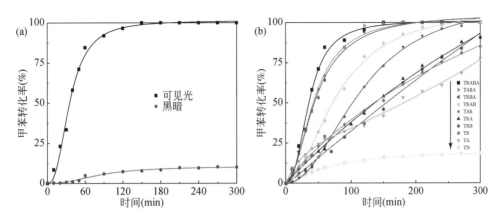

图 4-21　(a)在可见光和黑暗条件下,TSABA 催化剂样品对甲苯的吸附曲线;
(b)催化剂样品光催化降解甲苯的性能

在相似的研究工作中,本书作者通过简单的水热法合成了 BiFeO$_3$(BFO)和 BFO-(Bi/Fe)$_2$O$_3$ 复合光催化剂,并考察了在可见光(λ 为 400~780nm)照射下光催化降解甲苯的性能,其性能结果如图 4-22 所示[58]。从图中可以明显看出,在可见光照射下,没有催化剂存在的条件下,甲苯的去除率很低,几乎可以忽略不计。在反应 3h 之后,BFO 和 BFO-(Bi/Fe)$_2$O$_3$ 催化剂样品的甲苯去除率分别约为 21% 和 52% ,产物 CO$_2$ 生成量分别为 20ppm 和 70ppm。由此可知,BFO-(Bi/Fe)$_2$O$_3$ 催化剂样品表现出较佳的光催化活性。

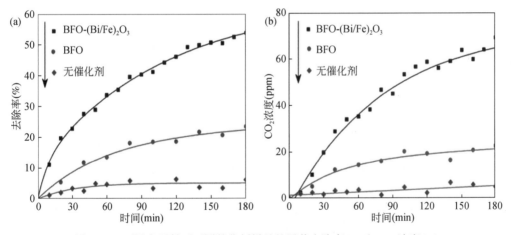

图 4-22　可见光照射下不同催化剂样品的甲苯去除率(a)和 CO$_2$ 浓度(b)

通过计算得到(Bi/Fe)$_2$O$_3$ 和 BFO 的价带(VB)和导带(CB)电势,两者之间的协同作用和光生电子与空穴对的分离示意图如图 4-23 所示。从图中看出,(Bi/Fe)$_2$O$_3$ 的 VB 和 CB 均比 BFO 更低。BFO 和(Bi/Fe)$_2$O$_3$ 被可见光激发时,当入射光的能量高于或者等于半导体的带隙时,在 BFO 和(Bi/Fe)$_2$O$_3$ 的 VB 上都可以被激发产生光生电子,然后光生电子跃迁到 CB 上,而在 VB 留下空穴。根据 BFO 和(Bi/Fe)$_2$O$_3$ 的带边位置,在内建电场的作用下,光生电子可以从 BFO 的 CB 上转移到(Bi/Fe)$_2$O$_3$ 的 CB 上,而空穴可以从(Bi/Fe)$_2$O$_3$ 的 VB 上转移到 BFO 的 VB 上。

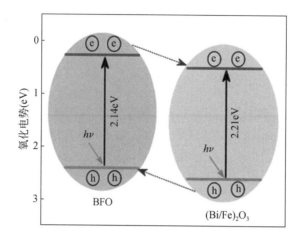

图 4-23　BFO-(Bi/Fe)$_2$O$_3$ 异质结的光生电子–空穴对分离的示意图

4.4.2　酚类 VOCs

苯酚,又称石炭酸、酚和羟基苯,是一种有特殊气味的无色针状晶体,其熔点和沸点分别为 43℃ 和 181.9℃。苯酚可以与醚、氯仿和甘油等互溶,常温时易溶于甘油、氯仿和乙醚等有机溶剂,微溶于水,但是当温度高于 65℃ 可以与水混溶。在工业上,苯酚是一种重要的有机化工原料,主要用于制作酚醛树脂、水杨酸、己二酸、双酚 A 和五氯酚等,或者可以用作溶剂和消毒剂等。苯酚具有一定的毒性,对皮肤和黏膜有强烈的腐蚀作用,可抑制中枢神经或损害肝、肾功能。此外,苯酚对环境有严重的危害,可以造成对水体和大气污染。苯酚也是一种常见的酚类 VOCs。

本书作者课题组采用超声辅助溶剂热法制备一系列 BiOCl 光催化剂,其典型合成过程如下所示[59]。将 Bi(NO$_3$)$_3$·5H$_2$O 溶解在一定比例的乙二醇和去离子水(EG/H$_2$O)溶液中(A 溶液);NaCl 溶解在 20mL 去离子水得到 B 溶液。在磁力搅拌器搅拌下,把 B 溶液滴加至 A 溶液中,然后利用 VOSHIN-501D 超声波信号发生器连接 $\varPhi$10cm 变幅杆超声反应相应的时间。超声后,将反应后的悬浮液体转入高压釜中,于 140℃ 处理 14h,自然冷却后用无水乙醇和去离子水交替洗涤 3 次,在 80℃ 下烘干 5h,得到 BiOCl 样品。考察超声时间和反应介质(EG/H$_2$O)对 BiOCl 的结构和性能的影响,首先固定 EG/H$_2$O 体积比(β)为 2/3,改变超声时间 α(min),制备不同超声时间的 BiOCl 样品;然后固定超声时间 α(min),改变 EG/H$_2$O 体积比(β),制备不同醇水比下的 BiOCl 样品。所得的样品标记为 α(β)-BiOCl。制备好的光催化剂样品的催化活性通过光催化降解苯酚来评价,其结果如图 4-24 所示。图 4-24(a)为固定 EG/H$_2$O 体积比为 2/3 的条件下,不同超声时间所制备的 BiOCl 样品在紫外光照射下苯酚的浓度 C/C_0 对光照时间的关系曲线,当反应时间为 75min,60(2/3)-BiOCl 催化剂样品的苯酚降解率达到 85.8%。由此说明,在固定 EG/H$_2$O 体积比为 2/3 的条件下,超声 60min 下合成的 BiOCl 催化剂的光催化性能最好。图 4-23(b)为超声时间为 60min,不同 EG/H$_2$O

体积比下制备的样品在紫外光照射下苯酚的浓度 C/C_0 对光照时间的关系曲线。在反应时间 75min 之后,60(0/5)-BiOCl 和 60(1/4)-BiOCl 对苯酚的降解率为 51.4% 和 100%,表明 EG/H₂O 体积比对 BiOCl 的影响非常大。

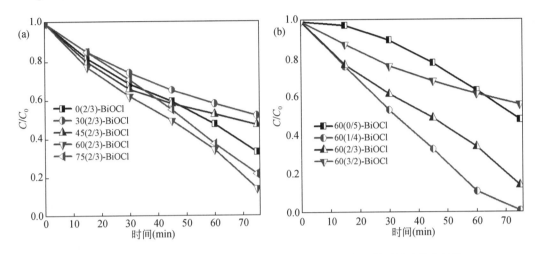

图 4-24　不同条件制备的 BiOCl 样品在紫外光照射下降解苯酚的光催化性能

　　在进一步的研究中,本书作者课题组采用简单的溶剂热法成功制备了(001)晶面暴露的 B-BiOCl 纳米片光催化剂[59]。样品的 XRD 谱图如图 4-25(a)所示,衍射角 2θ 在 12.0°、24.1°、25.9°、32.5°、33.5°、40.9°、46.7°、49.7°、54.1° 和 58.6° 处均出现了强的特征衍射峰,分别对应于四方晶系 BiOCl 的(001)、(002)、(101)、(110)、(102)、(112)、(200)、(113)、(211)和(212)晶面(JCPDS No. 85-0861)。其中,衍射角 2θ 在 12.0° 处的(001)晶面特征衍射可以发现明显的差异,$B_{1.0}$-BiOCl 样品的(001)晶面特征衍射峰强远高于纯相 BiOCl 样品的(001)晶面。

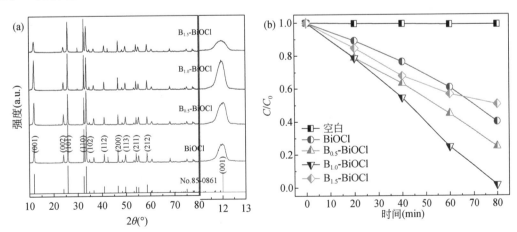

图 4-25　(a)B-BiOCl 样品的 XRD 谱图和(b)催化剂样品光催化降解苯酚的催化性能

特征衍射峰强顺序依次为:$B_{1.0}$-BiOCl>$B_{0.5}$-BiOCl>BiOCl>$B_{1.5}$-BiOCl,由此表明适量的 B

掺杂将有助于(001)晶面的生长。此外,B 掺杂之后,(001)晶面的衍射角有轻微的向低角度方向偏移,从而增大其晶格参数,这可能有利于特殊晶面的生长。样品的光催化去除苯酚的催化性能如图 4-25(b)所示。从图中可知,单纯的 BiOCl 对苯酚有一定的光催化性能,在反应时间 80min 之后,苯酚的去除率约为 60%。在相同条件下,$B_{1.0}$-BiOCl 催化剂表现出最佳的催化性能,苯酚几乎可以完全降解。B 掺杂可以显著提高 BiOCl 的比表面积,加快光生电子和空穴的分离,从而提高了光催化活性。

在相似的研究工作中,本书作者课题组首先采用水热法在 FTO 基底上合成了 $BiOCl_xI_{1-x}$ 纳米片,通过调控 KI 和 NaCl 的比例来调变 $BiOCl_xI_{1-x}$ 中卤素的含量;再将制备好的 $BiOCl_{0.5}I_{0.5}$ 纳米片浸入到 0.1mol/L $NaBH_4$ 溶液中,根据浸泡时间的不同标记为 BiOX-T;最后,将催化剂样品分别用无水乙醇和去离子水洗涤多次,干燥备用[46]。催化剂样品的光催化降解苯酚的催化性能如图 4-26 所示。从图中可知,在光照射下,苯酚本身的光降解可以忽略不计。反应 120min 之后,BiOCl 和 $BiOCl_{0.5}I_{0.5}$ 的苯酚降解率分别为 20% 和 50%,$BiOCl_{0.5}I_{0.5}$ 表现出最高的降解率。在 $NaBH_4$ 溶液还原之后,增加了催化剂样品的比表面积大小,在反应过程中可以提供更多的活性位点数,更好地吸附苯酚分子;产生了 Bi 单质和缺陷氧,可以扩宽催化剂样品对可见光的吸收范围,提高光生电子迁移的效率和抑制光生电子-空穴的复合概率,从而显著提高催化剂的光催化活性。

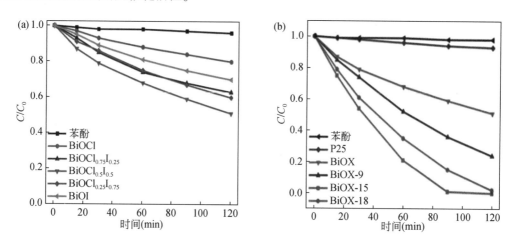

图 4-26 (a)$BiOCl_xI_{1-x}$纳米片和(b)BiOX-T 催化剂样品光催化降解苯酚的催化性能

4.5 光催化反应的失活和再生

4.5.1 失活

1. 液相光催化反应

近年来,由于光催化过程具有反应条件温和、无二次污染等优点,在环境治理中有广泛的应用前景。在液相光催化反应过程中,尤其是在水相中普遍存在光催化剂失活现象,严重限制了其实际应用。光催化剂失活的原因可能是由于催化剂颗粒变大、催化剂表面吸附杂质和溶液中的 pH、催化剂中杂质等因素造成[60]。反应产物如 H_2O、CO_2 和有机酸等容易吸附在催化剂的表面,从而导致很难脱附,这将严重影响催化剂表面的电荷和载流子的迁移,以及降低催化剂对反应底物的继续吸附,导致影响后续的反应过程,降低催化剂的催化性能和缩短催化剂的使用寿命[61]。

王淑勤和高剑通过溶胶–凝胶法合成了钒掺杂 TiO_2 光催化剂,通过光催化降解甲醛来评价其光催化活性[62]。图 4-27 为当甲醛初始质量浓度为 50mg/L 时,不同钒掺杂 TiO_2 光催化剂添加量对甲醛降解率的影响。从图中可以看出,最佳光催化活性的催化剂添加量为 2.0g,说明适量的催化剂用量可以增强其催化活性。当反应时间为 2h,光催化剂的催化活性最佳,其降解率为 88.5%;而继续延长反应时间到 9h,其降解率降低到 50% 左右,说明光催化剂存在明显失活现象。

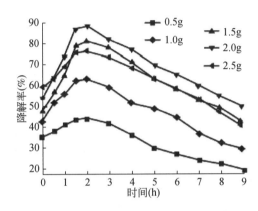

图 4-27　不同添加量钒掺杂 TiO_2 光催化剂对甲醛降解率的影响

2. 气相光催化反应

与液相光催化反应相比,气相光催化反应有一些独特的优点,比如反应物和产物的扩散相对容易、空气只吸收少量的光子等[60]。在气相光催化反应过程中,产物和中间产物等可能会富集在催化剂的表面,从而致使催化剂失活,一般是一些结构稳定、挥发性差且很难脱附的物质。此外,气相中水蒸气的存在可能会发生催化剂严重失活现象,当水蒸气含量过多,将导致和其他反应物相互竞争,不利于反应的进行,从而降低催化活性。

井立强等[63]探究了 ZnO 和 TiO_2 纳米粒子光催化氧化降解气相甲苯的催化性能。当 ZnO 催化剂样品循环 6 次后,催化剂对甲苯的降解能力几乎丧失,而 TiO_2 催化剂样品在循环 10 次之后,仍然能保持原来的催化性能。由此说明,在光催化降解气相甲苯过程中,ZnO 纳米粒子发生了严重的失活,而 TiO_2 纳米粒子具有较好的稳定性能。图 4-28 为光催化反应前和失活后纳米 ZnO 催化剂样品表面的光电压谱图。从图中可以明显看出,ZnO 纳米粒子表面的导电类型由反应前的 n 型转变成失活后的 p 型,严重降低了催化剂的催化性能。众所周知,在光催化氧化过程中,主要是利用 n 型半导体光生空穴的氧化能力。

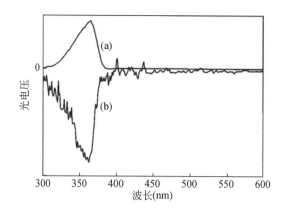

图 4-28　光催化反应前(a)和失活后(b)纳米 ZnO 催化剂样品表面的光电压谱图

4.5.2　再生

　　光催化剂失活是光催化技术工业化应用的瓶颈,因此光催化剂失活后的再生是非常重要的,这对于解决能源和环境问题具有非常重要的研究意义。目前,众多的研究集中于如何提高光催化的活性,对于光催化剂失活和再生研究相对较少,尤其是再生。再生的方法主要有煅烧、清洗、氧化、树脂吸附和水蒸气吹扫等[64,65]。煅烧再生是比较常见的方法,主要是利用高温将吸附在光催化剂表面的中间物种等杂质燃烧掉,其关键问题是选取合适的煅烧温度。清洗再生是将吸附在光催化剂表面的污染物等去除,可以通过单纯水、酸和碱清洗液清洗,也可以辅助超声清洗过程,其优点是方法较简单、容易操作。氧化再生是通过氧化过程去除光催化剂表面的污染物,主要可以采用紫外光照射或者添加合适的氧化剂如臭氧,进而实现光催化剂的再生。因此,需要在深入研究光催化剂失活机理的基础上,对成本、工艺和可行性等进行分析,选择合适的再生方法。

参 考 文 献

[1] 芮泽宝,杨晓庆,陈俊妃,等. 光热协同催化净化挥发性有机物的研究进展及展望[J]. 化工学报, 2018,69(12):4947-4958.

[2] Li W,Wang J,Gong H. Catalytic combustion of VOCs on non-noble metal catalyst[J]. Catal. Today,2009,148 (1-2):81-87.

[3] Vikrant K,Kim K,Peng W,et al. Adsorption performance of standard biochar materials against volatile organic compounds in air:A case study using benzene and methyl ethyl ketone[J]. Chem. Eng. J. ,2020,387:123943.

[4] Zou W,Gao B,Ok Y,et al. Integrated adsorption and photocatalytic degradation of volatile organic compounds (VOCs) using carbon-based nanocomposites:A critical review[J]. Chemosphere,2019,218:845-859.

[5] Shayegan Z,Haghighat F,Lee C. Photocatalytic oxidation of volatile organic compounds for indoor environment applications:Three different scaled setups[J]. Chem. Eng. J. ,2019,357:533-546.

[6] Lyu Y,Li C,Du X,et al. Catalytic oxidation of toluene over MnO₂ catalysts with different Mn(Ⅱ) precursors and the study of reaction pathway[J]. Fuel,2020,262:116610.

［7］ Lee J,Lim S. Micro gas preconcentrator using metal organic framework embedded metal foam for detection of low-concentration volatile organic compounds［J］. J. Hazard. Mater. ,2020,392:122145.

［8］ Li C,Sun Z,Song A,et al. Flowing nitrogen atmosphere induced rich oxygen vacancies overspread the surface of TiO_2/kaolinite composite for enhanced photocatalytic activity within broad radiation spectrum ［J］. Appl. Catal. B-Environ. ,2018,236:76-87.

［9］ Wang D,Nie L,Shao X,et al. Exposure profile of volatile organic compounds receptor associated with paints consumption［J］. Sci. Total Environ. ,2017,603-604:57-65.

［10］ Zhao P,Cheng Y,Lin C,et al. Effect of resin content and substrate on the emission of BTEX and carbonyls from low-VOC water-based wall paint［J］. Environ. Sci. Pollut. R. ,2016,23:3799-3808.

［11］ Fang S,Li Y,Yang Y,et al. Mg doped OMS-2 nanorod:A highly efficient catalyst for purification of volatile organic compounds with full solar spectrum irradiation［J］. Environ. Sci-Nano. ,2017,4:1798-1807.

［12］ Lu F,Li S,Shen B,et al. The emission characteristic of VOCs and the toxicity of BTEX from different mosquito-repellent incenses［J］. J. Hazard. Mater. ,2020,384:121428.

［13］ Guo T,Li X,Li J,et al. On-line quantification and human health risk assessment of organic by-products from the removal of toluene in air using non-thermal plasma［J］. Chemosphere,2018,194:139-146.

［14］ Zhang Z,Jiang Z,Shangguan W. Low-temperature catalysis for VOCs removal in technology and application:A state-of-the-art review［J］. Catal. Today,2016,264:270-278.

［15］ Zhang S,You J,Kennes C,et al. Current advances of VOCs degradation by bioelectrochemical systems:A review［J］. Chem. Eng. J. ,2018,334:2625-2637.

［16］ Shu Y,He M,Ji J,et al. Synergetic degradation of VOCs by vacuum ultraviolet photolysis and catalytic ozonation over Mn-xCe/ZSM-5［J］. J. Hazard. Mater. ,2019,364:770-779.

［17］ Gao R,Yan D. Ordered assembly of hybrid room-temperature phosphorescence thin films showing polarized emission and the sensing of VOC［J］. Chem. Commun. ,2017,53:5408-5411.

［18］ Tomera V,Duhan S. Ordered mesoporous Ag-doped TiO_2/SnO_2 nanocomposite based highly sensitive and selective VOC sensors［J］. J Mater. Chem. A,2016,4:1033-1043.

［19］ Han W,Deng J,Xie S,et al. Gold supported on iron oxide nanodisk as efficient catalyst for the removal of toluene［J］. Ind. Eng. Chem. Res. ,2014,53:3486-3494.

［20］ Zhao S,Li K,Jiang S,et al. Pd-Co based spinel oxides derived from Pd nanoparticles immobilized on layered double hydroxides for toluene combustion［J］. Appl. Catal. B-Environ. ,2016,181:236-248.

［21］ 翟淑妙,徐晓俨. 甲醛的暴露与健康效应［J］. 环境与健康杂志,1994,11:238-240.

［22］ Quievryn G,Zhitkovich A. Loss of DNA-protein crosslinks from formaldehyde-exposed cells occurs through spontaneous hydrolysis and an active repair process linked to proteosome function［J］. Carcinogenesis,2000,21:1573-1580.

［23］ Salthammer T,Mentese S,Marutzky R. Formaldehyde in the indoor environment［J］. Chem. Rev. ,2010,110:2536-2572.

［24］ 陈学敏. 环境卫生学［M］. 北京:人民卫生出版社,2004.

［25］ Franklin P,Ding P,Stick S. Raised exhaled nitric oxide in healthy children is associated with domestic formaldehyde levels［J］. Am. J. Resp. Crit. Care,2000,11:1757-1759.

［26］ 于立群,何凤生. 甲醛的健康效应［J］. 国外医学卫生学分册,2004,31:84-87.

［27］ 罗道成,易平贵,陈安国. 建筑和装饰材料的室内污染对人体危害及预防措施［J］. 中国安全科学学报,2003,13:66-68.

［28］ Tang X,Bai Y,Duong A,et al. Formaldehyde in China:Production,consumption,exposure levels,and health effects[J]. Environ. Int. ,2009,35(8):1210-1224.

[29] Bai B,Qiao Q,Li J,et al. Progress in research on catalysts for catalytic oxidation of formaldehyde[J]. Chinese J. Catal. ,2016,37:102-122.

[30] 霍颖. 负载型贵金属催化剂活性位点的构筑及催化净化甲醛性能的研究[D]. 广州:中山大学,2017.

[31] 杨腾飞. 富含羟基的铂基复合催化剂在甲醛氧化反应中的应用[D]. 广州:中山大学,2016.

[32] Tejasvi R,Sharma M,Upadhyay K. Passive photo-catalytic destruction of air-borne VOCs in high traffic areas using TiO_2-coated flexible PVC sheet[J]. Chem. Eng. J. ,2015,262:875-881.

[33] Deng J,Zhang L,Dai H,et al. Ultrasound-assisted nanocasting fabrication of ordered mesoporous MnO_2 and Co_3O_4 with high surface areas and polycrystalline walls[J]. J Phys. Chem. C. ,2010,114:2694-2700.

[34] Cardoso B,Mestre A,Carvalho A,et al. Activated carbon derived from cork powder waste by koh activation: Preparation,characterization,and VOCs adsorption[J]. Chem. Eng. Sci. ,2008,47:5841-5846.

[35] Brosillon S,Manero M,Foussard J. Mass transfer in VOC adsorption on zeolite:Experimental and theoretical breakthrough curves[J]. Environ. Sci. Technol. ,2001,35:3571-3575.

[36] Moulis F,Krýsa J. Photocatalytic degradation of several VOCs (n-hexane,n-butyl acetate and toluene) on TiO_2 layer in a closed-loop reactor[J]. Catal. Today,2013,209:153-158.

[37] Yao N,Yeung K. Investigation of the performance of TiO_2 photocatalytic coatings[J]. Chem. Eng. J. ,2011, 167:13-21.

[38] Vil G,Colussi S,Krumeich F,et al. Opposite face sensitivity of CeO_2 in hydrogenation and oxidation catalysis [J]. Angew. Chem. Int. Edit. ,2014,126:12265-12268.

[39] Corma A,Atienzar P,Garcia H,et al. Hierarchically mesostructured doped CeO_2 with potential for solar-cell use[J]. Nat. Mater. ,2004,3:394-397.

[40] Han W,Wu L,Zhu Y. Formation and oxidation state of CeO_{2-x} nanotubes[J]. J. Am. Chem. Soc. ,2005,127: 12814-12815.

[41] Lei W,Zhang T,Gu L,et al. Surface structure-sensitivity of CeO_2 nanocrystals in photocatalysis and enhancing the reactivity with nanogold[J]. ACS Catal. ,2015,5:4385-4393.

[42] Li H,Zhang N,Chen P,et al. High surface area Au/CeO_2 catalysts for low temperature formaldehyde oxidation [J]. Appl. Catal. B-Environ. ,2011,110:279-285.

[43] Ma L,Wang D,Li J,et al. Ag/CeO_2 nanospheres:Efficient catalysts for formaldehyde oxidation [J]. Appl. Catal. B-Environ. ,2014,148:36-43.

[44] Xu Q,Lei W,Li X,et al. Efficient removal of formaldehyde by nanosized gold on well-defined CeO_2 nanorods at room temperature[J]. Environ. Sci. Technol. ,2014,48:9702-9708.

[45] Sayle T,Parker S,Catlow C. The role of oxygen vacancies on ceria surfaces in the oxidation of carbon monoxide[J]. Surf. Sci. ,1994,316:329-336.

[46] 黄勇潮. 金属氧化物纳米材料的制备及光、热催化氧化有机污染物的研究[D]. 广州:中山大学,2016.

[47] Zhang L,Shi L Y,Huang L,et al. Rational design of high-performance $DeNO_x$ catalysts based on $MnxCo_{3-x}O_4$ nanocages derived from metal-organic frameworks[J]. ACS Catal. ,2014,4:1753-1763.

[48] Huang Y,Hu H,Wang S,et al. Low concentration nitric acid facilitate rapid electron-hole separation in vacancy-rich bismuth oxyiodide for photo-thermo-synergistic oxidation of formaldehyde[J]. Appl. Catal. B-Environ. ,2017,218:700-708.

[49] Kim H,Choi W. Effects of surface fluorination of TiO_2 on photocatalytic oxidation of gaseous acetaldehyde [J]. Appl. Catal. B-Environ. ,2007,69:127-132.

［50］ He Y, Zhao L, Wang Y, et al. Photocatalytic degradation of acetone over sulfated MoO_x/MgF_2 composite: Effect of molybdenum concentration and calcination temperature［J］. Ind. Eng. Chem. Res. , 2011, 50: 7109-7119.

［51］ Zhang R, Wang H, Tang S, et al. Photocatalytic oxidative dehydrogenation of ethane using CO_2 as a soft oxidant over Pd/TiO_2 catalysts to C_2H_4 and syngas［J］. ACS Catal. ,2018,8:9280-9286.

［52］ Amano F, Ito T, Takenaka S, et al. Selective photocatalytic oxidation of light alkanes over alkali-ion-modified V_2O_5/SiO_2 : Kinetic study and reaction mechanism［J］. J. Phys. Chem. B,2005,109:10973-10977.

［53］ Štengl V, Bakardjieva S, Grygar T M, et al. TiO_2-graphene oxide nanocomposite as advanced photocatalytic materials［J］. Chem. Cent. J. ,2013,7:41.

［54］ Boulamanti A, Philippopoulos C. Photocatalytic degradation of $C_5 \sim C_7$ alkanes in the gas-phase［J］. Atmos. Environ. ,2009,43:3168-3174.

［55］ Huang H, Li D, Lin Q, et al. Efficient degradation of benzene over $LaVO_4/TiO_2$ nanocrystalline heterojunction photocatalyst under visible light irradiation［J］. Environ. Sci. Technol. ,2009,43:4164-4168.

［56］ 鲜丰莲. TiO_2基核-壳结构的界面强化及在甲苯光催化净化中的应用［D］. 广州:中山大学,2018.

［57］ Wei L, Yu C, Zhang Q, et al. TiO_2-based heterojunction photocatalysts for photocatalytic reduction of CO_2 to solar fuels［J］. J Mater. Chem. A,2018,6:22411-22436.

［58］ Kong J, Rui Z, Wang X, et al. Visible-light decomposition of gaseous toluene over $BiFeO_3$-$(Bi/Fe)_2O_3$ heterojunctions with enhanced performance［J］. Chem. Eng. J,2016,302:552-559.

［59］ 何洪波. 声化学及非金属改性 BiOCl 光催化剂的制备及其光催化性能研究［D］. 赣州:江西理工大学,2017.

［60］ 陈水辉,任艳群,彭峰. 环境治理中光催化剂的失活与再生［J］. 环境污染与防治,2004,26(2): 133-135.

［61］ 张明,成杰民,董文平,等. TiO_2光催化剂失活机理与再生研究进展［J］. 硅酸盐通报,2013,32(10): 2068-2074.

［62］ 王淑勤,高剑. 掺钒 TiO_2光催化剂的活性及其失活再生实验研究［J］. 工业安全与环保,2015,41 (11):33-36.

［63］ 井立强,徐自力,孙晓君,等. ZnO 和 TiO_2粒子的光催化活性及其失活与再生［J］. 催化学报,2003,24 (3):175-180.

［64］ 严晓菊,李力争. 失效光催化剂的再生方法综述［J］. 环境保护前沿,2015,5(5):113-118.

［65］ 李英柳,吴凤丽,李爱莲. 光催化剂失活与再生研究新进展［J］. 化学与生物工程,2006,23(10):4-6.

第5章 热催化处理 VOCs

5.1 不同浓度 VOCs 的处理

空气中不同类型的 VOCs 的浓度差异很大。通常情况下,单一的处理步骤不足以去除 VOCs,需要结合多种技术实现对 VOCs 的高效去除,如 VOCs 的吸附–催化法[1,2]。目前,该技术主要集中在对工艺或设备的改进,以实现 VOCs 的高效去除。其中,许多吸附剂,特别是介孔型吸附剂,被发现可以更有效地去除 VOCs(图 5-1)。热催化作为一种应用广泛的 VOCs 处理技术,已在前面章节中得到突出的评价。这种技术表现出良好的催化效率,在很多地方建立了装置。目前,VOCs 的热催化技术已经广泛应用于化学品仓库、厨房、食品和蔬菜存储设施等领域[3]。此外,利用等离子体和高能电子轰击来处理 VOCs 的一系列新技术正在迅速发展,而且相关装置也是可操作的。

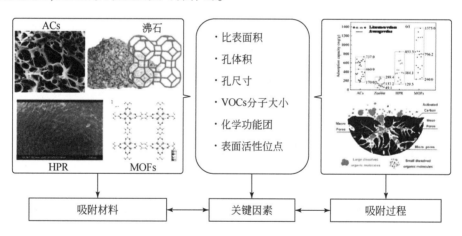

图 5-1　VOCs 的吸附流程示意图

按照 VOCs 废气浓度可以划分为以下三类:

①高 VOCs 浓度的废气(5000ppm 以上)。通常使用冷凝回收和吸附回收技术进行再循环,并辅助使用其他处理技术以达到排放标准(图 5-2)。冷凝的驱动力是过饱和,这是通过废气流的冷却或加压(或两者同时)实现的。对于浓度高于 5000ppm 的挥发性有机化合物,冷凝效率可高达 70% ~ 85%[4]。吸附是通过液体溶剂接触被污染的空气来去除废气中的挥发性有机化合物。所有可溶的挥发性有机化合物都会转移到液相。这一过程在吸收塔中进行,吸收塔的设计目的是提供必要的气液接触面积,以促进传质。采用填料和塔板以及液体雾化来改善液气接触。吸收系统可以处理浓度大于 5000ppm 的 VOCs,并且可以达到

90% ~98% 的 VOCs 去除效率。

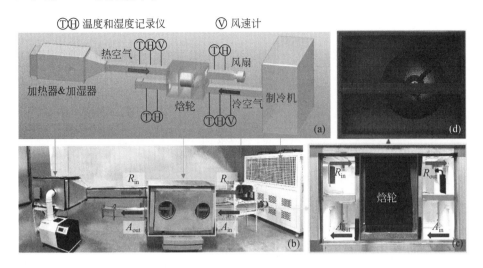

图 5-2　VOCs 吸附实验装置图

(a)实验系统示意图;(b)系统照片;(c)总热回收单元;(d)焓轮

②挥发性有机化合物浓度中等的废气(500 ~5000ppm)。有机溶剂可通过吸附技术回收,也可通过热催化氧化、热焚烧技术净化后排放。使用热催化氧化和热焚烧技术进行净化时,应回收余热。VOCs 催化氧化法是通过热氧化作用将废气中的可燃有害成分转化为无害物或易于进一步处理和回收物质的方法。比如石油工业碳氢化合物废气及其他有害气体、溶剂工业废气、城市废物焚烧处理产生的有机废气,以及几乎所有恶臭物质(硫醇、H_2S)等,都可用催化氧化法处理(图 5-3)。对有机废气进行预处理操作后,将其通入炉体内,加热至一定的温度让废气中的有机废气发生氧化还原反应,生成小分子无机物排向大气。该过程不断循环再生,每一个蓄热室都是在进入废气与排出氧气的模式间交替转换,从而有效降低

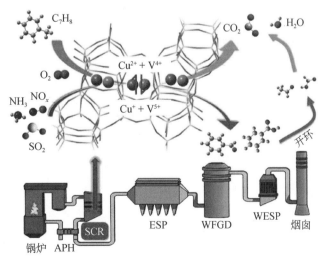

图 5-3　VOCs 的热催化氧化流程图

废气处理后的热量排放,同时节约了废气氧化升温时的热量损耗,使废气在高温氧化过程中保持较高的热效率,其设备操作简单、维护方便,运行费用低,工艺简单,VOCs净化效率高达99%。

③挥发性有机化合物浓度低的废气(低于500ppm)。对低浓度VOCs废气回收利用时,可采用吸附技术达标后排放。不宜回收利用时,可采用吸附浓缩燃烧技术、生物技术、吸收技术、离子技术或紫外光净化等技术,达标后排放。

5.2　热催化去除醛类VOCs

醛类是大气中总挥发性有机物的最大组成部分之一。甲醛和乙醛是两种最常见的醛类VOCs。醛类物质是主要的室内污染物之一,从装饰材料中释放出来,并广泛存在于密封的建筑中。它们也从工业产品中释放出来,如处理过的木材树脂、化妆品、塑料黏合剂、建筑材料、清洁剂、消毒剂、刨花板、中密度纤维板、胶合板、地毯、烟雾和织物等。生物醛来源包括活的和腐烂的植物、生物废物分解、生物质燃烧和海水。因此,醛类VOCs的控制与消除技术一直是研究热点。从20世纪50年代开始,热催化技术已经在工业生产中得到应用,这项技术一直是化学工业生产中一项最主要的催化技术。到70年代时,美国、德国、苏联等重工业比较发达的国家已经将热催化技术应用到了很多领域。我国在70年代才开始对热催化技术进行初步研究,并开始在烘干炉中应用热催化废气治理技术。经过发展后,热催化技术在铁制品制备、有机化工以及汽车尾气处理等领域得到了广泛的应用。热催化处理醛类VOCs主要是利用甲醛遇热易分解的特性,在催化剂的作用下醛类VOCs会发生热分解转化为二氧化碳和水[5,6],从而实现对醛类VOCs污染物的降解。热催化本身的过程主要是吸附氧或其他活性物质参与的深度氧化,而醛类VOCs热催化反应是一种典型的非均相催化反应。在反应过程中,催化剂的作用是将反应物分子吸附于催化剂表面形成活化物种,并有可能改变各基元反应的反应路径,从而达到降低反应活化能提高反应速率的目的。甲醛热催化氧化技术具有反应温度低、无二次污染、能耗低、延缓催化剂烧结、避免有毒物种形成等优点。同时,热催化反应装置系统较为简单,体积较小,方便管理和维护,所以热催化醛类VOCs被认为是最有效的VOCs治理方法。

醛类VOCs催化反应的催化剂按金属种类可分为两类:非贵金属催化剂和贵金属催化剂。其中非贵金属催化剂包括单一金属氧化物催化剂(如Mn、Ni、Cu、Ti、Fe、Zr、Co等的氧化物)和双金属或多金属氧化物复合型催化剂(铜锰、铜锌等的氧化物)[7-12]。

5.3　热催化去除烃类VOCs

饱和烷烃和不饱和烯烃是最简单的含碳和氢的脂肪族碳氢化合物。脂肪族碳氢化合物存在于石油和煤炭中,并在相关的化学过程中形成,对人类健康和环境有不利影响。在大气环境中会通过一系列光化学反应产生含氧VOCs和气溶胶。热催化技术对包括乙烷、丙烷、乙烯、丙烯和其他脂肪烃的催化氧化具有很高的活性。

5.3.1 乙烷

Kucherov 等报道了 Cu-ZSM-5 催化剂对乙烷氧化催化性能的研究。在450℃的条件下，Cu-ZSM-5 可以将乙烷完全分解为 CO_2 和 H_2O，并没有检测到其他副产物的生成。然而，经过高温（如850℃）干燥煅烧后，催化活性会显著降低。他们探究了不同条件处理后 Cu-ZSM-5 样品中铜离子的状态，发现几乎所有方形的 Cu^{2+} 离子在 Cu-ZSM-5 中发生了明显的配位变化，而没有聚集或封装在 ZSM-5 中，方形的 Cu^{2+} 离子被认为是活性位点。为了提高 Cu-ZSM-5 的热稳定性，在 ZSM-5 载体中引入了 La（5.0wt% La vs. 1.0wt% Cu）等稀土离子。电子顺磁共振（EPR）结果显示，在高温（如850℃）下煅烧 0.5h 后，部分铜离子（20%～30%）仍保持平面方形 Cu^{2+} 结构。因此，La-Cu-ZSM-5 样品具有稳定高效的催化性能[13]。

5.3.2 丙烷

Garetto 等[14]对丙烷在沸石负载的 Pt 催化剂上的催化氧化进行了深入的研究，他们发现催化剂对丙烷氧化转换率的顺序是：$Pt/MgO<Pt/Al_2O_3<Pt/H$-ZSM-5$<Pt/H$-β。此外，沸石负载的 Pt 纳米颗粒的转换率比 Pt/Al_2O_3 高出两个数量级。除了金属和酸位点的分散外，丙烷在金属–氧化物界面区域的吸附，以及氧从金属表面溢出的额外氧化途径，可能是沸石负载 Pt 催化剂催化性能增强的原因。为了进一步提高沸石负载 Pt 催化剂的催化性能，Zhu 等[15]通过 W 掺杂构筑了 Pt-W/ZSM-5 催化剂并应用于丙烷的热催化氧化中。结果表明，在 Pt-W/ZSM-5 催化剂中，W 的加入可以改变 Pt 物种的性质。5% Pt-W/ZSM-5 催化剂的热催化活性最好，其转换率是纯相材料的 10 倍。在 50h 的循环实验测试后，Pt-W/ZSM-5 催化剂仍能保持其催化性能。

5.3.3 乙烯

在低温条件下，乙烯通常会从水果、蔬菜和鲜花中释放出来，它会加速植物的成熟。Yang 等[16]报道了 F 增强 Pt/ZSM-5 催化剂在乙烯低温催化氧化中的应用。在25℃条件下，低载量的 Pt/F-ZSM-5（0.5%）催化剂可实现乙烯（100ppm）100% 的催化转换，性能的显著提升归属于分子筛改性后布朗斯特酸性和耐水性的明显增强。为了降低催化剂在乙烯氧化过程中的成本，该工作详细探究了 Ag/沸石催化剂在乙烯氧化过程中的性能。结果表明，Ag/沸石表面丰富的布朗斯特酸位点在乙烯催化氧化过程中起着重要作用。当水吸附在沸石的布朗斯特酸位点后，Ag/沸石催化剂逐渐失活，Ag/沸石催化剂的疏水性也有助于催化过程。因此，Ag/沸石催化剂中布朗斯特酸位点和疏水性的平衡是设计更好的乙烯氧化催化剂的关键因素之一。

5.4 热催化去除苯类 VOCs

芳香族化合物如苯、甲苯和乙苯广泛存在于石化产品中。因此，化石燃料的不完全燃烧会向大气中释放大量的芳香族化合物。芳香族化合物不仅具有毒性和致癌性，而且对臭氧层造成严重破坏，产生光化学烟雾，具有诱变危害。这些化合物也用于各种产品，如石油化工、油漆、医药和洗涤剂。通常用于油漆、稀释剂、胶、黏合剂、漆和油墨的芳香族溶剂被列为优先污染物。接触低浓度的芳香挥发性有机化合物时，会导致虚弱、恶心、食欲降低、记忆丧失、疲劳和失明。吸入大量芳香族化合物会导致意识不清、头晕甚至死亡。饮用水中芳香族化合物的最大安全限度为 1mg/L，空气中为 200ppm。目前对甲苯的处理方法主要有吸附[17,18]、催化氧化[19] 等方法。一般来说，热催化氧化法由于具有无二次污染、能源成本低等优点而广泛应用于甲苯的去除。

5.4.1　苯

He 等成功构筑了 Pd/ZSM-5 催化剂并对热催化氧化苯的反应性能和动力学进行了研究。结果表明苯的转化率随着苯浓度的增加而降低。这可能是因为苯分子与氧竞争吸附在活性位点上，在较高的苯浓度下吸附较多芳香族化合物，而表面氧浓度含量较低[20]。最近，Huang 等报道了利用沸石基催化剂进行臭氧催化氧化苯的相关研究。在 ZSM-5 沸石上高度分散了 Mn、Co、Ni、Cu、Zn 和 Ce 等一系列金属氧化物。其中，MnO_2/ZSM-5 在室温[26] 条件下对苯转化率为 100%，CO_2 选择性为 84.7%，与 Einaga 等报道的 MnO_2/Y 催化剂的结果吻合较好。EXAFS 研究表明，Mn 氧化物作为活性成分高度分散在沸石载体上，从而促进臭氧催化氧化苯[21]。

5.4.2　甲苯

Feng 等[22] 采用浸渍法制备了 Sr 掺杂 Co/CeO_2 催化剂。通过各种技术研究了催化剂的物理和化学性质，并在固定反应床中评估了甲苯的催化氧化活性。Sr 可以作为结构促进剂，增大杂化材料的比表面积，减小其晶粒尺寸，使钴具有高度的分散性。在长时间的甲苯催化氧化测试过程中，催化剂亚表面层中的氧是不断消耗的。因此，Sr 作为一种电子促进剂，影响 Ce 和 Co 元素的局域电子态和氧化还原性质，从而增强氧的活化能力和迁移率。甲苯的降解过程包括苯环与甲基的 C—C 键断裂，生成醇盐、羰基化合物和羧酸盐等中间物种，最终被分解为 CO_2 和 H_2O。Zhang 等采用湿浸渍法制备了一系列不同 Pt 载量的 Pt/UiO-66 催化剂[23]。通过甲苯燃烧实验考察了它们的催化性能。研究发现 0.5 P-U-H 的催化效率最高。同时，通过一系列的性能测试和表征，发现催化剂对水具有良好的耐受性和催化稳定性。值得注意的是，在重复使用性测试中，催化性能逐渐提高。XPS、UV-vis 等表征结果表明，催化剂遵循 Mars-van Krevelen 反应机理，反应过程中 Pt^0 和 PtO 之间存在相变。经过长时间的反应，这种相变最终稳定下来，Pt^0-PtO 协同催化机理促进了催化性能的提高。通过甲苯-TPD、甲苯-TPSR 和 in-situ DRIFTS 实验揭示了甲苯催化氧化的反应机理。甲苯迅速转化为苯甲醛，然后苯甲醛催化氧化为五元环酸酐，最后分解成 CO_2 和 H_2O。与前人的研究相比，本工作首次成功地将 Pt 纳米颗粒加载到 UiO-66 上进行甲苯催化氧化，获得了良好的催化性能。同时，本工作在前人研究的基础上，进一步详细解释了 Pt^0-PtO 协同催化机理。

5.4.3　二甲苯

二甲苯的分子直径较大,通常需要构筑贵金属负载大孔沸石催化剂(如 Y 和 Beta)对二甲苯进行热催化氧化。Guisnet 等详细研究了 0.2% Pd/HY 催化剂对二甲苯的热催化氧化性能[24]。此外,研究表明表面积碳在低温(<200℃)下由芳烃和含氧化合物构成。当温度高于 200℃ 时,积碳中会出现非常多芳烃化合物,这主要是由于含氧芳香族化合物的转化。之后,他们制备了一系列不同 Pd 负载含量和表面酸位点的 Pd/HY 催化剂。二甲苯热催化氧化性能表明,二甲苯氧化速率随 Pd 含量的增加而增大,丰富的表面酸位点使反应速度更快,生成的积碳更少。

5.5　热催化去除 VOCs 催化剂的分类

热催化去除 VOCs 的催化剂可分为三类:①贵金属催化剂;②非贵金属氧化物催化剂;③混合金属催化剂。非贵金属氧化物催化剂具有廉价和耐中毒的特点,但与负载型贵金属催化剂相比,它们在 VOCs 氧化方面的稳定性和效率较低。通常,将活性金属氧化物沉积在热稳定性好、比表面积大的载体上。常用的载体主要有 Al_2O_3、ZrO_2、CeO_2、SiO_2、TiO_2、SnO_2、CuO、Fe_2O_3、La_2O_3、MgO、蒙脱石、沸石、碳基材料。此外,碳纳米管、氮化硼纳米管和高岭土纳米管作为载体的一些典型案例也被相继报道[25-33]。

5.5.1　贵金属催化剂

贵金属催化剂最常见的载体材料是陶瓷或蜂窝形的金属材料。贵金属催化剂价格昂贵,容易在 VOCs 热催化反应过程中烧结或中毒而失活。此外,它们在氯化物体系中也不太稳定。不同载体上的贵金属催化剂的热催化性能取决于制备方法、前驱体类型、粒径、金属负载、VOCs 浓度、反应器类型和总体气体流量。氧化物的生成热越大,催化剂的活性就越低。贵金属催化剂在丙烯催化氧化性能测试中,总反应速率随氧压力的增大而增大,随烯烃压力的减小而减小。对于 Rh 和 Ir,氧化速率随烯烃压力增大而增大,随氧浓度减小而减小。Ru 催化剂的氧化速率随氧压力的增加而增加,但与烯烃压力无关[34,35]。

1. Au 催化剂

研究表明,Au 催化剂比 Pd/Pt 催化剂具有更高的氧化活性。对于芳香烃类 VOCs 热催化氧化,Au 催化剂的反应温度为 190~400℃[36-38]。此外,Au 催化剂具有不易因表面形成积碳而失活的特点。Au 催化剂的制备方法至关重要,因为其催化活性高度依赖于颗粒的大小和载体的类型。VOCs 氧化催化反应的机理因载体材料的类型而异。同时,Au 颗粒是 VOCs 的活性中心,其催化性能受 Au 颗粒大小、分布、形状和氧化状态的影响。许多报告强调了载体的作用,并描述了各种载体,如铝、钛和二氧化硅等。此外,研究表明载体类型和贵金属分散度对 VOCs 催化氧化的活性有重要影响。因此,提高颗粒分散度有利于增强 Au 基催化剂对 VOCs 的催化氧化性能。通过沉淀法和共沉淀法等多种方法制备 Au 基催化剂,以增加 Au 颗粒的分散性。沉积–沉淀法可以制备尺寸为 4～8nm 的颗粒[39]。Carabineiro 等[40]认为,Au 催化剂中的金属具有提高载体还原性和催化反应性能的作用。催化剂的性能通过增加晶格和载体表面之间的氧交换而增强。氧化态为 Au^{3+} 的 Au/Y_2O_3 催化剂催化活性较低。Li 等研究了 $LaCoO_3$ 负载在三维有序微孔材料(3DOM)上的甲苯氧化反应特性。与纯相 $LaCoO_3$ 催化剂相比,Au 基 3DOM $LaCoO_3$ 催化剂具有孔径均匀、表面厚度均匀、Au 分散度高等特点。此外,载体表面氧的存在促进活性氧的生成,促进了甲苯热催化性能的提升[41]。

2. Ag 催化剂

VOCs 热催化转换一般在 250～350℃ 的温度范围进行。然而,与其他贵金属或过渡金属催化剂相比,Ag 催化剂在该温度范围内对芳香烃化合物的催化活性较低。Baek 等利用 Ag 沸石催化剂分析了 Ag 催化剂在 VOCs 催化氧化过程中的特性。随着 Ag 含量的增加,Ag 纳米颗粒的数量也明显增加,从而导致催化活性的增加。然而,当 Ag 含量过度增加时,活性位点的数量受到催化剂晶体尺寸的限制,比表面积和空隙率降低。因此,VOCs 催化氧化性能明显下降。Zhou 等将 Cu-Mn-Ag 催化剂浸渍在堇青石载体上并应用到甲苯的催化氧化性能测试中[42]。当 Ag 含量为 21.2% 时,催化剂活性最高。当继续增加 Ag 含量时,活性中心在载体表面逐渐积聚,导致甲苯催化氧化性能明显下降。

3. Pd 催化剂

与 Pt 基催化剂相比,Pd 基催化剂用于 VOCs 燃烧反应的温度范围略高,为 200～300℃。Pd 催化剂的活性相为 Pd^0,Pd 的氧化状态影响催化剂的活性。因此,有报道称 VOC 的燃烧活性高度依赖于催化剂中 Pd 的含量[43,44]。虽然 Pd 物种的化学状态是影响催化活性的一个重要因素,但对这种影响存在争议。Dégé 等证实,Pd 含量对 VOC 的氧化活性有较大影响,催化剂的表面积、粒径、颗粒分散度、载体等也会影响催化剂的活性[44]。此外,结果表明,低温下生成的焦炭含量与作为载体的沸石的酸性(即硅铝比的变化)有关。对于邻二甲苯(C_8H_{10})的氧化,沸石的酸度越高,结焦率越高。在相同的温度下,Pd 含量的增加对抑制焦炭的生成也有一定的作用。在甲苯燃烧过程中,Pd 基催化剂的稳定性高于 Pt 基催化剂(活性炭纤维载体中浸渍了 3.86wt% 的 Pt 或 Pd),有利于循环有机化合物的燃烧[45]。Weng 等提出金属 Pd 在 $Pd/MgO-Al_2O_3$ 催化剂体系中具有较高的氧化活性。通过 XPS 分析新催化剂、加氢处理催化剂和废催化剂在甲苯反应后的氧化状态。经氢气处理后,催化剂的 Pd^{2+} 增加,表明形成了 Pd^{2+}/Pd^0 对,有助于甲苯氧化活性[46]。同时,部分金属钯被氧化为 Pd^{2+},并在碳氢化合物的辅助下以还原的形式进行反应。对于 Pd^0、Pd^{2+} 或混合 Pd^{2+}/Pd^0 态,Pd^0 为 VOCs 提供更多的可吸附活性位点,有助于提高反应速率,而 Pd^{2+} 在 VOCs 燃烧中发挥作用[47,48]。

4. Pt 催化剂

Pt 基催化剂是催化氧化环烃类化合物最有效的贵金属,在 150～350℃ 的温度范围内对芳香烃 VOCs 的催化氧化活性最好[49,50]。由于 Pt 基催化剂中 Pt 与载体的弱相互作用,浸渍后各组分的物理/化学性能保持不变。因此，载体的性质影响 Pt 的沉积和分散，最终影响催化剂的耐久性和抗中毒性能。由于 Pt 金属催化剂容易与载体的氧化部位结合，可以通过酸处理或空气氧化来活化催化剂，从而提高 Pt 分散性。催化剂载体类型和形状对催化剂的 VOCs 氧化活性有很大影响。催化剂的形状决定了表面氧空位对吸附氧和促进催化氧化性能的重要作用。Pitkäaho 等证实，在 Pd/CeO$_2$/γ-Al$_2$O$_3$ 催化剂中加入 Pt 可以改善多种 VOCs 氧化时活性氧不足的缺点[51]。Peng 等[52] 构筑了 Pt 负载不同晶体尺寸的 CeO$_2$ 催化剂。通过控制载体表面的暴露度，优化了 Pt/CeO$_2$ 催化剂的甲苯催化氧化性能，并对 CeO$_2$ 在催化过程中的重要作用进行了研究。近年来，关于氯代挥发性有机化合物（CVOCs）燃烧的研究越来越多。研究结果表明，Pt/Al$_2$O$_3$ 催化剂的燃烧活性优于 Pt/TiO$_2$、Pt/CeO$_2$ 和 Pt/MgO 催化剂。这是因为当 Al$_2$O$_3$ 作为载体时，Pt 的粒径小于 1.2nm。Pt 纳米颗粒可以有效增加催化剂表面的强酸位点数，减少催化剂表面的弱酸位点数。酸位点数的增多有利于增强 VOCs 与催化剂表面的吸附强度。

综上所述，关于 VOCs 在贵金属上氧化的研究多采用 TiO$_2$、CeO$_2$、Al$_2$O$_3$、ZrO$_2$ 等为载体的 Pt 或 Pd 基催化剂。特别是 Pd 基催化剂在氯代挥发性有机化合物的催化氧化中具有优异的耐久性。同时，也有研究者报道，Pt 和 Pd 的组合比单一金属催化剂具有更高的 VOCs 氧化效率。在贵金属催化剂上的氧化反应中，挥发性有机化合物和载体的组成不同，催化性能也不同。因此，应根据其应用情况选择主催化剂，如反应温度、VOCs 浓度和成分。

5.5.2　非贵金属氧化物催化剂

1. 氧化物催化剂

作为催化剂的活性部分，非贵金属氧化物比贵金属便宜，由于其高效和稳定的热催化性能，也常用于去除挥发性有机化合物。据报道，最有效的金属是 V、Cr、Mn 和 Ce[53-58]。其他金属，如 Fe、Co 和 Mo 也有相关报道，但它们作为单一金属氧化物的催化性能相对较差。上述金属氧化物的催化性能一般不如贵金属基催化剂，但混合金属氧化物有可能达到与贵金属相当的催化效率。

2. V 基催化剂

V 基催化剂主要通过湿化学法制备，在所选载体上实现一定含量的钒负载。该金属主要用于 CVOCs 的去除。Krishnamoorthy 等构筑了不同 V$_2$O$_5$ 载量的 V$_2$O$_5$/TiO$_2$ 催化剂并应用于二氯苯（600ppm）的热催化氧化测试[59]。结果表明，金属负载量的增加提高了催化剂的活性。在 470℃ 的条件下，5.8% V$_2$O$_5$/TiO$_2$ 催化剂 2h 可实现二氯苯 90% 的高效转换，并且该催化剂在 100h 内表现出良好的稳定性。同时，VO$_x$/TiO$_2$ 催化剂也被成功构筑并应用于热催化去除苯（100ppm，GHSV 37000h^{-1}）。该催化剂在 300℃ 时可脱除 60% 左右的苯。然而，在相同温度下，酸化 TiO$_2$ 的氧化钒可实现 95% 以上的转化率，在 300℃ 以上时达到 100% 的转化率。因此，催化活性与钒-载体相互作用有关，这种相互作用会影响 V 的氧化还原特性，从而导致较低的活化能。XRD 结果表明，不同载体会产生不同程度的活性分散，TiO$_2$ 负载的催化剂表现出分散良好的单层活性相,而其他载体如 Al_2O_3,尤其是 SiO_2 往往会形成分散性差的微晶相,随之降低催化活性。

3. Cr 基催化剂

Cr 基催化剂被广泛应用于氯代和非氯代 VOCs 热催化去除。Krishnamoorthy 等报道,Cr 基催化剂对 VOCs 热催化去除具有高活性,可以在 280℃ 左右(空速 25000h^{-1} 时为 600ppm)将二氯苯完全分解。FTIR 分析表明,Cl 从催化剂表面脱除并被氧取代是通过亲核机制发生的,这可能受载体性质的影响[60]。实验表明,Cl 去除是反应的第一步,其次是芳香环的吸附和随后的氧化。不同载体(TiO_2/Al_2O_3),表明金属-氧-支撑键是该降解反应的关键。Bertinchamps 等构筑的 TiO_2/Cr_2O_3 催化剂在 250℃ 时实现了 100ppm 苯完全转换[61]。研究结果表明,Cr_2O_3 在 TiO_2 上具有良好的分散性。考虑到 Cr 在低温条件下可以很好地去除各种 VOCs 化合物,但 Cr 基催化剂的使用仍然受其高毒性和泄漏相关的环境问题的限制,需要进行更多的测试来确定这些催化剂的热稳定性和耐久性,因为这些因素可能会限制它们的工业应用。

4. 石墨烯和氧化石墨烯

石墨烯和氧化石墨烯(GO)被认为是一种高效的吸附气态 VOCs 的催化剂,其优点包括高比表面积、稳健的孔隙结构、高化学稳定性和高热稳定性[62]。近年来,石墨烯/氧化石墨烯与各种金属氧化物(包括 TiO_2、WO_3、SnO_2 和 CO_3O_4 等)结合,以提高 VOCs 去除效率的研究取得了很大的进展。

Zhang 等[63]通过简单的水热法制备了 TiO_2/石墨烯纳米复合材料。该纳米复合材料对苯的降解效率明显优于 TiO_2,并且具有较高的催化稳定性。此外,石墨烯基复合材料的结构对催化效率有很大的影响。Roso 等[64]比较了三种石墨烯基助催化剂(氧化石墨烯、还原氧化石墨烯和少层石墨烯)在甲醇催化降解中的性能研究。其中,还原氧化石墨烯降解甲醇的性能最好,降解率最高。

5.5.3　混合金属催化剂

一般情况下,单一金属氧化物催化剂对 VOCs 的去除效率低于贵金属催化剂。金属氧化物催化剂的高效 VOCs 催化性能可以通过结合两种或两种以上的氧化物来获得。一般情况下,VOCs 热催化复合氧化物包括 Mn-Ce 氧化物、Mn-Cu 氧化物、Co-Ce 氧化物、Sn-Ce 氧化物、Mn-Co 氧化物和 Ce-Cu 氧化物[65,66]。研究表明,VOCs 氧化的决速步骤是由金属氧化物脱氧速率决定的,表明金属氧化物的还原性在催化过程中是至关重要的。金属氧化物的还原性可以通过添加第二种阳离子来改善,即使用混合金属氧化物。金属氧化物(如镍、铜和钒)大大提高了 CeO_2 催化剂的活性。同时,高催化活性与 CeO_2 的双重氧化态(Ce^{3+} 和 Ce^{4+})有关,这有助于氧气在催化剂中的储存和释放。例如,CeO_2 催化剂实现了 90% 的三氯乙烯转化,但由于吸附 HCl 和 Cl_2,其热稳定性不高,并在几小时内失活[67]。然而,CeO_2 与其他金属结合可以提高其储氧能力、热稳定性,催化活性。CeO_2-CrO_x 混合催化剂在热催化氧化各种卤化 VOCs 方面表现出优异的性能。Yang 等[68]发现,由于 CeO₂ 和 CrOₓ 之间良好的协同作用,强氧化能力的 Cr⁶⁺ 物种和氧缺陷的形成促进了催化转换的进行。Li 等[69]研究了 MnOₓ-TiO 和 MnOₓ-TiO₂-SnOₓ 催化剂去除氯苯氧化。两种催化剂均表现出优异的催化性能,在 180℃ 以下转化率均达到 90%。MnOₓ-TiO₂-SnOₓ 的稳定性高于 MnOₓ-TiO₂,说明 Sn 的加入提高了 Mn-Ti 氧化物的稳定性。因此,Mn 是混合催化剂的活性部分,Sn 对活性的影响最小。Sn 作为添加剂,增加了催化剂的稳定性。

热催化氧化被认为是一种能够非常有效地减少各种行业排放 VOCs 的途径。本章对贵金属、非贵金属氧化物、钙钛矿、尖晶石和双功能吸附剂等不同类型的催化剂进行了综述。催化剂中活性元素的类型、粒径以及载体的性质(包括孔隙度和酸碱性质)对催化性能有不同程度的影响。结果表明,在亲水表面的催化剂上加水可以抑制 VOCs 的氧化,因为水分可以掩盖其反应性;从这个角度来看,疏水支撑剂可能是一种选择。在贵金属基催化剂上添加额外的掺杂剂或促进剂,如 Ce、Fe 和 Mn,由于其更大的储氧容量,可以提高催化活性。此外,还简要讨论了氯中毒和焦炭形成的影响。

日益严格的 VOCs 排放标准为 VOCs 催化控制技术带来了新挑战,需要设计更稳定、更高效的催化剂。未来几年的研究策略主要集中在以下三个方面:

①重点研究催化剂的构效关系、反应机理、催化剂的稳定性以及避免催化剂中毒的解决方案。

②对任意的反应器设置进行 VOCs 去除效率的建模和预测,可用于特定应用的最佳反应器类型的选择。

③探索多相催化与等离子体等辅助工艺的耦合技术,以更经济有效的方式提高 VOCs 去除效率。

参 考 文 献

[1] He C,Cheng J,Zhang X,et al. Recent advances in the catalytic oxidation of volatile organic compounds:A review based on pollutant sorts and sources[J]. Chem. Rev. ,2019,119:4471-4568.

[2] Guo Y,Wen M,Li G,et al. Recent advances in VOC elimination by catalytic oxidation technology onto various nanoparticles catalysts:A critical review[J]. Appl. Catal. B Environ. ,2021,281:119447.

[3] Cao X,Sparling M,Dabeka. Occurrence of 13 volatile organic compounds in foods from the Canadian total diet study[J]. Food Addit. Contam. A. ,2016,33(2):373-382.

[4] Parthasarathy G,El-Halwagi M. Optimum mass integration strategies for condensation and allocation of multi-component VOCs[J]. Chem. Eng. Sci. ,2000,55(5):881-895.

[5] Álvarez-Galván M,Pawelec B,Vadlp O,et al. Formaldehyde/methanol combustion on alumina-supported manganese-palladium oxide catalyst[J]. Appl. Catal. B Environ. ,2004,51:83-91.

[6] Xu Q,Zhang Y,Mo J,et al. Indoor formaldehyde removal by thermal catalyst:Kinetic characteristics,key parameters,and temperature influence[J]. Environ. Sci. Technol. ,2011,45:5754-5760.

[7] Liu P,Wei G,He H,et al. The catalytic oxidation of formaldehyde over palygorskite-supported copper and manganese oxides:Catalytic deactivation and regeneration[J]. Appl. Surf. Sci. ,2019,464:287-293.

[8] Yan Z,Yang Z,Xu Z,et al. Enhanced room-temperature catalytic decomposition of formaldehyde on magnesium-aluminum hydrotalcite/boehmite supported platinum nanoparticles catalyst[J]. J. Colloid Interf.

Sci. ,2018,524:306-312.

[9] Wang J,Li J,Zhang P,et al. Understanding the "seesaw effect" of interlayered K$^+$ with different structure in manganese oxides for the enhanced formaldehyde oxidation[J]. Appl. Catal. B Environ. ,2018,224:863-870.

[10] Wang C,Liu H,Chen T,et al. Synthesis of palygorskite-supported $Mn_{1-x}Ce_xO_2$ clusters and their performance in catalytic oxidation of formaldehyde[J]. Appl. Clay. Sci. ,2018,159:50-59.

[11] Singh M,Kishore K. Investigating oxidation of formaldehyde over Co_3O_4 nanocatalysts at moderate temperature [J]. Ori. J. Chem. ,2018,34:1387-1392.

[12] Rong S,Li K,Zhang P,et al. Potassium associated manganese vacancy in birnessite-type manganese dioxide for airborne formaldehyde oxidation[J]. Catal. Sci. Technol. ,2018,8:1799-1812.

[13] Kucherov A,Hubbard C,Kucherova T,et al. Stabilization of the ethane oxidation catalytic activity of Cu-ZSM-5[J]. Appl. Catal. B Environ. ,1996,7:285-298.

[14] Garetto T,Rincon E,Apesteguía C. Deep oxidation of propane on ptsupported catalysts:Drastic turnover rate enhancement using zeolite supports[J]. Appl. Catal. B-Environ. ,2004,48:167-174.

[15] Zhu Z,Lu G,Zhang Z,et al. Highly active and stable Co_3O_4/ ZSM-5 catalyst for propane oxidation:Effect of the preparation method[J]. ACS Catal. ,2013,3:1154-1164.

[16] Yang H,Ma C,Wang G,et al. Fluorineenhanced Pt/ZSM-5 catalysts for low temperature oxidation of ethylene [J]. Catal. Sci. Technol. ,2018,8 :1988-1996.

[17] Zhang X,Gao B,Creamer A,et al. Adsorption of VOCs onto engineered carbon materials:A review[J]. J. Hazard. Mater. ,2017,338:102-123.

[18] Ji W,Shen T,Kong J,et al. Synergistic performance between visible-light photocatalysis and thermocatalysis for VOCs oxidation over robust Ag/F- codoped $SrTiO_3$ [J] . Ind. Eng. Chem. Res. , 2018, 57, 38: 12766-12773,

[19] Wu P,Jin X,Qiu Y,et al. Recent progress of thermocatalytic and photo/thermocatalytic oxidation for VOCs purification over manganese-based oxide catalysts[J]. Environ. Sci. Technol. ,2021,55,8:4268-4286.

[20] He C,Li P,Cheng J,et al. A comprehensive study of deep catalytic oxidation of benzene,toluene,ethyl acetate,and their mixtures over Pd/ZSM-5 catalyst:Mutual effects and kinetics[J]. Water Air Soil Pollut. , 2010,209:365-376.

[21] Einaga H,Teraoka Y,Ogat A. Benzene oxidation with ozone over manganese oxide supported on zeolite catalysts[J]. Catal. Today,2011,164:571-574.

[22] Feng X,Guo J,Wen X,et al. Enhancing performance of Co/CeO_2 catalyst by Sr doping for catalytic combustion of toluene[J]. Appl. Surf. Sci. ,2018,445:145-153.

[23] Yang Y,Zhang D,Ji W,et al. Uniform platinum nanoparticles loaded on universitetet i Oslo-66 (UiO-66): Active and stable catalysts for gas toluene combustion[J]. Journal of Colloid and Interface Science,2022, 606:1811-1822.

[24] Guisnet M,Dege P,Magnoux P. Catalytic oxidation of volatile organic compounds:Oxidation of xylene over a 0. 2 wt% Pd/HFAU(17) catalyst[J]. Appl. Catal. B Environ. ,1999,20:1-13.

[25] Liu P,Wei G,He H,et al. The catalytic oxidation of formaldehyde over palygorskite- supported copper and manganese oxides:Catalytic deactivation and regeneration[J]. Appl. Surf. Sci. ,2019,464:287-293.

[26] Yan Z, Yang Z, Xu Z, et al. Enhanced room- temperature catalytic decomposition of formaldehyde on magnesium- aluminum hydrotalcite/boehmite supported platinum nanoparticles catalyst [J] . J Colloid Interf. Sci. ,2018,524:306-312.

[27] Wang J,Li J,Zhang P,et al. Understanding the "seesaw effect" of interlayered K$^+$ with different structure in

manganese oxides for the enhanced formaldehyde oxidation[J]. Appl. Catal. B Environ. ,2018,224:863-870.

[28] Wang C,Liu H,Chen T,et al. Synthesis of palygorskite-supported $Mn_{1-x}Ce_xO_2$ clusters and their performance in catalytic oxidation of formaldehyde[J]. Appl. Clay. Sci. ,2018,159:50-59.

[29] Singh M,Kishore K. Investigating oxidation of formaldehyde over Co_3O_4 nanocatalysts at moderate temperature [J]. Ori. J. Chem. ,2018,34:1387-1392.

[30] Rong S,Li K,Zhang P,et al. Potassium associated manganese vacancy in birnessite-type manganese dioxide for airborne formaldehyde oxidation[J]. Catal. Sci. Technol. ,2018,8:1799-1812.

[31] Mei J,Shao Y,Lu S,et al. Synthesis of Al_2O_3 with tunable pore size for efficient formaldehyde oxidation degradation performance[J]. J. Mater. Sci. ,2018,53:3375-3387.

[32] Lv T,Peng C,Zhu H,et al. Heterostructured $Fe_2O_3@SnO_2$ core-shell nanospindles for enhanced room-temperature HCHO oxidation[J]. Appl. Surf. Sci. ,2018,457:83-92.

[33] Luo D,Chen B,Li X,et al. Three-dimensional nitrogen-doped porous carbon anchored CeO_2 quantum dots as an efficient catalyst for formaldehyde oxidation[J]. J. Mater. Chem. A,2018,6:7897-7902.

[34] Minicò S,Scirè S,Crisafulli C,et al. Catalytic combustion of volatile organic compounds on gold/iron oxide catalysts[J]. Appl. Catal. B Environ. ,2000,28:245-251.

[35] Centeno M,Paulis M,Montes M,et al. Catalytic combustion of volatile organic compounds on $Au/CeO_2/Al_2O_3$ and Au/Al_2O_3 catalysts[J]. Appl. Catal. A Gen. ,2002,234:65-78.

[36] Scirè S,Minicò S,Crisafulli C,et al. Catalytic combustion of volatile organic compounds on gold/cerium oxide catalysts[J]. Appl. Catal. B Environ. ,2003,40:43-49.

[37] Bhardwaj R,Selamneni V,Thakur U,et al. Detection and discrimination of volatile organic compounds by noble metal nanoparticle functionalized MoS_2 coated biodegradable paper sensors[J]. New. J. Chem. ,2020,44(38):16613-16625.

[38] Barakat T,Idakiev V,Cousin R,et al. Total Oxidation of toluene over noble metal based Ce,Fe and Ni doped titanium oxides[J]. Appl. Catal. B Environ. ,2014,146:138-146.

[39] Nevanperä T,Pitkäaho S,Keiski R. Oxidation of dichloromethane over Au,Pt,and Pt-Au containing catalysts supported on γ-Al_2O_3 and CeO_2-Al_2O_3[J]. Molecules,2020,25:4644.

[40] Carabineiro S,Chen X,Martynyuk O,et al. Gold supported on metal oxides for volatile organic compounds total oxidation[J]. Catal. Today,2015,244:103-114.

[41] Li X,Dai H,Deng J,et al. Au/3DOM $LaCoO_3$:High performance catalysts for the oxidation of carbon monoxide and toluene[J]. Chem. Eng. J. ,2013,228:965-975.

[42] Zhou J,Wu D,Jiang W,et al. Catalytic combustion of toluene over a copper-manganese-silver mixedoxide catalyst supported on a washcoated ceramic monolith[J]. Chem. Eng. Technol. ,2009,32:1520-1526.

[43] Guisnet M,Dégé P,Magnoux P. Catalytic oxidation of volatile organic compounds I:Oxidation of xylene over a 0.2 wt% Pd/HFAU(17) catalyst[J]. Appl. Catal. B-Environ. ,1999,20:1-13.

[44] Dégé P,Pinard L,Magnoux P,et al. Catalytic oxidation of volatile organic compounds:II. Influence of the physicochemical characteristics of Pd/HFAU catalysts on the oxidation of O-xylene[J]. Appl. Catal. B Environ. ,2000,27,17-26.

[45] Liu Z,Chen J,Peng Y. Activated carbon fibers impregnated with Pd and Pt catalysts for toluene removal[J]. J. Hazard. Mater. ,2013,256-257:49-55.

[46] Weng X,Shi B,Liu A,et al. Highly dispersed Pd/modified-Al_2O_3 catalyst on complete oxidation of toluene:Role of basic sites and mechanism insight[J]. Appl. Surf. Sci. ,2019,497:143747.

[47] He C,Li P,Cheng J,et al. Preparation and investigation of Pd/Ti-SBA-15 catalysts for catalytic oxidation of

benzene[J]. Environ. Prog. Sustain. Energy,2010,29:435-442.

[48] He C,Li J,Li P,et al. Comprehensive investigation of Pd/ZSM-5/MCM-48 composite catalysts with enhanced activity and stability for benzene oxidation[J]. Appl. Catal. B-Environ. ,2010,96:466-475.

[49] Yang K,Liu Y,Deng J,et al. Three- dimensionally ordered mesoporous iron oxidesupported single- atom platinum:Highly active catalysts for benzene combustion[J]. Appl. Catal. B-Environ. ,2019,244:650-659.

[50] Beauchet R,Magnoux P,Mijoin J. Catalytic oxidation of volatile organic compounds (VOCs) mixture (isopropanol/o-xylene) on zeolite catalysts[J]. Catal. Today,2007,124:118-123.

[51] Pitkäaho S,Nevanperä T,Matejova L,et al. Oxidation of dichloromethane over Pt,Pd,Rh,and V_2O_5 catalysts supported on Al_2O_3, Al_2O_3-TiO_2 and Al_2O_3-CeO_2[J]. Appl. Catal. B-Environ. ,2013,138-139:33-42.

[52] Peng R,Sun X,Li S,et al. Shape effect of Pt/CeO_2 catalysts on the catalytic oxidation of toluene[J]. Chem. Eng. J. ,2016,306:1234-1246.

[53] Liu F,Rong S,Zhang P,et al. One- step synthesis of nanocarbon- decorated MnO_2 with superior activity for indoor formaldehyde removal at room temperature[J]. Appl. Catal. B-Environ. ,2018,235:158-167.

[54] Jiang X,Li X,Wang J,et al. Three- dimensional Mn- Cu- Ce ternary mixed oxide networks prepared by polymer- assisted deposition for HCHO catalytic oxidation[J]. Catal. Sci. Technol. ,2018,8:2740-2749.

[55] Huang Q,Lu Y,Si H,et al. Study of complete oxidation of formaldehyde over MnO_x- CeO_2 mixed oxide catalysts at ambient temperature[J]. Catal. Lett. ,2018,148(9):2880-2890.

[56] Fang R,Huang H,Ji J,et al. Efficient MnO_x supported on coconut shell activated carbon for catalytic oxidation of indoor formaldehyde at room temperature[J]. Chem. Eng. J. ,2018,334:2050-2057.

[57] Fang R,Feng Q,Huang H,et al. Effect of K^+ ions on efficient room- temperature degradation of formaldehyde over MnO_2 catalysts[J]. Catal. Today,2018,327:154-160.

[58] Fan Z,Shi J,Zhang Z,et al. Promotion effect of potassium carbonate on catalytic activity of Co_3O_4 for formaldehyde removal[J]. J. Chem. Technol. Biot. ,2018,93(12):3562-3568.

[59] Krishnamoorthy S,Baker J,Amiridis M. Catalytic oxidation of 1,2- dichlorobenzene over V_2O_5/TiO_2- based catalysts[J]. Catal. Today,1998,40(1):39-46.

[60] Krishnamoorthy S,Rivas J,Amiridis M. Catalytic oxidation of 1,2- dichlorobenzene over supported transition metal oxides[J]. J. Catal. ,2000,193(2):264-272.

[61] Bertinchamps F,Gregoire C,Gaigneaux E. Systematic investigation of supported transition metal oxide based formulations for the catalytic oxidative elimination of (chloro)-aromatics—part I:Identification of the optimal main active phases and supports[J]. Appl. Catal. B-Environ. ,2006,66(1-2):1-9.

[62] Samaddar P,Son Y,Tsang D,et al. Progress in graphene- based materials as superior media for sensing, sorption,and separation of gaseous pollutants[J]. Coord. Chem. Rev. ,2018,368:93-114.

[63] Zhang Y,Tang Z,Fu X,et al. TiO_2- graphene nanocomposites for gas- phase photocatalytic degradation of volatile aromatic pollutant:Is TiO_2- graphene truly different from other TiO_2- carbon composite materials? [J]. ACS Nano,2010,4:7303-7314.

[64] Roso M,Boaretti C,Pelizzo M,et al. Nanostructured photocatalysts based on different oxidized graphenes for VOCs removal[J]. Ind. Eng. Chem. Resour. ,2017,56:9980-9992.

[65] Delimaris D,Ioannides T. VOC oxidation over MnO_x- CeO_2 catalysts prepared by a combustion method[J]. Appl. Catal. B Environ. ,2008,84(1-2):303-312.

[66] Delimaris D,Ioannides T. VOC oxidation over CuO- CeO_2 catalysts prepared by a combustion method[J]. Appl. Catal. B Environ. ,2009,89(1-2):295-302.

[67] Delaigle R,Debecker D,Bertinchamps F,et al. Revisiting the behaviour of vanadia- based catalysts in the

abatement of (chloro) - aromatic pollutants:Towards an integrated understanding[J]. Top. Catal. ,2009,52, 501-516.

[68] Yang P, Shi Z, Yang S, et al. High catalytic performances of CeO_2 - CrO_x catalysts for chlorinated VOCs elimination[J]. Chem. Eng. Sci. ,2015,126:361-369.

[69] Li J, Zhao P, Liu S, et al. SnO_x - MnO_x - TiO_2 catalysts with high resistance to chlorine poisoning for low-temperature chlorobenzene oxidation[J]. Appl. Catal. A-Gen. ,2014,482:363-369.

第6章　光热协同催化材料的合成与应用

6.1　引　　言

目前,环境污染和能源短缺已成为人类生存的最大威胁,在能源消耗中,可再生能源仅占总能源的13%,其余的都是化石能源。因此,开发可利用的新型能源是未来人们关注的重点。其中,最具代表性的是光催化和热催化技术。长期以来,光催化和热催化是作为两种相互独立的催化技术应用到不同的催化体系中[1,2]。但是,单一的光催化技术反应动力主要来源于入射光给予的初始能量,为反应系统提供的能量有限,导致许多反应并不能有效地进行。相对而言,热催化是通过加热的方式为反应提供反应所需的活化能,但反应能耗较高,而且会影响产物的稳定性以及选择性[3]。基于此,设计将光催化和热催化结合,不仅能实现天然能源太阳光的高效利用,降低反应的能耗,还可通过产生的协同效应增强反应效率,改善常规单一催化体系的技术性不足,开辟一种新兴催化途径。

6.2　光热协同催化材料的设计

催化剂至少满足两个条件:一是有效的光吸收,在光照下可以产生光生载流子;二是材料本身在光热中有热响应。因此,根据光热材料的作用方式不同,目前具有光热协同作用的催化材料主要分为两大类:一是基于贵金属活性颗粒优异的热催化活性和半导体氧化物载体的光响应性能的负载型贵金属光热协同催化材料;二是兼具光响应性能和热催化活性的过渡金属氧化物型光热协同催化材料(包括单一和复合过渡金属氧化物)。

6.2.1　基于贵金属负载的光热协同催化剂的设计

与单贵金属颗粒相比,负载型的贵金属催化剂在金属颗粒尺寸、形态、理化特性、催化性能等方面具有明显的优势,被研究者重点关注。通常情况下,贵金属颗粒具有较大的功函数,将贵金属(Au、Pd、Pt、Ag等)负载到半导体表面,可以促进界面电子从半导体流向金属,有效抑制电子和空穴的复合[4],并且贵金属自身特有的表面等离子体共振效应(LSPR),可以拓宽光的响应范围,两个效应的叠加大大提高了光催化活性[5]。此外,基于LSPR和带间跃迁,在光照下产生的热电子与金属表面的声子发生相互作用,将电子的能量逐渐传递给表面的其他原子,使晶格发生振动,整体地将表面进行"加热",与此同时,热电子变回普通电子。这种热利于整个体系快速升温和半导体晶格氧活化,从而达到光热效应,如图6-1所示,在这个过程中,热电子的产率取决于局域电磁场的强度,电磁场越强,能够被分离的电

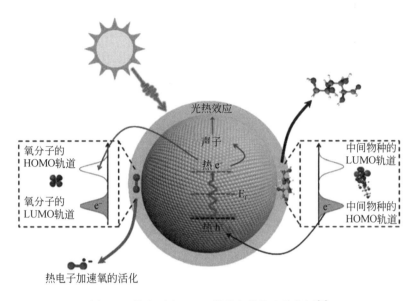

图 6-1　热电子在 LSPR 增强光催化中的作用[7]

子–空穴对越多[6,7]。通常电子–分子反应过程和载流子快速弛豫过程存在相互竞争,因此只有少量的光激发热电子可以利用[8],然而热电子的产生不仅可以有效增强反应效率,而且可以改变催化反应的途径,进而调控特定产物的分布。因此提高热电子的利用率对光热催化性能的提高具有重要意义。目前,最常用的办法就是利用半导体与金属颗粒的复合,转移 LSPR 所产生的热电子进而提高热电子的寿命[9,10]。

负载型贵金属催化剂的光热催化性能与贵金属的负载量、载体的类型等相关[11]。Jiang 等[12]报道了 $SiO_2@Pt@ZrO_2$ 在可见紫外光照射下光热协同催化氧化甲苯,考察了 Pt 负载量对光热协同催化性能的影响。研究结果表明,0.3wt% Pt 负载的 $SiO_2@Pt@ZrO_2$ 在紫外可见光照射和 150℃ 条件下,可以将 800ppm 的甲苯 1h 内完全降解,而 0.5wt% Pt 负载的 $SiO_2@Pt@ZrO_2$ 则需要更长的降解时间,这是由于 Pt 的堆叠影响了 ZrO_2 与 Pt 的接触界面。Hu 等[13]研究了不同 pH 下的 Pt 负载 TiO_2/多孔硅胶(TSO)降解乙烯的反应,发现当 pH 为 2 时,Pt 均匀分散于 TSO 表面,在紫外光照射和 90℃ 条件下,Pt(0.5%)-TSO 可以在 3min 内完全降解乙烯;而当 pH 为 6.58 时,Pt 的分散性变差,相同反应条件下,40min 内乙烯的降解率只有 80%,这表明提高贵金属的分散性能够提升光热催化性能。此外,向贵金属颗粒中加入少量其他贵金属也是提高贵金属催化剂光热性能的有效方法。Kong 等[14]考察了 PtCu/CeO_2 光热降解正戊烷的反应,发现 Cu 的引入可以减小 Pt 粒子的尺寸,而 Pt 利于 $Cu^0/Cu^{+,2+}$ 的动态平衡,这种协同作用不仅有利于光生电子的分离与迁移,而且利于活性物种的产生,进而表现出优异的光热催化性能。在不同载体 TiO_2 上获得了类似的结果[15]。除了上述几种提升负载型催化剂光热催化性能的方式,载体的选择和其物化性质的调控也极为重要。除了担载和分散贵金属活性组分,合适的载体还可增加贵金属催化剂的稳定性、选择性和活性等。对于光热催化反应来说,具有功能性的金属氧化物通常本身具有活性,其负载的贵金属催化剂具有较高的光热催化性能,因此成为负载贵金属催化剂载体的首选[16]。例如,Ji

等[17]将 F 掺杂到 SrTiO₃ 中,提高了 SrTiO₃ 对光的吸收范围和 Ag 的分散性,从而具有优异的光热催化甲苯的性能。Li 等[18]发现与 1% Pt-TiO₂ 和 rGO-TiO₂ 相比,rGO 和 TiO₂ 之间的协同作用能够增强光的吸收能力和 Pt 的分散性,从而使 1% Pt-rGO-TiO₂ 表现出更好的光热催化性能。

6.2.2 兼具光响应性能和热催化活性的过渡金属氧化物型光热协同功能材料

过渡金属氧化物具有较高的理论容量、资源储备丰富,性能多样,如优良光催化的 TiO₂、热催化性能良好的 CeO₂ 和具有高浓度氧空位的锰氧化物等,并且金属氧化物催化剂制备过程简单、价格低廉,因此过渡金属氧化物光热协同催化材料也被广泛研究。其中 TiO₂、CeO₂、锰氧化物因催化活性突出备受青睐。例如 Li 等[19,20]研究了 CeO₂、TiO₂ 光热协同催化降解苯的反应,结果表明光热条件下催化剂的活性远高于单一的 CeO₂、TiO₂ 光催化或热催化降解苯的活性。然而 TiO₂ 和 CeO₂ 的光吸收波长主要在紫外光区域,考虑到可见光及红外光占几乎 95% 的太阳光能量,开发新型高效的具有更宽光谱响应的光热催化材料就显得尤为必要。目前国内外研究人员就该方向已经在 TiO₂ 晶面控制[21-23]、界面调控[24,25]、半导体复合材料开发[26,27]等方面取得了诸多进展。本书作者课题组近年来在该领域也开展了大量的工作,包括 TiO₂ 界面强化[28-30]、CeO₂ 表面改性[31,32]、异质结的构筑等复合材料的开发和设计[33-35]。虽然这些策略实现了在可见光或全太阳光下光热催化性能高于单一的 CeO₂ 或 TiO₂ 的光或热催化活性(图 6-2),但是可见光下的量子效率还较低,同时对复合半导体的光热化学反应历程缺乏深入理解。

与 CeO₂、TiO₂ 不同,锰氧化物具有高浓度氧空位且表现出对太阳光的强烈吸收,能够有效地将吸收的太阳能转化为热能,使得催化体系温度升高,降低了外加热源的能耗。同时锰在地球上储量丰富,锰的价态种类有 +2、+3、+4、+6 和 +7,在较温和的条件下就可以实现价态间的转换[36],近年来在光热协同催化材料上也受到了关注。Zheng 等[37]通过水热法合成了三种具有不同孔道结构的锰氧化物,并应用于丙烷和丙烯的消除,发现具有大比表面积、较好的低温还原性、更多 Mn⁴⁺存在,以及合适孔道结构的锰氧化物表现出更为优异的光热协

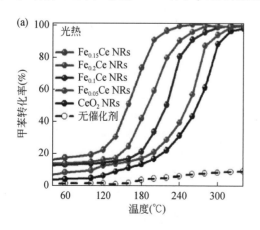
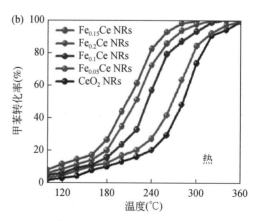

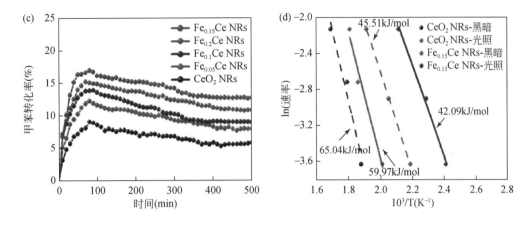

图 6-2　催化剂在不同条件下催化氧化甲苯

(a) 光热条件;(b) 热催化;(c) 30℃ 下光催化;(d) 催化剂氧化甲苯的阿伦尼乌斯曲线[32]

同催化性能。Hou 等[38]可控合成了一系列不同形貌和暴露不同晶面的 OMS-2,用于光热协同催化降解苯,发现样品的活性与其暴露的晶面有关。研究结果表明,过渡金属氧化物的光热催化性能与催化剂的形貌、晶相、缺陷浓度等物化性质有关。Yang 等[39]研究了 ε-MnO₂ 纳米片在不同吸收波长光热去除乙酸乙酯的反应,发现在 $\lambda > 420nm$ 时,ε-MnO₂ 的活性是 P25 的 8.3 倍,并且随着入射波长的红移,活性呈下降趋势。可见,光热协同催化可以有效增强金属氧化物的催化性能,并且这种强化效果与催化剂本身的性质、入射光波长、合成方法等因素相关。

6.3　光热协同催化技术的应用

6.3.1　光热协同催化在挥发性有机污染物净化中的应用

光热协同催化净化 VOCs 技术表现出比传统热催化或光催化技术更优异的净化性能而备受关注[40-47]。例如 Li 课题组[43-45]先后研究了 TiO₂ 半导体氧化物及其复合材料光热催化净化苯的反应,在加热的情况下,TiO₂ 及其复合材料的光热催化活性与室温下相同的 Hg 灯的光催化活性相比分别增加了 42.3 倍[43]和 7.3 倍[44],说明光热催化性能确实优于单独的光催化或热催化,并且之间存在一种协同效应。随后他们又对此体系进行深入探讨,通过理论计算和实验进一步研究了光热催化 VOCs 的反应机理,指出光热协同催化降解苯、甲苯和丙酮的机理符合 Mars-van Krevelen 氧化还原机理。如图 6-3 所示,即 TiO₂ 由于晶格氧参与苯的催化氧化而转变成 TiOₓ,苯则被活性氧物种氧化为 H₂O 和 CO₂,然后 TiOₓ 又被氧气重新氧化成 TiO₂。Wang 课题组[46]以 Bi³⁺ 掺杂 CeO₂ 为载体,利用红外辐射诱导低温热催化丙烷、丙烯降解反应,指出萤石结构中混合的离子、电子传导有助于改善温度升高对光子-电子转换的负面作用,使得光、热催化在耦合过程中呈现明显的协同效应,而这种协同作用不仅可以实现低温催化净化有机污染物,而且利于催化剂的循环再生[47]。

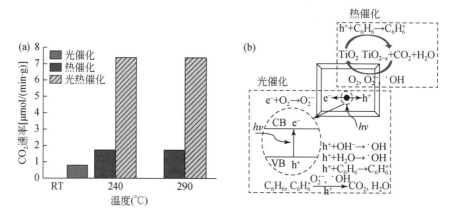

图 6-3 （a）TiO₂ 在不同条件下催化氧化苯生成 CO₂ 的速率；（b）TiO₂
在光热条件下降解苯的机理[43]

近几年来国内外许多课题组也在光热协同催化净化 VOCs 领域进行了相关研究。Ji 等[48]构建了 Z 型 Ag₃PO₄/Ag/SrTiO₃ 催化剂并考察了其光热协同催化甲苯的性能。得益于该催化剂有效的光生电子–空穴对的分离和电子的迁移、较宽的光谱响应以及强的氧化还原能力，在光热条件下，甲苯的降解率分别是光催化条件下的 3 倍、热催化条件下的 10 倍，说明有效的电荷分离和宽的响应光谱可以增强光热协同效应。Jiang 等[32]通过掺杂 Fe³⁺ 精修 CeO₂ 纳米棒表面的缺陷并应用于光热协同催化氧化甲苯，发现缺陷的引入不仅可以有效增强氧气的活化，而且可以有效抑制光生载流子的复合，从而在光热条件下表现出优于同类 CeO₂ 基催化氧化甲苯的性能。近期本书作者课题组首次关注了水分子在光热协同反应中的作用[49]，如图 6-4 所示，原料中微量水分的存在促进了光热协同催化降解 VOCs 的性能，这归因于吸附的水分子可以在光催化下生成具有强氧化性的羟基自由基，从而减缓水分子和反应物的竞争吸附。

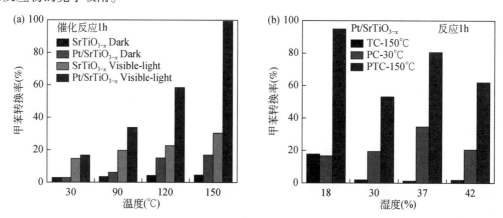

图 6-4 （a）不同温度下 SrTiO₃₋ₓ 与 Pt/SrTiO₃₋ₓ 光热催化降解甲苯 1h；（b）不同湿度下 Pt/SrTiO₃₋ₓ 在热/
可见光/光热催化降解甲苯[49]

6.3.2　光热协同催化在费托合成中的应用

费托合成反应是将煤炭、天然气、生物质等含碳资源转化成液体燃料的关键技术,是经典的热催化[50]。传统的费托合成需要在高温高压的条件下进行,并且高温反应加速积碳的生成、催化剂烧结及能源的浪费[51],如何在较温和的条件下实现费托合成是催化领域极具挑战的难题。

Yu 等[52]首次采用光热协同催化驱动费托合成(FTS)实现 CO 的高效转化后,光热协同催化驱动费托合成逐渐受到研究者关注。Wang 等[53]设计并合成了光热双重响应的 20% Co/TiO$_2$ 纳米管,发现紫外光的引入显著提高了 CO 转化率,并且增加了轻质链烷烃的选择性,这也证明光热催化具有提高 FTS 催化性能和调整产物分布的潜力。郭向云课题组[54]较系统研究了光催化费托合成,通过以石墨烯负载钌作为催化剂,引入 Xe 灯辐射后,在较低的温度下实现了 CO 的高效转化并准确地调控了产物的分布,反应活性和产物如表 6-1 所示。随后他们又考察了 Ru/石墨烯在不同条件下光热费托合成实验[55],发现引入光照能够大幅度提高活性,并且会提高 C$_{5+}$ 产物的选择性;逐渐增加光照强度,反应活性还会逐渐提高,但是产物选择性基本保持不变;此外,不同波段的光对活性也有一定影响,波长越短的光能量越高,因此激发出的电子能量较高,对应的催化活性越高,而对产物分布没有显著影响。这些发现为解决费托反应面临的高能耗、目标产物选择性差等问题提供了新思路。

表 6-1　光催化费托合成反应活性数据表[54]

实施例	催化剂	转化率 （mol$_{co}$·mol$_M$/h）	产物选择性（wt%）			
			CH$_4$	CO$_2$	C$_{2~4}$	C$_{5+}$
1	Fe/石墨烯	1.98	3.44	1.30	20.4	74.86
2	Co/SiC	1.11	1.10	0.71	21.69	76.5
3	Ni/Al$_2$O$_3$	2.36	1.26	0.99	22.04	75.71
4	Ru/SiO$_2$	6.36	3.12	1.28	20.16	75.44
5	Rh/C	4.00	2.85	1.11	23.68	72.36
6	Fe-Co/石墨烯	2.20	4.17	1.58	21.13	73.12
7	Co-Rh/SiC	1.80	3.90	1.40	19.70	75.00
8	Fe-Ru/C	1.50	6.41	1.80	21.399	70.40
9	Fe-Au/石墨烯	1.04	4.10	1.07	22.24	72.59
10	Ni-Mn/Al$_2$O$_3$	1.60	3.54	0.96	21.33	74.17
11	Ru/Ce/SiO$_2$	3.70	1.69	0.21	24.99	73.11
12	Fe-Ru-Cu/石墨烯	1.76	5.48	0.90	22.57	71.05
13	Co-Ni-Ce/C	0.55	1.50	0.54	25.46	72.50
14	Ru-Rh-Mn/SiC	2.43	5.97	1.10	22.71	70.22
15	Fe-Rh-Zr/石墨烯	1.00	4.10	1.01	73.42	21.47

注:mol$_M$ 为总金属活性组分的物质的量。

除了在常压下实现光热协同催化驱动费托合成外,以合成气(CO+H$_2$)为原料也可以在常压条件下光热协同催化生成CH$_4$。Guo等[56]以SWNT-Ni-Y(SWNT指单壁碳纳米管)为催化剂,实现在真空室温可见光照射条件下生成CH$_4$的新途径。这是由于SWNT的超光热性质,受光辐射时,催化剂表面温度会瞬间大幅度提升,而且管内的水分子形成正压,达到费托反应的条件。Lin等[57]以Ru/TiO$_2$为催化剂,在常压催化CO加氢甲烷化反应中引入紫外光,考察了不同温度的光热协同催化的产物分布,发现只有甲烷生成,且引入光照,CO转化率均有所提高。其原因是TiO$_2$受紫外光照激发,载流子发生分离。由于Ru的功函数大于TiO$_2$,TiO$_2$上的光生电子传输到金属Ru上,继而活化Ru表面吸附的CO分子,促进CO解离,发生加氢反应。类似的结论在同体系Ni/TiO$_2$常压催化CO加氢甲烷化反应得到验证[58]。基于贵金属负载TiO$_2$的优越性,Yang等[59]用导电聚合物苯胺(PANI)与Au/TiO$_2$复合,发现复合后的Au/TiO$_2$-PANI在CO加氢反应中表现出更优异的性能,这归因于可见光诱导PANI带N原子共轭苯环和醌环的π向π*轨道跃迁的电子赠予作用,而且氢气在Au粒子上解离吸附的氢原子溢流给TiO$_2$及PANI的氨基质子化效应可以抑制氢气的氧化,这也证明有机电子助剂修饰对CO加氢的催化性能有很大的提升作用。近期,Gao等[60]在合成气直接制备低碳烯烃方面取得了新进展。该团队采用Fe$_5$C$_2$作催化剂,烯烃/石蜡为10.9,显著改变了产物选择性,CO$_2$的选择性低至18.9%,而CO的转化率依旧大于49%,解决了传统催化体系无法同时获得高CO转化率和高的烯烃选择性,并且存在甲烷和CO$_2$等副产物多的各种问题,这使Fe$_5$C$_2$成为光驱动FTO工艺的优秀催化剂。此光热耦合手段大大提高了催化活性,有利于燃料电池中富氢条件下CO的去除。

6.3.3　光热协同催化在能源领域中的应用

利用太阳能将H$_2$O与CO$_2$转化为太阳能燃料(H$_2$、CO或碳氢燃料)是极具潜力的太阳能储能和碳循环方法之一[61]。光催化转化技术主要聚焦于太阳光中紫外光与部分可见光波段的能量利用,基于太阳能利用的热化学循环转化技术,理论上可以将太阳能完全转化为热能。近几年,研究人员在光催化研究的基础之上引入热催化,构建光热共同促进催化制氢、CO$_2$还原的体系[62-64]。这些工作均表明采用光热耦合方法能够明显提高目标产物的产率和选择性,同时证明了光热条件下存在协同作用,并不是光催化与热催化的简单叠加。例如,Ritterskamp等[62]以TiSi$_2$为催化剂,考察了温度对可见光光催化分解水制氢反应活性的影响,结果表明,在光照下随着温度的升高,产氢速率逐渐增加。这主要是光热条件会引起水的氧化还原电势随温度升高发生变化,这种变化促使产氢速率逐渐升高。Thomas等[64]首次报道在标准大气压、光照条件下,高选择性地将CO$_2$加氢合成甲醇的研究。该团队证明,在H$_2$存在下,具有棒状纳米晶体上层结构的缺陷型氧化铟In$_2$O$_{3-x}$(OH)$_y$可以在模拟的太阳辐射下,以50%的选择性有效且稳定地将气态CO$_2$氢化为甲醇,这是目前已报道的最有效的光催化剂的120倍。这一发现预示着使用CO$_2$和可再生H$_2$原料开发低压太阳能甲醇合成工艺有很大发展前景。

光催化和热催化的完美耦合,既能实现天然能源太阳光的高效利用,又能降低反应的能耗。从能源、环保、经济效益多角度考虑,这无疑是一种必要而全新的手段。由于光催化与热催化两者机理迥异,针对不同体系,光热协同效应应该会产生不一样的催化效果,因此尝试将光热协同催化引入更多的反应体系,有可能得到意想不到的结果。光热协同催化技术作为催化领域的一条新途径,未来的前景十分广阔。新型光热体系的开发、高效稳定的光热催化剂的设计,以及光热协同催化机理的探讨势必是今后科研道路上的热点方向。如何根据反应体系的需求调控合适的反应条件(温度、光照强度及光照波长等)仍然是一项挑战。这需要更多学者对光热催化继续进行深入研究。

参 考 文 献

[1] https://science.sciencemag.org/content/309/5731.

[2] Ma Y, Wang X L, Jia Y S, et al. Titanium dioxide-based nanomaterials for photocatalytic fuel generations[J]. Chemi. Rev., 2014, 114: 9987-10043.

[3] 王丽敏, 王利清, 张一弛, 等. 光热协同催化技术在能源领域的应用[J]. 化学进展, 2017, 36: 2457-2463.

[4] Xiao F, Zeng Z, Liu B. Bridging the gap: Electron relay and plasmonic sensitization of metal nanocrystals for metal clusters[J]. J. Am. Chem. Soc., 2015, 137: 10735-10744.

[5] Gao Y, Lin J, Zhang Q, et al. Facile synthesis of heterostructured YVO_4/g-C_3N_4/Ag photocatalysts with enhanced visible-light photocatalytic performance[J]. Appl. Catal. B Environ., 2018, 224: 586-593.

[6] Linic S, Aslam U, Boerigter C, et al. Photochemical transformations on plasmonic metal nanoparticles[J]. Nat. Mater., 2015, 14: 567-576.

[7] Peng T, Miao J, Gao Z, et al. Reactivating catalytic surface: Insights into the role of hot holes in plasmonic catalysis[J]. Small, 2018, 14: 1703510.

[8] Zou J, Si Z, Cao Y, et al. Localized surface plasmon resonance assisted photothermal catalysis of CO and toluene oxidation over Pd-CeO_2 catalyst under visible light irradiation[J]. J. Phys. Chem. C, 2016, 120: 29116-29125.

[9] Atsuhiro T, Satoshi S, Keiji H, et al. Preparation of Au/TiO_2 with metal cocatalysts exhibiting strong surface plasmon resonance effective for photoinduced hydrogen formation under irradiation of visible light[J]. ACS Catal., 2013, 3: 79-85.

[10] Liu J. Advanced electron microscopy of metal-support interactions in supported metal catalysts[J]. ChemCatChem., 2011, 3: 934-948.

[11] Kochuveedu S, Thoma J, Kim Y H. A study on the mechanism for the interaction of light with noble metal-metal oxide semiconductor nanostructures for various photophysical applications[J]. Chem. Soc. Rev., 2013, 42: 8467-8493.

[12] Jiang C, Wang H, Lin S, et al. Low-temperature photothermal catalytic oxidation of toluene on a core/shell SiO_2@Pt@ZrO_2 nanostructure[J]. Ind. Eng. Chem. Res., 2019, 58: 16450-16458.

[13] Hu C, Lin L, Hu X. Morphology of metal nanoparticles photo-deposited on TiO_2/silical gel and photothermal activity for destruction of ethylene[J]. J. Environ. Sci., 2006, 18: 76-82.

[14] Kong J, Li G, Wen M, et al. The synergic degradation mechanism and phototherm ocatalytic mineralization of typical VOCs over PtCu/CeO_2 ordered porous catalysts under simulated solar irradiation[J]. J Catal., 2019, 370: 88-96.

[15] Zhang L, Jia C, He S, et al. Hot hole enhanced synergistic catalytic oxidation on Pt-Cu alloy clusters[J]. Adv. Sci., 2017, DOI: 10.1002/advs.201600448.

[16] Sang Y, Lin H, Ahmad U. Photocatalysis from UV/Vis to near-infrared light: Towards full solarlight spectrum activity[J]. ChemCatChem, 2015, 7: 559-573.

[17] Ji W, Shen T, Kong J, et al. Synergistic performance between visible-light photocatalysis and thermocatalysis for VOCs oxidation over robust Ag/F-codoped $SrTiO_3$[J]. Ind. Eng. Chem. Res., 2019, 57: 12766-12773.

[18] Li J, Cai S, Yu E, et al. Efficient infrared light promoted degradation of volatile organic compounds over photo-thermal responsive Pt-rGO-TiO_2 composites[J]. Appl. Catal. B Environ., 2018, 233: 260-271.

[19] Kong M, Li Y, Chen X, et al. Tuning the relative concentration ratio of bulk defects to surface defects in TiO_2 nanocrystals leads to high photocatalytic efficiency [J]. J. Am. Chem. Soc., 2011, 133: 16414-16417.

[20] Li Y, Sun Q, Kong M, et al. Coupling oxygen ion conduction to photocatalysis in mesoporous nanorod-like ceria significantly improves photocatalytic efficiency[J]. J. Phys. Chem. C, 2011, 115: 14050-14057.

[21] Liu S, Yu J, Mietek J. Anatase TiO_2 with dominant high-energy {001} facets: Synthesis, properties, and applications[J]. Chem. Mater., 2011, 23: 4085-4093.

[22] Pan J, Liu G, Lu G, et al. On the true photoreactivity order of {001}, {010}, and {101} facets of anatase TiO_2 crystals[J]. Angew. Chem. Int. Edit., 2011, 50: 2133-2137.

[23] Yu J, Low J, Xiao W, et al. Enhanced photocatalytic CO_2-reduction activity of anatase TiO_2 by co-exposed {001} and {101} facets[J]. J. Am. Chem. Soc., 2014, 136: 8839-8842.

[24] Yang Y Q, Yin L C, Gong Y, et al. An unusual strong visible-light absorption band in red anatase TiO_2 photocatalyst induced by atomic hydrogen-occupied oxygen vacancies[J]. Adv. Mater., 2018, 30: 1704479.

[25] Thompson T, Yates J. Surface science studies of the photoactivation of TiO_2-new photochemical processes [J]. Chem. Rev., 2006, 106: 4428-4453.

[26] Tian J, Leng Y, Zhao Z, et al. Carbon quantum dots/hydrogenated TiO_2 nanobelt heterostructures and their broad spectrum photocatalytic properties under UV, visible, and near-infrared irradiation[J]. Nano Energy, 2015, 11: 419-427.

[27] Zhang J, Yu Z, Gao Z, et al. Porous TiO_2 Nanotubes with spatially separated platinum and CoO_x cocatalysts produced by atomic layer deposition for photocatalytic hydrogen production[J]. Angew. Chem. Int. Edit., 2017, 56: 816-820.

[28] 纪红兵, 鲜丰莲, 王永庆. 一种空心纳米颗粒二氧化钛/黑磷烯光热催化剂及其制备方法与应用[P]. CN108514887A, 2018-09-11.

[29] 纪红兵, 王永庆, 鲜丰莲. 一种多壳层纳米颗粒的 TiO_2 光催化剂及其制备方法与应用[P]. CN107497428A, 2017-12-22.

[30] 纪红兵, 王永庆, 鲜丰莲. 一种多层 TiO_2 纳米管基光催化剂及其制备方法与应用[P]. CN107376912A, 2017-11-24.

[31] Huang Y, Tang M, Rui Z, et al. Bifunctional catalytic material: An ultrastable and high-performance surface defect CeO_2 nanosheets for formaldehyde thermal oxidation and photocatalytic oxidation[J]. Appl. Catal. B Environ., 2016, 181: 779-787.

[32] Jiang C, Wang H, Wang Y, et al. Modifying defect states in CeO_2 by Fe doping: A strategy for low-temperature catalytic oxidation of toluene with sunlight[J]. J. Hazard. Mater., 2020, 390: 122182.

[33] Kong J, Xian F, Wang Y, et al. Boosting interfacial interaction in hierarchical core-Shell nanostructure for highly effective visible photocatalytic performance[J]. J. Phys. Chem. C, 2018, 122: 6137-6143.

[34] 纪红兵, 江春立, 王永庆, 等. 一种中空核–壳介孔结构的 Pt@ ZrO_2 光热催化剂及其制备方法与应用 [P]. CN108579732A, 2018-09-28.

［35］Kong J, Rui Z, Ji H. Carbon nitride polymer sensitization and nitrogen doping of SrTiO$_3$/TiO$_2$ nanotube heterostructure toward high visible light photocatalytic performance［J］. Ind. Eng. Chem. Res., 2017, 56：9999-10008.

［36］Gang W, Huang B, Lou Z, et al. Valence state heterojunction Mn$_3$O$_4$/MnCO$_3$：Photo and thermal synergistic catalyst［J］. Appl. Catal. B Environ., 2016, 180：6-12.

［37］Zheng Y, Wang W, Jiang D, et al. Insights into the solar light driven thermo-catalytic oxidation of VOCs over tunnel structured manganese oxides［J］. Phys. Chem. Chem. Phys., 2016, 18：18180-18186.

［38］Hou J, Liu L, Li Y, et al. Tuning the K$^+$ concentration in the tunnel of OMS-2 nanorods leads to a significant enhancement of the catalytic activity for benzene oxidation［J］. Environ. Sci. Technol., 2013, 47：13730-13736.

［39］Yang Y, Li Y, Zhang Q, et al. Novel photoactivation and solar-light-driven thermocatalysis on ε-MnO$_2$ nanosheets lead to highly efficient catalytic abatement of ethyl acetate without acetaldehyde as unfavorable by-product［J］. J. Mater. Chem. A., 2018, 6：14195-14206.

［40］Kong J, Yang T, Rui Z, et al. Perovskite-based photocatalysts for organic contaminants removal：Current status and future perspectives［J］. Catal. Today, 2018, 327：47-63.

［41］Yang C, Miao G, Pi Y, et al. Abatement of various types of VOCs by adsorption/catalytic oxidation：A review［J］. Chem. Eng. J., 2019, 370：1128-1153.

［42］Ji J, Xu Y, Huang H, et al. Mesoporous TiO$_2$ under VUV irradiation：Enhanced photocatalytic oxidation for VOCs degradation at room temperature［J］. Chem. Eng. J., 2017, 327：490-499.

［43］Ren L, Mao M, Li Y, et al. Novel photothermocatalytic synergetic effect leads to high catalytic activity and excellent durability of anatase TiO$_2$ nanosheets with dominant ｛001｝ facets for benzene abatement［J］. Appl. Catal. B Environ., 2016, 198：303-310.

［44］Li Y, Huang J, Peng H, et al. Photothermocatalytic synergetic effect leads to high efficient detoxification of benzene on TiO$_2$ and Pt/TiO$_2$ nanocomposite［J］. ChemCatChem, 2010, 2：1082-1087.

［45］Zeng M, Li Y, Mao M, et al Synergetic effect between photocatalysis on TiO$_2$ and thermocatalysis on CeO$_2$ for gas-phase oxidation of benzene on TiO$_2$/CeO$_2$ nanocomposites［J］. ACS Catal., 2015, 5：3278-3286.

［46］Jiang D, Wang W, Gao E, et al. Bismuth-induced integration of solar energy conversion with synergistic low-temperature catalysis in Ce$_{1-x}$Bi$_x$O$_{2-\delta}$ nanorods［J］. J. Phys. Chem. C, 2013, 117：24242-24249.

［47］Jiang D, Wang W, Zhang L, et al. A strategy for improving deactivation of catalytic combustion at low temperature via synergistic photocatalysis［J］. Appl. Catal. B Environ., 2015, 165：399-407.

［48］Ji W, Rui Z, Ji H, et al. Z-scheme Ag$_3$PO$_4$/Ag/SrTiO$_3$ heterojunction for visible-light induced photothermal synergistic VOCs degradation with enhanced performance［J］. Ind. Eng. Chem. Res., 2019, 58：13950-13959.

［49］孔洁静. 基于钙钛矿型复合氧化物高效光催化净化 VOCs 体系的构建［D］. 广州：中山大学, 2017.

［50］Wang H, Zhou W, Liu J X, et al. Platinum modulated cobalt nanocatalysts for low-temperature aqueous-phase Fischer-Tropsch synthesis［J］. J. Am. Chem. Soc., 2013, 135：4149-4158.

［51］Van der Laan G, Beenackers A. Kinetics and selectivity of the fischer-tropsch synthesis：A literature review［J］. Catal. Rev., 1999, 41：255-318.

［52］Yu S, Zhang T, Xie Y, et al. Synthesis and characterization of iron-based catalyst on mesoporous titania for photo-thermal F-T synthesis［J］. Int. J. Hydrogen. Energ., 2015, 40：870-877.

［53］Wang L, Wang L, Zhang Y. Insight into the role of UV-irradiation in photothermal catalytic fischer-tropsch synthesis over TiO$_2$ nanotube supported cobalt nanoparticles［J］. Catal. Sci. Technol., 2018, 8：601-610.

［54］郭向云,郭小宁.一种光催化费托合成方法及使用的催化剂［P］.CN104403682A,2015-03-11.

［55］Guo X, Jiao Z, Jin G, et al. Photocatalytic fischer- tropsch synthesis on graphene- supported worm- like ruthenium nanostructures［J］. ACS Catal., 2015, 5：3836-3840.

［56］Guo D, Xue Z, Chen Q, et al. Synthesis of methane in nanotube channels by a flash［J］. J. Am. Chem. Soc., 2006, 128：15102-15103.

［57］Lin X, Yang K, Si R, et al. Photo-assisted catalytic methanation of CO in H_2 rich stream over Ru/TiO_2［J］. Appl. Catal. B Environ., 2014, 147：585-591.

［58］Lin X, Lin L, Huang K, et al. CO methanation promoted by UV irradiation over Ni/TiO_2［J］. Appl. Catal. B-Environ., 2015, 168：416-422.

［59］Yang K, Li Y, Huang K, et al. Promoted effect of PANI on the preferential oxidation of CO in the presence of H_2 over Au/TiO_2 under visible light irradiation［J］. Int. J. Hydrogen Energ., 2014, 39：18312-18325.

［60］Gao W, Gao R, Ma D, et al. Photo-driven syngas conversion to lower olefins over oxygen-decorated Fe_5C_2 catalyst［J］. Chem, 2018, 4：2917-2928.

［61］Meng X, Wang T, Liu L, et al. Photothermal conversion of CO_2 into CH_4 with H_2 over group VIII nanocatalysts：An alternative approach for solar fuel production［J］. Angew. Chem. Int. Edit.,2014, 53：11478-11482.

［62］Ritterskamp P, Kuklya A, Kerpen K, et al. A titanium disilicide derived semiconducting catalyst for water splitting under solar radiation- reversible storage of oxygen and hydrogen［J］. Angew. Chem. Int. Edit., 2007, 46：7770-7774.

［63］Wu B, Liu D, Syed M, et al. Growth of TiO_2 onto gold nanorods for plasmon-enhanced hydrogen production from water reduction［J］. J. Am. Chem. Soc., 2016, 138, 4：1114-1117.

［64］Thomas W, Sally S, Erwin R, et al. Efficient and clean photoreduction of CO_2 to CO by enzyme- modified TiO_2 nanoparticles using visible light［J］. J. Am. Chem. Soc., 2010, 132：2132-2133.

第7章 光催化处理水体有机污染物

7.1 水体有机污染物深度处理

7.1.1 水体有机污染物及其危害

水体污染指进入水体中的污染物质超过了水体的环境容量或水体的自净能力,导致水质变坏而破坏了水体的原有价值和作用的现象。造成水体污染的原因包括自然原因和人为原因两种。天然植物腐蚀产生的有害物质、火山喷发产生的污染物及雨水沉降大气中的污染物等都属于自然因素造成的污染。

水体污染的主要来源包括生活污水和工业废水,根据废水中的主要成分又可分为有机废水和无机废水。其中,水体中的有机污染物是水质管理中需要重点监测的一类物质。这些有机污染物对环境和人体具有严重的危害。有机污染物在环境中通常具有以下共性:①在环境水体中通常存在的浓度低,约为毫克级或微克级乃至更低,对水质的检测影响小,容易被忽视;②难以降解,大多数的有机污染物质为持久性污染物;③存在生物累积效应,可以通过食物链富集放大;④毒性大,大多具有"三致"作用(致癌、致突变、致畸)[1]。

王琼等[2]通过对西南丘陵区村镇典型供水水源检测分析,对有机物定量分析,不同水源水中共检测到 53 种 14 类有机物,包括烷烃、烯烃、酚、醛、酯、酮、酸、酰胺类、酸酐类、农药、抗生素、内分泌干扰物,其中,以烷烃、酚、酯和苯类物质为主,占总有机物的 80%~90%,有机酸、烯烃、醇和醛类物质质量浓度较小,占总有机物的 5%~20%。二氯甲烷、苯酚、邻苯二甲酸二丁酯等物质质量浓度较高,并检测到除草剂、食品添加剂、抗生素等污染物,如特丁津、2,6-二叔丁基对甲酚、萘啶酸等。这些强致癌性的物质对饮水处理标准提高了要求。郑浩等[3]对江苏省水源水及出厂水进行有机污染物的现状调查,以太湖、长江、淮河为水源,共检出 17 种有机物,有机氯农药检出 4 种,农药中检出率最高为林丹及 δ-六六六。多环芳烃检出 4 种,检出率最高为芴和菲,多氯联苯检出 1 种,邻苯二甲酸酯类检出 2 种,其他半挥发性有机物(semi-volatile organic compounds,SVOCs)检出 5 种,非挥发性有机物(non-volatile organic compounds,NVOCs)未检出。而在出厂水中共检出 21 种有机物,其中 VOCs 检出 4 种(三卤甲烷类消毒副产物),有机磷农药检出 1 种,有机氯农药检出 4 种,农药中检出率最高的为 β-六六六和 δ-六六六。多环芳烃检出 4 种,检出率最高的为芴和菲,多氯联苯检出 1 种,邻苯二甲酸酯类检出 2 种,其他 SVOCs 检出 5 种,NVOCs 未检出。水源水中检出的 17 种化学物质,在出厂水中也均有检出,而出厂水相较于水源水多检出 4 种有机物,为常见的消毒副产物三卤甲烷。随着我国水产养殖业的迅速发展,湖泊富营养化日益严重,养殖池塘及其周边水域中有机物污染情况受到了广泛关注。赵汉取等[4]根据《渔业生态环境监测规范第 3 部分:淡水》(SC/T 9102.3—2007),于 2014 年 6~8 月(养殖淡水鱼生长期)对湖州市南浔区、长兴县和德清县等主要水产养殖园区的 43 家养殖场进行调查。结果表明,池塘水中的高锰酸盐指数(PV)、化学需氧量(COD)、总有机碳(TOC)的最高含量、最低含量及平均值均高于其外河水,说明池塘水中有机物的含量较外河水有明显提高,这可能与残饵、浮游生物的代谢物以及养殖动物的排泄物造成养殖水体中有机物含量较高有关。

7.1.2　有机废水的深度处理技术

微量有机污染物渗透到生态圈,在环境介质中,由于其具有难降解性和持久性,会在生态动植物体内蓄积,再通过食物链进行放大和富集,因此对生物造成了长时间的严重影响。近些年来,微量有机污染物的研究受到了国内外广泛的关注。微量有机污染物在环境介质中的存在含量、种类、残留水平、分布特征、迁移转化与生态风险等方面的研究,对深入认识其环境行为与生态效应以及污染控制具有重要的意义,以及对不同类型的有机废水治理方法起到指导性作用。废水的深度处理也称为高级处理,将废水中的有机物及其他有害物质进行去除,从而满足人类对水质的使用要求。通常的深度处理有机废水技术有以下几种。

1. 生物处理技术

生物处理借助微生物群体(自然产生的、商业的、特定的群体和驯化的污泥)在好氧、厌氧条件下将有机物氧化成简单的产物(二氧化碳、水和甲烷)的新陈代谢活动,有效去除或减少可能在加氯后生成致突变物质前体、一些可生物降解的有机物、氨氮、亚硝酸盐、硝酸盐[5-7]。生物法又包括酶生物法、好氧法和厌氧法。除此之外,还能将两种或两种以上的处理技术结合起来,提高对有机废水的处理效率。现有研究发现白腐真菌能够产生木质素过氧化物酶和锰过氧化物酶等,可以降解环境中的许多难降解有机污染物。

生物处理单元可设在传统净水工艺的不同位置,发挥不同作用。作为预处理,能有效改善水的混凝沉淀性能,减少混凝剂投加量达 25% 左右;设在沉淀出水后,可延长过滤或活性炭吸附等处理工艺的使用周期,减轻后续处理的负荷,提高整个工艺流程的处理效率;对于富营养化湖泊源水,可完全替代预氯化工艺,有效脱氮、脱磷,避免了预氯化工艺生成卤代有机物。生物脱氮技术是生物处理法的具体应用,有原位生物脱氮、反应器脱氮(多为生物模型)两种,具有高效、低耗的特点。例如,对于偶氮染料的生物修复过程通常分为两步,第一步是偶氮键的厌氧还原,产生两种芳香胺,第二步是通过混合菌群对产生的芳香胺进行有氧消化,从而使其完全矿化[8]。传统的好氧废水处理工艺(如活性污泥法)不能有效去除分散偶氮染料。使用生物处理技术,含有偶氮染料和其他添加剂的合成废水和模拟废水在好氧环境中可以得到有效处理[9]。

2. 膜分离法

膜分离技术是指利用膜的选择性对料液的不同组分进行分离、纯化、浓缩的过程。膜分离技术不但可以对废水进行净化与过滤,而且在纯水制备、食品杀菌与消毒中发挥着重要的作用。根据制作材料的不同,可以将膜分为无机膜和有机膜。无机膜主要是陶瓷膜和金属膜,但不足的是其过滤精度较低,选择性较小。有机膜是由高分子材料做成的,具有制作成本低、孔径范围广、组件形式多样等优点,因此应用比无机膜更为广泛。除此之外,根据膜孔径和分离压力,膜分离技术主要分为微滤、超滤、纳滤、反渗透等[10]。

3. 吸附法

吸附法实质上是利用吸附剂对废水中的有害物质进行吸附,以达到去除废水中有害物质的目的。吸附剂种类很多,最常用的有活性炭、腐殖酸类吸附剂和矿物吸附剂[11]。活性炭是一种多孔物质,具有强吸附作用,易于自动控制,且对水量、水质、水温变化适应强。活性炭对分子量为 $500 \sim 3000$ 的有机物有十分明显的去除效果,去除率一般为 $70\% \sim 86.7\%$。常用的活性炭主要有粉末活性炭(powder activated charcoal, PAC)、颗粒活性炭(granular activated carbon, GAC)和生物活性炭(biological activated carbon, BAC)三大类。目前,对活性炭改性以增加其吸附性能是一个重要方向,改性主要集中在氧化改性、还原改性及掺杂原子等。腐殖酸是一类具有芳香结构、性质相似的酸性物质的复合混合物。这类物质具有疏松的"海绵状"结构与巨大的表面积和表面能,所以具有良好的吸附性能。用作吸附剂的腐殖酸类物质有两大类,一类是天然的富含腐殖酸的风化煤、泥煤、褐煤等,直接作吸附剂用或经简单处理后作吸附作用;另一类是把富含腐殖酸的物质用适当的黏结剂做成腐殖酸系树脂,或造粒成型,以便用于管式或塔式吸附装置。从 1973 年开始,我国各大研究所利用腐殖酸类物质在处理工业废水方面开展了大量的实验研究。目前常用的矿物吸附剂有膨润土、硅藻土、沸石、海泡石、石英砂等。

4. 化学法

化学法是通过加入化学物质,使其与废水中的污染物质通过化学反应分离、去除、回收废水中呈溶解、胶体状态的污染物或将其转化为无害物质的废水处理方法。化学法对有机废水的处理技术通常有混凝法、中和法、氧化还原法等。混凝法是以胶体稳定性理论为基础,添加絮凝剂后,使絮凝剂在废水中发生水解、聚合等化学反应,生成的水解、聚合产物再与废水中的胶粒发生静电中和、粒间架桥、黏附卷扫等作用生成粗大的絮凝体,再经沉降除去,常见的絮凝剂有无机絮凝剂、有机絮凝剂、复合絮凝剂及生物絮凝剂[12]。中和法是使废水中的 H^+ 与外加的碱性物质,或者使废水中的 OH^- 与外加的酸性物质,生成水分子及可溶解或难溶解的其他盐类,从而减少其危害。相较于以上两种方法,氧化还原法的使用更为广泛,利用氧化剂(如液氯、次氯酸盐、高锰酸钾等)处理废水中难于生物降解的有机物,它们对废水中特定的污染物有良好的氧化作用,价格相对便宜,反应速度相对较快,并且在反应时无须大幅度调节 pH 等。

5. 高级氧化技术

高级氧化技术(advanced oxidation processes, AOPs)是利用各种光、声、磁以及电等物理和化学过程生成许多高活性的自由基(如羟基自由基),可提高工业废水的可生化性,有效降解难处理的工业废水。高级氧化技术,主要包括芬顿试剂氧化法、电催化氧化法、臭氧氧化法、光催化法等。这类高级氧化法通常具有以下优点:一是能够产生许多氧化能力极强的自由基,可将难降解的有机物彻底氧化为水和二氧化碳;二是在强氧化作用下的降解有机物过程中可以避免二次污染;三是没有选择性,即使在降解有机物过程中生成了中间产物,也能继续与中间产物继续反应;四是相较于常规处理技术而言,AOPs 能够在短时间内达到处理要求;五是使用范围广,操作弹性大,可以单独处理污染物,也可以与其他技术进行组合以达到更高效的处理。

7.2　半导体光催化降解有机污染物的基本原理

光催化技术被誉为"人工光合作用"技术,能够实现太阳能与化学能的人工转换。光催化技术凭借着绿色无污染以及能够有效转换太阳能的优点,受到了广大学者的重视。半导体光催化技术的基础在于半导体材料的独特电子结构,图 7-1 为常见半导体材料的能带结构示意图。根据固体能带理论[13],电子在半导体晶体势场中作周期性运动,运动的能量状态变成准连续的能级组成的能带,而两相邻的能带间的能量范围也被称为禁带。电子在这些能量上遵循着一定规则排布,满带称为价带(valence band, VB),空带称为导带(conduction band, CB),导带与价带之间的禁带被称为基本带隙(band gap),带隙宽度即价带顶与导带底之间的能量间隙用 E_g 表示。

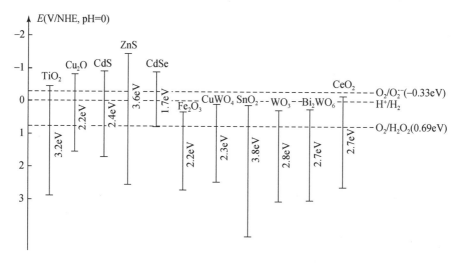

图 7-1　常见半导体的能带结构示意图

当半导体光催化剂受到光辐射时,若光子的能量等于或大于能带间隙(即 $h\nu \geqslant E_g$),则光催化半导体价带上的电子可以被激发跃迁至导带,价带相应产生空穴,产生的电子(e^-)和空穴(h^+)对也称为载流子。由于半导体能带存在不连续的区域即禁带,因此价带跃迁至导带形成的 $e^- - h^+$ 对一般有皮秒级的寿命,使得 e^- 与 h^+ 能够迁移至催化剂表面,与吸附在催化剂表面的物种发生反应。另外,价带电子激发跃迁至导带、载流子的迁移、载流子的复合以及反应的过程如图 7-2 的四个途径(Ⓐ、Ⓑ、Ⓒ、Ⓓ)所示。Ⓐ和Ⓑ表示激发产生的 e^-/h^+ 在迁移过程中会受到库仑静电力发生内部或表面的复合。在 e^-/h^+ 复合消失过程中会产生能量,能量将以光或热的形式释放。未被复合的 e^- 迁移至催化剂表面与吸附在表面的含氧物质（O_2、H_2O 等）发生还原反应，生成对应的活性物种（O_2^-、HO_2^-、H_2O_2 等）（途径 ⓒ），而 h^+ 迁移至催化剂表面与吸附在表面的物质（H_2O、OH^-）发生氧化反应生成 $\cdot OH$（途径 ⓓ），这些活性自由基具有很强的氧化能力，可引起有机物质的间接氧化还原反应。另外，h^+ 也能进行直接氧化作用，e^- 可以直接还原有毒的重金属离子（如 Cr^{6+}），最终，废水中的有机物被矿化成小分子，如 H_2O、CO_2 或无毒的金属离子。必须指出的是，并非由半导体光催化剂产生的所有 e^--h^+ 对都可以迁移到材料表面，与吸附的物质发生氧化还原反应生成活性自由基物种。这还需要满足热力学条件，即半导体的导带带边（光生电子的电势）比受体电势稍负，价带带边（光生空穴电势）比供体电势稍正，这样受到激发产生的 e^- 与 h^+ 才能传递给基态吸附分子，发生氧化还原反应。这也解释了为什么许多窄带隙的半导体虽然具备被光激发和良好传输的能力，但是却无法进行光催化反应的根本原因[14]。

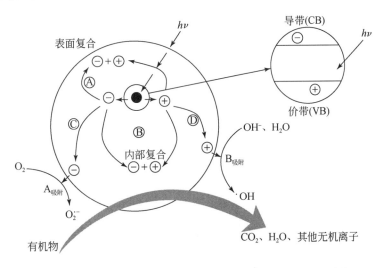

图 7-2　半导体光催化降解有机污染物的基本原理示意图[14]

Hoffmann 等[15] 利用激光脉冲光解技术对 TiO_2 光催化反应步骤耗时进行分析讨论，证明了光生载流子在分离的同时仍存在复合的可能。因此，如何提高光催化材料的量子效率成为近年来光催化领域的一项重大难题。光催化材料本身的电子结构、吸收光的能力以及光生载流子的分离和利用效率等是改善光催化活性的重要因素。

1972 年，Fujishima 和 Honda 发现 TiO_2 电极在紫外光辐射下可以将水分解成氧气和氢气[16]。时隔 4 年后，Carey 等[17] 发现，TiO_2 纳米粉末在紫外光辐射下可以将有机化合物多氯联苯分解，至此打开了光催化技术分解难降解有机物的领域，找到了解决环境和能源问题两者兼得的方法。目前光催化技术已在众多领域应用，如有机污染物降解[18]、重金属还原[19]、光解水产氢产氧[20]、有机物选择性氧化[21]、二氧化碳还原[22] 等。本章节着重介绍光催化技术分别在有机废水中染料、洗涤剂、农药、抗生素及酚类降解的应用研究。

7.3　染料类光催化深度脱色和降解

7.3.1　水体中的有机染料污染

　　人类使用染料历史悠久,大约 1.8 万年前的尼安德特人是已知最早使用染料的人。在大约 4000 年前,人们在埃及墓穴中发现了蓝色染料靛蓝的使用痕迹。直到 19 世纪晚期,所有的染料或色素基本都是天然的,主要来源于植物、昆虫和软体动物,因此一般都是小规模生产的。直到 1856 年后,珀金(Perkin)在合成奎宁的实验中偶然发现了一种紫色染料,这也是第一个人工合成的染料——苯胺紫,至此开启了人工合成且大规模生产染料之路。染料分子由两个关键成分组成:负责显色的发色团和生色团,生色团不仅可以补充发色团,还可以使分子溶于水,增加对纤维的亲和力。

　　随着对纺织产品需求的增加,纺织工业及其废水的比例也在增加,使其成为世界范围内严重污染问题的主要来源之一。特别是,有色废水排放到环境是不受欢迎的,不仅因为它们的颜色,而且还因为影响水生生物生长。有色废水在生态系统中的释放是水体中审美污染、富营养化和扰动的重要来源[23]。纺织废水通常含有对各种水生生物和鱼类有毒、致癌、致突变或致畸的化学品,包括染料[24]。由于客户需求的快速变化,纺织染整行业使用的染料种类烦多[25]。市场上已知的染料超过 10 万种[26],世界染料年产量超过 70 万 t。据估计,在染料制造和纺织工业使用的染料总量中,约 10%~15% 的染料在合成和染色过程释放到环境中[27,28]。令人担忧的是,许多染料是由已知的致癌物质如联苯胺和其他芳香化合物制成的。

　　1977 年,Frank 等[29,30]推动绿色友好光催化技术的兴起,众多学者开发了大量的光催化剂用于染料废水治理的研究,例如 TiO_2、ZnO、BiOX(Cl/Br/I)等。对于现有的一元半导体材料,往往会表现出量子效率低下的不足,因此,学者做了大量的工作以提高光催化活性,主要集中在四个方面:①掺杂金属或非金属离子;②寻找新的可见光响应催化剂;③异质结的设计和构建;④设计与构建表面等离子体共振光催化系统。

7.3.2　二氧化钛基光催化剂光催化降解染料废水

　　在这些半导体中,使用最广泛和研究最多的光催化剂是 TiO_2。TiO_2 在紫外光激发下,对很多有机物具有很高的降解性能,并且理化性质和光催化性能稳定,生产和使用相对容易,无生物毒性,对环境和人类无风险,因此被广泛研究。

1. C、N 共掺 TiO_2

　　非金属(S、C、B、N、F)掺杂是最为简便且有效地增强光吸收能力及提高光催化性能的手段。本书作者[31]以 Ti_2CN 为原料,通过简单的空气煅烧,并严格控制煅烧温度和时间得到了 C 和 N 共掺杂 TiO_2。将 1g Ti_2CN 在马弗炉中以 3℃/min 升温速率分别在 400℃下煅烧 4h （a1）、8h（a2）和 12h（a3），500℃下煅烧 4h（b），600℃下煅烧 4h（c），700℃下煅烧 4h（d）（表 7-1）。得到的样品经 XRD 检测分析得到图 7-3，证实所有煅烧后的样品都为锐钛矿相 TiO_2，只不过在煅烧温度高于 400℃后，生成更多的金红石相 TiO_2。图 7-4 为原料 Ti_2CN 和样品 a2、d 的 C 1s 和 N 1s 的 XPS 图谱。进一步证实了煅烧后 TiO_2 中存在 C 和 N。

表 7-1　样品晶型组成

样品名称	晶型组成
P25	80% A，20% R
a1	100% A
a2	100% A
a3	100% A
b	85% A，15% R
c	75% A，25% R
d	73% A，27% R

注：A 指的是锐钛矿相（anatase），R 指的是金红石相（rutile）

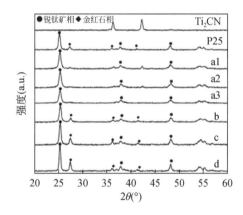

图 7-3　Ti_2CN 在不同温度和时间下煅烧得到样品的 XRD 图谱

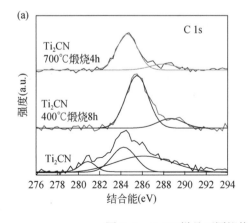
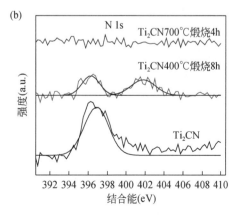

图 7-4　Ti_2CN 样品不同煅烧温度的 C 1s 和 N 1s XPS 图谱

图 7-5 中样品的紫外可见漫反射吸收光谱表明,样品 a1 的吸收边最大能达到 510nm,表明 C、N 共掺杂 TiO$_2$ 具有更明显的可见光吸收性能,这是因为在二氧化钛的价带上方存在孤立的 N(C)2p 态。

亚甲基蓝($C_{16}H_{18}ClN_3S$)是一种吩噻嗪盐,外观为深绿色青铜光泽结晶(三水化合物),在空气中较稳定,高浓度的亚甲基蓝溶液对血红蛋白起氧化作用,使之生成高铁血红蛋白,危害生命。图 7-6 为样品在可见光($\lambda>400nm$)下,对 8mg/L 亚甲基蓝的光催化降解效率图。其中 400℃煅烧 8h 样品 a2 在可见光辐射 3h 后光催化效率最高,为 55%。而煅烧温度为 600℃和 700℃导致光催化活性降低,这可能是由于掺杂氮元素的损失以及催化剂理化性质的改变,如比表面积的减少、晶粒尺寸的增大、光生载流子复合概率的增大。

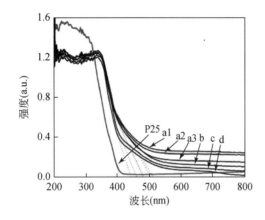

图 7-5　样品的紫外可见漫反射吸收光谱

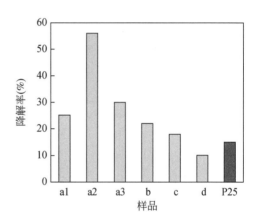

图 7-6　可见光辐射 3h 下各样品对亚甲基蓝的降解率图

2. S、I 共掺 TiO$_2$

与此同时,本书作者[32]还考察了非金属离子 S、I 掺杂 TiO$_2$。根据以往文献[33-35]报道,由于 S 含有多个价态,因此在掺杂 TiO$_2$ 过程中,可以调控掺杂价态得到不同的效果,S^{2-} 可以替代晶格氧,S^{4+} 和 S^{6+} 可以替代晶格中 Ti^{4+}。通过溶胶–凝胶法制备得到 S-I/TiO$_2$,9.6g 异丙醇钛、一定量的硫脲、3.2g 表面活性剂(P123)溶解在 30mL 乙醇中,搅拌 40min 后得到的溶液记为 A,一定量 HIO$_3$ 溶解在 6mL(1mol/L)HNO$_3$ 中,得到的溶液记为 B,随后将 B 溶液逐滴加入 A 溶液中,搅拌 2h 后继续室温下老化 24h,得到的溶胶溶液在 80℃下蒸发 12h,然后将制备好的凝胶样品在 450℃下煅烧 4h 以去除表面活性剂。S 和 I 的掺杂量均为 2mol%,得到的样品记为 S(2%)-I(2%)/TiO$_2$。图 7-7 显示在可见光($\lambda>400nm$)下,TiO$_2$、I(2%)/TiO$_2$、S(2%)/TiO$_2$、S(2%)-I(2%)/TiO$_2$ 各样品对 8mg/L 亚甲基蓝的光催化降解效率分别为 20%、65%、55% 和 90%,S 或 I 的掺杂都能使 TiO$_2$ 的光催化降解亚甲基蓝的效率提升,而 S 和 I 共掺时效果最佳。

3. WO$_3$ 耦合 P 掺杂 TiO$_2$

在文献报道中,由于磷掺杂对二氧化钛的影响不仅能有效地抑制二氧化钛纳米颗粒的

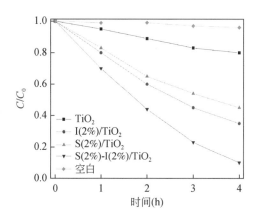

图 7-7 TiO_2、$I(2\%)/TiO_2$、$S(2\%)/TiO_2$、$S(2\%)$-$I(2\%)/TiO_2$ 样品在可见光下降解亚甲基蓝

生长和增加表面面积,同时形成的二氧化钛带隙内的杂质能级还能使样品在可见光范围比纯样品的吸收更强已经引起了关注。另外也有报道指出,掺杂磷能稳定介孔结构及提高其光催化活性[36,37]。

本书作者[38]通过加入 $H_3PW_{12}O_{40}$ 前驱体在 TiO_2 结构上分解,可以得到一系列的 WO_3 耦合 P 掺杂介孔结构 TiO_2 光催化剂。从红外光谱分析,在 $1300\sim1400cm^{-1}$ 处无 P(P=O) 峰,这表明在最后的样品中没有 PO_4^{3-}。结合之前的研究观察[39],得出磷掺杂在 TiO_2 介孔结构中是通过形成 Ti—O—P 键,TiO_2 表面不存在 PO_4^{3-} 或多聚磷酸附着。分散的 $H_3PW_{12}O_{40}$ 在热处理过程中能够抑制嵌入式锐钛矿型二氧化钛晶粒生长。发现由于存在适当量的 P,TiO_2 的结构热稳定性和表面积显著增加。同时,二氧化钛的晶粒生长受到抑制。然而,P 和 WO_3 的作用可能不同。WO_3 极大地提高了催化剂的路易斯酸性,经测定 WO_3 的酸性约为 TiO_2 的 15 倍,WO_3 耦合提高了 TiO_2 表面酸性。高路易斯表面酸度的催化剂对具有未配对电子化学物质有高亲和性。因此,WO_3/P-TiO_2 能够吸附大量 OH^- 或 H_2O,随后产生羟基自由基。磷掺杂的主要作用是抑制锐钛矿 TiO_2 晶粒在煅烧过程中的生长,导致二氧化钛晶粒尺寸的减小和表面积的增加[39,40]。磷掺杂对二氧化钛结构的正效应可以减弱 WO_3 耦合可能的负面影响,即减少二氧化钛的表面积和孔体积。因此,可以得到具有较高表面积和孔体积的介孔 WO_3/P-TiO_2 催化剂。如图 7-8 所示,WO_3 相对较小的带隙能量(2.8eV)和二氧化钛带隙内通过磷掺杂诱导的杂质能级的形成,使得波长响应范围被扩展到可见光。P^{5+} 可以取代锐钛矿型 TiO_2 晶格中的一部分 Ti^{4+}。因为 P^{5+} 可以作为光电子陷阱中心捕获电子,它的掺杂降低了光生载流子复合概率。其次,WO_3 导带低于 TiO_2,TiO_2 的光生电子可以迁移至 WO_3 导带上,提升了光生载流子分离效率。因此,WO_3/P-TiO_2 光催化降解亚甲基蓝染料的降解率相较于 TiO_2 明显提升。

4. Ag 沉积 B 掺杂 TiO_2

贵金属沉积是提高光催化效率的有效手段之一,是通过改变电子分布实现的。由于金属与半导体的费米能级不同,在半导体表面沉积贵金属以后,相当于在半导体表面构成一个

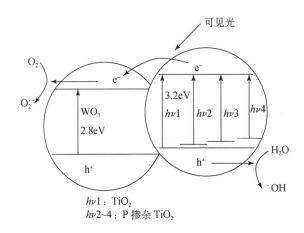

hv1：TiO₂
hv2~4：P 掺杂 TiO₂

图 7-8 WO₃/P-TiO₂ 光催化降解亚甲基蓝染料的机理

以半导体和金属为电极的短路微电池,电子就会不断地由半导体向金属迁移,一直到两者的费米能级持平,这时在金属表面获得多余的负电荷,半导体表面则有多余的正电荷,因而金属与半导体界面上形成了捕获激发电子的肖特基能垒。肖特基能垒在光催化中是阻止电子-空穴复合的一种陷阱,使光生电子和空穴得到有效分离,从而大大提高半导体光催化剂的活性。首先,本书作者[41]以 H_3BO_3 为硼源,制备了硼掺杂 TiO_2,再采用光还原沉积方法将 Ag 纳米粒子沉积在 TiO_2-B 上。酸性橙 II($C_{16}H_{11}N_2NaO_4S$),通常是金黄色粉末,工业上主要用在羊毛、皮革、蚕丝、锦纶、纸张的染色,同时也是一种指示剂,医学上常用于组织切片的染色。这种染料中有大量的化学助剂,如果长时间存在环境中,会对生育造成影响且致癌。图 7-9 展示了各催化剂样品在可见光下对酸性橙 II 染料的降解情况。在无催化剂下,酸性橙 II 无法分解。B 掺杂 TiO_2 在光照 5h 后,对酸性橙 II 染料的降解率达 62%。由于 Ag 纳米粒子的表面等离子体共振效应,因此 Ag/TiO_2 的降解率也大大提高。将两者结合起来,得到的 Ag/B-TiO_2 催化剂效果最佳。

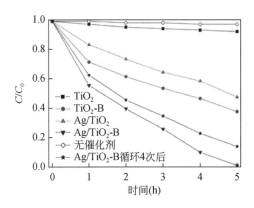

图 7-9 TiO_2、TiO_2-B、Ag/TiO_2 和 Ag/TiO_2-B 样品在可见光下降解酸性橙 II 性能图

7.3.3　氧化锌基光催化剂光催化降解染料废水

在众多的半导体光催化剂中,锌基光催化剂如 ZnO、ZnS、ZnWO$_4$ 作为一类重要的无机半导体材料,具有较好的稳定性,较高的氧化活性和电荷流动性,优良的光学、磁学、介电等性能。

1. 金属离子掺杂 ZnO

ZnO 是一种重要的 n 型半导体材料,过去几十年一直备受国内外研究者的关注。ZnO 为宽禁带的直接带隙半导体,在室温下的禁带宽度为 3.37eV,激子束缚能高达 60meV,具有化学稳定性、吸收和散射紫外线能力以及良好的光电特性,对环境无毒无害,并且所需制备原料丰富易得。但单一的 ZnO 比表面积较小、表面吸附性能较差,且在紫外光照射下存在严重的光腐蚀而限制其应用,因此有必要提高它的光催化活性和光稳定性。其中一种提高途径是在半导体光催化剂中掺杂适当的金属离子,能够有效地调控其电子能态结构,并改变其表面状态,进而起到提高光催化性能的作用[42,43]。

本书作者首先利用共沉淀法制备了一系列的 Ce 掺杂 ZnO 光催化剂[44],考察了不同浓度 Ce 掺杂及煅烧温度对 ZnO 的物理结构性质和光催化性能的影响,发现 Ce 掺杂可以明显提高其光催化性能。随着 Ce 掺杂量的增加,酸性橙 II 降解率逐渐增加然后下降,Ce 的最佳含量为 2wt%。掺杂适量的 Ce 使活性增加的主要原因是 Ce 离子的存在减少了半导体表面光生 e$^-$ 与 h$^+$ 的复合概率。此外,红外测试表明,掺杂 2wt% 的 Ce 离子改善了样品的表面状态,产生了更多的表面羟基基团和 ·OH 自由基。但掺杂过多的 Ce 离子,活性反而下降,可能是由于过多的 Ce 存在,导致氧或锌缺陷的增加,同时部分掺杂离子可能演变成为 e$^-$ 与 h$^+$ 的复合中心,使得光生 e$^-$-h$^+$ 对更易复合而导致 ZnO 的光催化活性降低。氧化锌作为光催化剂的另一个缺点是容易发生光腐蚀,造成光催化活性下降。对此,对纯 ZnO 和 2% Ce/ZnO 进行了循环光催化活性测试。从图 7-10 可看出,2% Ce/ZnO 的稳定性较好,循环 4 次,活性只略微下降,而纯 ZnO 的活性下降更明显,这表明铈的存在还可以增加 ZnO 光催化剂的稳定性。

同时研究了 Sn 掺杂 ZnO 的溶剂热合成和改性[45]。溶剂热是一种常用的软化学方法,可以在较低的温度下,选取不同的溶剂合成具有不同形貌、高结晶性能金属氧化物,对该系列催化剂进行光催化降解亚甲基蓝的活性测试,Sn 掺杂 ZnO 提高了染料亚甲基蓝的降解性能。适量 Sn 掺杂可以提高 ZnO 光催化活性的主要原因是 Sn 的存在可以改善 ZnO 的分散性能、调节催化剂对反应底物的吸附能力和减少氧缺陷的存在,从而提高 ZnO 的光催化活性。

Zr、Al 掺杂及 Zr-Al 共掺的 ZnO 样品的光催化活性相对于纯 ZnO 均有较大程度的提高[46],而且 Zr 和 Al 共掺使 ZnO 的光催化活性明显优于对应浓度的 Zr、Al 单一掺杂。其主要原因是共掺杂改善了 ZnO 表面状态,产生了更多的表面羟基,同时共掺杂促进了光生 e$^-$ 与 h$^+$ 的有效分离。

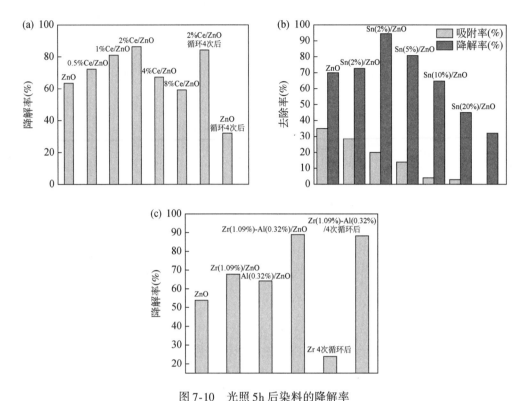

图 7-10   光照 5h 后染料的降解率

(a)Ce-ZnO 降解酸性橙 Ⅱ；(b)Sn-ZnO 降解亚甲基蓝；(c)Zr-Al ZnO 降解酸性橙 Ⅱ

2. 异质结型 ZnO

利用半导体(WO$_3$、Bi$_2$WO$_6$ 和 BiOCl)复合形成异质结来提高 ZnO 的光催化性能[47-49]。WO$_3$ 是一种 n 型半导体,其禁带宽度略小,为 2.7eV 左右,且其价带和导带能级位置和 ZnO 不同。因此可以利用固相法,即用金属盐混合煅烧得到金属氧化物进行半导体耦合构筑异质结,它可以控制 ZnO 纳米粒子的长大,并可以有效抑制 ZnO 光生电子与空穴的复合,提高光催化效率。图 7-11(a)示出各样品对酸性橙 Ⅱ 的降解率。随着氧化钨含量的增加,酸性橙 Ⅱ 降解率逐渐增加然后下降。由此得出最佳氧化钨复合含量为质量分数 2%,降解率为66.18%。由于二者价带和导带能级位置的差异,当它们结合在一起时,ZnO 导带中被激发的电子很容易被 WO$_3$ 接受而迁移到其导带上,因为 W^{6+} 容易被还原成 W^{5+}[50]成为俘获电子的中心。但是当复合 WO$_3$ 超过一定限度的负载量时,浓度过高的 WO$_3$ 会破坏 WO$_3$ 在 ZnO 上的分散,且载流子的捕获位间距离变小,WO$_3$ 反而可能成为 e$^-$ 与 h$^+$ 复合中心,使得光生 e$^-$ 与 h$^+$ 分离效率降低,故样品的活性有所降低。

同时采用水热法制备了 Bi$_2$WO$_6$/ZnO 和 BiOCl/ZnO 异质结的复合光催化剂。图 7-11(b)中,随着 Bi$_2$WO$_6$ 复合含量的增加,酸性橙 Ⅱ 降解率逐渐增加然后下降,由此得出 Bi$_2$WO$_6$ 的最佳复合含量为 4%。从图 7-11(c)可以看出,在 ZnO 中复合 BiOCl 可以明显改善 ZnO 的光催化活性,此外 BiOCl 的含量也对光催化活性产生影响,发现当复合 BiOCl 的质量分数为

4%时,可使 ZnO 的光催化活性提高 2.4 倍,同时明显增强了 ZnO 的光催化稳定性。当半导体紧密接触时,会形成"异质结",在结的两侧由于其能带性质的不同会形成空间电势差,这种空间电势差的存在可使光生 e^- 与 h^+ 从高电势位半导体的能级注入低电势位半导体的能级,从而有利于 e^- 与 h^+ 的分离,提高光生 e^- 与 h^+ 的分离效率。

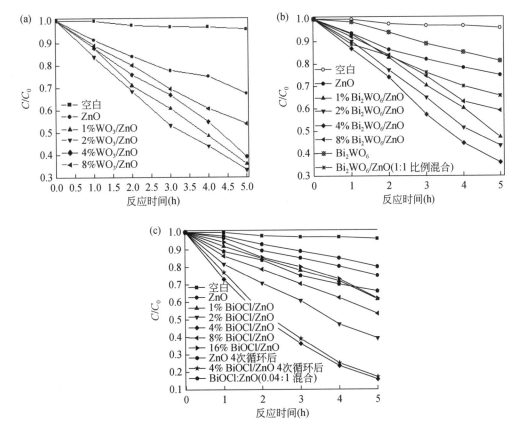

图 7-11　光照 5h 后染料酸性橙 II 的降解率
(a) WO_3/ZnO;(b) Bi_2WO_6/ZnO;(c) BiOCl/ZnO

7.4　洗涤剂类光催化深度去除

7.4.1　水体中的洗涤剂污染

洗涤剂也被简单地定义为清洗剂,主要用于去污洁净。通常,洗涤剂一词意味着合成洗涤剂,主要成分为石化产品制成的表面活性剂。自 20 世纪初,洗衣粉问世以来,洗涤剂已成为人们日常生活中必不可少的一部分。常用的洗衣粉属于一种阴离子表面活性剂,主要由烷基苯磺酸钠、硫酸钠、甲苯磺酸钠、三聚磷酸钠以及羧甲基纤维合成。这种洗涤剂排入地表,由于结构中含有的烷基苯磺酸极难被微生物降解,且容易发泡从而严重影响水体质量,对环境造成严重污染[51]。除此之外,三聚磷酸钠中的 P 元素也是洗涤剂造成水体富营养化和蓝藻水华爆发的主要原因。如今,洗涤剂无磷化已成为当代社会主流。

在天然水域中,人造洗涤剂会威胁自清洁过程,例如氧气/二氧化碳交换过程以及漂浮颗粒物的沉降。更严重的是,作为一种污染物,它们可以通过各种渠道进入环境,并能溶解各种水不溶性农药、聚芳烃和其他类型的有机化合物[52-54]。一旦找到通往地下水的途径,它们便加入了食物链。它们在体内长期积累能够使人体表现出各类疾病,如致癌、致突变、过敏等。因此,它们是地下水和饮用水供应的潜在危险因素[55]。随着光催化剂的深入研究,洗涤剂的生态友好型的潜力在逐渐扩大。应用光催化材料降解去除有机污染物是当前一项较为成熟的技术。光催化技术能使广泛的有机污染物最终转化为简单、无害的无机化合物[56],为洗涤剂污染的治理提供了重要的理论基础。

7.4.2　光催化去除洗涤剂

20 世纪 80 年代以来,以 TiO_2 为代表的多相光催化技术在污染物去除方面取得了很大的突破[57,58],光催化反应下,多种有害物能够被彻底矿化为 CO_2、H_2O 等无毒的小分子。鉴于光催化在能源再生和环境处理等领域的实用前景和巨大的社会经济效益,光催化技术逐渐发展成为化学、物理、化工和材料等学科的研究热点[59]。在早期的研究中,就有少数报道了光催化降解表面活性剂的工作,如十二烷基苯磺酸钠(SDBS)[60]、苄基十二烷基二甲基氯化铵(BDAC)、对壬基苯基聚氧乙烯(NPPE)[61]以及其他的苯环酸钠盐(NaBS)[62]等,这对光催化去除水体洗涤剂的研究提供了基础。

臭氧主要对水溶液中含有偶极性的不饱和脂肪烃和芳香烃等物质具有选择性,产生 ·OH 与这类物质发生加成作用生成臭氧化物。臭氧还能攻击最低键能的化学键而造成化学键的断裂,破坏结构从而降解底物。而光催化材料则是在光照下产生光生载流子,与离子或者分子结合生成具有氧化性的活性自由基等物种($^1O_2$,O_2^- 或 ·OH 等),造成有机物的降解。龙兴贵团队利用 TiO_2 与 O_3 的协同作用,诱发光化学反应,使有机分子转化为无毒无害的低分子物质,实现对污染物的降解[63]。研究了 SDBS 的光催化降解并通过一系列的表征手段提出了 SDBS 在光催化降解过程中的反应历程,如图 7-12 所示。

SDBS 苯环的一端与长链烷基相连而另一端连接磺酸基。而磺酸基作为供电基团,由诱导效应导致苯环上电子云密度发生变化,这可以成为苯环被氧化开环的原因;另一端苯环上所连接的长链烷烃易断裂氧化成小分子。除此之外,苯环上两种不同的对位取代位的电子云密度要比其他位置的电子云密度高,这使得这两个位置易与 O_3 形成的自由基 ·OOH 发生反应,导致 SDBS 上苯环开环和侧链十二烷基的断链,降解得到小分子化合物。

但是 TiO_2 用作光催化剂由于较大的带隙值而受到限制,TiO_2 只能吸收太阳光谱中较少的部分(少于 5%),这也对 TiO_2 在处理表面活性剂的过程造成了困难。层状双氢氧化物(LDH),也称为类水滑石,是一类合成的阴离子型层状黏土,含有水镁石样层和带正电的片层。通常采用通式

$$\left[M_{1-x}^{2+} M_x^{3+} (OH)_2 \right]^{x+} \cdot \left(A_{x/n}^{n-} \right) \cdot m H_2O$$

表示。其中 M^{2+} 与 M^{3+} 为二价和三价阳离子,A^{n-} 代表层间阴离子所带电荷(n^-),x 等于 M^{3+}/

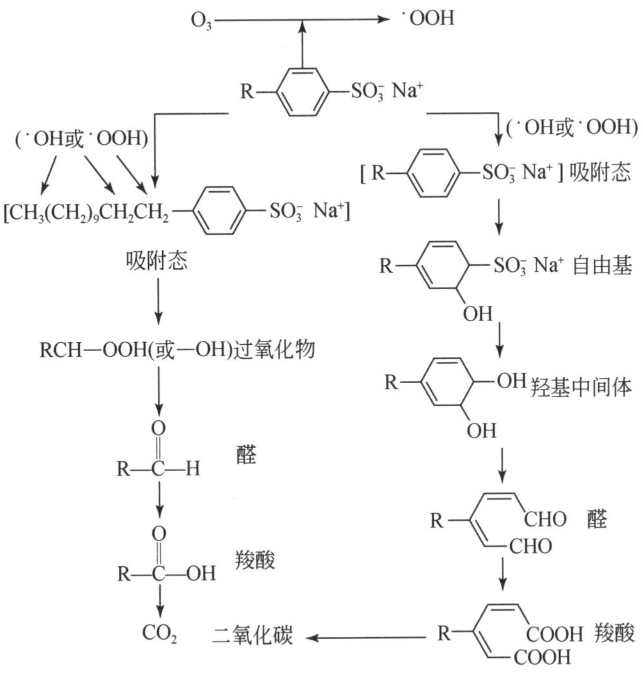

图 7-12　O_3/TiO_2 光催化降解 SDBS 的反应机理图[63]

$(M^{2+}+M^{3+})$ 的值,其值为 0.17~0.50。层状双氢氧化物由于其较大的比表面积、高孔隙率、低成本、可调禁带隙和高阴离子交换能力等显著特性,近年来在水体修复中引起了广泛的关注。2018 年,Aoudjit 报道了将 TiO_2 颗粒固定在层状双氢氧化物(LDH)上,可引发光生电子向光催化剂表面的转移,有助于提高催化剂降解 SDBS 光催化活性[64]。不仅如此,与 TiO_2 颗粒相比,TiO_2/LDH 具有较高的沉降速度,有利于在光催化降解过程结束后几分钟内通过物理过程去除污染物。

图 7-13 可以看出 Zn(2)Al-LDH 和 TiO_2(3.6)/Zn(2)Al-LDH 光催化降解过程中 SDBS 溶液吸光度随时间的变化。在黑暗中吸附 60min 后,SDBS 吸收带在 645nm 强度下峰值最大值急剧下降。在辐照时,SDBS 吸收峰的强度逐渐降低,这取决于光辐照的时间。其中在 TiO_2(3.6)/Zn(2)Al-LDH 样品中,特征 SDBS 吸收峰下降最为明显。可以看出 TiO_2/LDH 光催化剂在低成本、无毒性以及光催化去除表面活性剂方面拥有巨大的优势,利用 TiO_2/LDH 去除水溶液污染物可带来巨大的经济和环境效益。

CQDs 系列是一种具有良好水溶性和吸光性能的纳米材料($\Phi \leqslant 10nm$),由于具有优异的光学性能、较低的毒性、良好的生物相容性和光诱导电子转移能力,在传感器、生物成像、光电催化、太阳能电池和荧光传感等许多领域具有潜在的应用。因此,本书作者课题组将 CQDs 以及掺杂 N 元素的 CQDs 作为敏化剂负载到 Ag_2CO_3 光催化剂上,光催化性能和光响应性均得到提升[65]。类似的,杜志平教授团队将 CQDs 负载在 TiO_2 纳米颗粒的表面,制备得到了 $L-CQDs/TiO_2$ 复合光催化材料[66]。以非离子表面活性剂壬基酚聚氧乙烯醚(TX-10)为模拟污染物进行降解。TiO_2 样品在加入不同负载量的 L-CQDs 后,样品的吸收边界发生

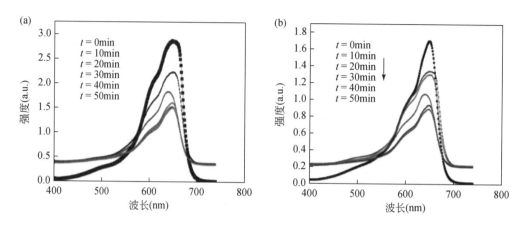

图 7-13　在不同催化剂(a)Zn(2)Al-LDH 以及(b)TiO$_2$(3.6)/Zn(2)Al-LDH 下 SDSB
溶液吸光度随光照时间的变化[64]

了明显红移,在可见光区域以及近红外区域吸收强度得到了明显加强,这证明在 TiO$_2$ 上负载适量 L-CQDs 可以有效拓宽其光谱响应范围。

由图 7-14 可知,几组不同负载量的 L-CQDs/TiO$_2$ 降解壬基酚聚氧乙烯醚的效率均显著高于 TiO$_2$ 纳米颗粒。当 L-CQDs 添加量从 1% 增加到 3% 时,L-CQDs/TiO$_2$ 的光催化效率明显提升,这是由于负载 L-CQDs 后,拓宽了复合催化剂的光响应范围,对可见光的利用率得到提升。另一方面,TiO$_2$ 纳米颗粒负载 L-CQDs 后光生电荷分离效率增强,提高了载流子利用率,从而提高了光催化效率。当 L-CQDs 添加量进一步增加至 5% 时,光催化效率开始降低,这是由于过量添加的 L-CQDs 将会在 TiO$_2$ 纳米颗粒表面发生聚集,阻碍了 TiO$_2$ 纳米颗粒表面对光的捕获从而使光催化效果下降,这一系列的实验结果也与本书作者实验结论相吻合[65]。证明了 CQDs 与光催化剂相结合并应用于去除洗涤剂的巨大潜力。

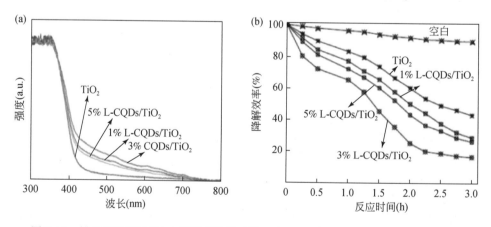

图 7-14　样品的光学性能(a)紫外可见漫反射吸收光谱以及光催化性能,(b)模拟太阳
光下对 TX-10 溶液降解效率[66]

Lim 等研究制备了(聚偏氟乙烯)PVDF-TiO$_2$ 中空纤维状光催化膜,用于同时分离降解

采油平台采出水中含有的大量表面活性剂[67]。膜表面 TiO_2 纳米粒子的含量以及膜的表面结构等特性决定了表面活性剂的去除程度。通过 FESEM 可以很直观地观察中空纤维膜的横截面及外表面的形貌结构(图 7-15),属于一种具有手指状、大孔隙结构的膜材料。随着 TiO_2 负载量的增加,中间层呈现出厚的海绵状结构。同时,海绵状层中形成的大腔是由于中空纤维膜形成过程中,相反转过程缓慢凝固所致。随着 TiO_2 负载量的增加,观察到负载 3wt% TiO_2 的空心纤维膜中过量 TiO_2 的团聚,如图 7-16 所示。TiO_2 的负载使纤维膜具有更

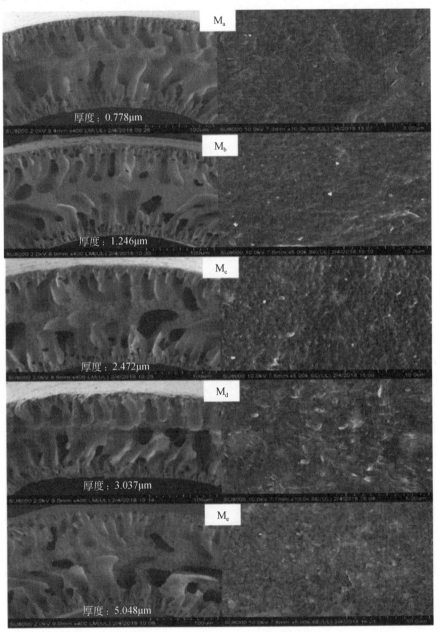

图 7-15　不同 TiO_2 负载量(M_a)0;(M_b)0.5wt%;(M_c)1wt%;(M_d)2wt%;(M_e)3wt% 的中空纤维膜的横截面和外表面形貌的 FESEM 图像[67]

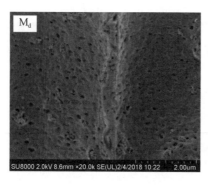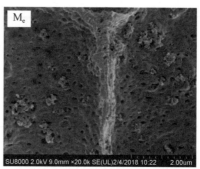

图 7-16　中空纤维膜孔隙的 FESEM 图像在 2wt% (M_d) 的膜
与 3wt% (M_e) 上观察到 TiO_2 的团聚[67]

高的亲水性、孔隙率和拉伸强度。此外还具有适宜的物理表面形貌和拓扑结构,可以改善疏水表面活性剂的排斥作用,将表面活性剂与水分离并在紫外光的辐照下有效去除,完成将表面活性剂从水中同时分离和降解的过程。

除了 TiO_2 通常被用作降解表面活性剂的材料,钙钛矿型复合氧化物(ABO_3)同样也具有良好的光催化活性,已有不少文献报道该类催化剂对有机污染物的光催化降解效果[68,69],但对表面活性剂的降解却鲜有报道。已有研究表明,B 位金属的种类和性质对钙钛矿型复合氧化物光催化活性影响很大[70]。为进一步开拓钙钛矿型复合氧化物对有机污染物降解的范围,廖莉玲教授课题组采用溶胶-凝胶法和流变相法合成出不同 B 位金属的十种 $LaBO_3$ 型催化剂,并探讨了它们对十二烷基苯磺酸钠的降解效果,优选出 $LaCoO_3$ 降解十二烷基苯磺酸钠的条件。结果表明:①采用溶胶-凝胶法和流变相法制备了十种钙钛矿型 $LaBO_3$ 光催化剂,各催化剂对十二烷基苯磺酸钠的降解率与催化剂的制备方法和 $LaBO_3$ 光催化剂 B 位金属的种类相关,十种催化剂中溶胶-凝胶法制备的 $LaCoO_3$ 对 SDBS 的降解效果最好(图 7-17);②研究了 $LaCoO_3$ 对 SDBS 光催化降解条件,$LaCoO_3$ 对 SDBS 的降解有较高的活性。在紫外光下,催化剂量为 2.5g/L、pH=6、DBS 的初始浓度为 25mg/L,$LaCoO_3$ 对 SDBS 溶液有较好的降解效果,降解率能够达到 85.2%。

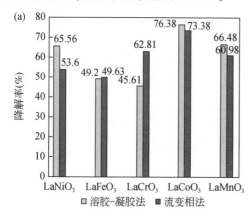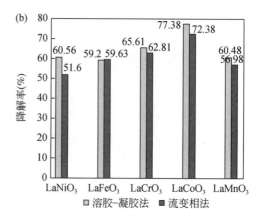

图 7-17　不同催化剂在(a)日光灯照射下和(b)紫外灯照射下对 SDBS 的降解率图[70]

7.5　农药类光催化深度去除

7.5.1　环境中的农药污染

　　农药的大面积使用、农药器具的清洗、农药化肥的生产过程均会对环境造成严重的污染。农药主要通过以下途径残留在环境中：①赋存于靶标生物；②通过直接沉降或者间接淋洗的方式进入土壤中；③在降雨或者水流的推动下间接进入水体中；④通过环境中的气流运动与农药的挥发、蒸发等特性相结合进入大气环境；⑤在大气、土壤、水等生物圈内扩散迁移[71-74]。这些农药一部分会在大自然的自清洁作用下被慢慢消除，而难以消除的则会进一步在环境中累积造成严重的环境污染，重则危害人类的生命健康。

7.5.2　光催化去除水体农药

　　光催化作为一种能够控制环境污染和生产清洁能源的环境友好型技术，因其反应深度和对太阳能的可利用性得到了广大研究者的推崇[75-79]。自 1976 年 Carey[17] 将纳米 TiO_2 用于光催化处理废水中的多氯联苯（PCB）有机污染物，实现对该化合物的氧化脱氯去毒之后，以半导体光催化为水处理净化技术得到了快速发展，到如今已有多数工作致力于研究光催化材料对农药分子的降解。

　　陈丰课题组以生物废料玉米穗为模板，通过钛酸四正丁酯溶液的浸渍，经高温煅烧制备出复制了生物模板结构的分级多孔氧化钛材料（图 7-18）[80]。多孔分级结构还能够使光线在内部多次折射，有助于材料对光的吸收，其原理类似 Wan 合成的多孔分级结构的 Ag_3PO_4 PNTs[81]。

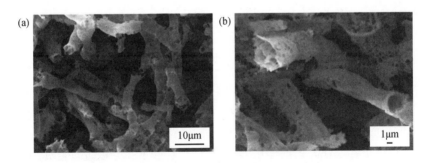

图 7-18　分级多孔结构的氧化钛材料 FESEM 图像[81]

　　Fiorenza 等通过溶胶-凝胶技术得到了分子印迹 TiO_2 光催化剂，分别以除草剂 2,4-D 和杀虫剂吡虫啉作为分子印迹模板，并作为光催化降解的污染物目标[82]。其中，在溶胶-凝胶法合成的第一步中，Ti—O—Ti 网络与农药分子之间形成了氢键/静电相互作用。印有相应农药靶标的 TiO_2 的光催化性能显著提高。图 7-19 中，与纯样 TiO_2 相比，分子印迹与光催化剂结合可以有效地促进 2,4-D 降解,降解率提升约 3 倍,在光照下的降解率以及总有机碳(total organic carbon,TOC)的变化也能反映出分子印迹光催化剂对该特定污染物去除的优越性。

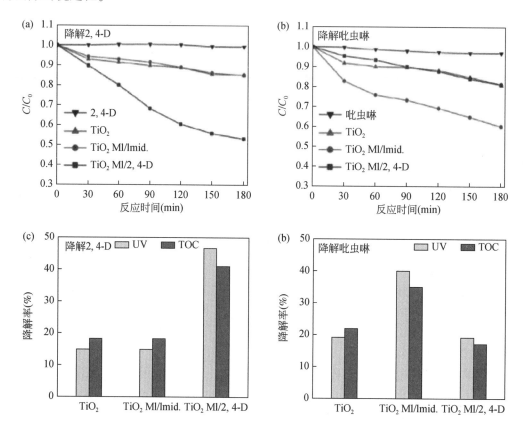

图 7-19　分子印迹 TiO₂ 光催化剂光催化效果

(a)紫外光照下降解 2,4-D;(b)紫外光照下降解吡虫啉;(c)反应 3h 后测定的 TOC 以及 2,4-D 降解率的变化;
(d)反应 3h 后测定的 TOC 以及吡虫啉降解率的变化[82]

Zangiabadi 团队以有机磷杀虫剂毒死蜱(CP)为目标污染物研究了石墨烯(GO)-Fe₃O₄/TiO₂ 介孔光催化剂的催化性能[83]。这种纳米复合光催化剂具有网络结构,由介孔 TiO₂、Fe₃O₄ 纳米粒子和 GO 纳米片相交组合而成。该复合型催化剂在处理不同浓度的 CP 溶液时,均表现出优越的去除性能(图 7-20)。由于磁性材料 Fe₃O₄ 的存在,GO-Fe₃O₄/TiO₂ 光催化剂在反应结束后很容易在磁铁的作用下与溶液分离,并重新分散进行再利用。

李增和课题组采用无机 TiOSO₄ 为钛源,纯硅 SBA-15 介孔分子筛作为载体,通过水解法成功制得具有高度有序的二维立方结构的 TiO₂/SBA-15 光催化剂[84]。在该研究中,所有水解生成的催化剂 TiO₂ 均匀分散在 SBA-15 介孔分子筛上,且大部分的 Ti 并没有取代分子筛骨架中的 Si。结果表明大部分的纳米 TiO₂ 颗粒未负载到分子筛的孔道内,使得复合催化剂保持了稳定有序的孔结构。这种催化剂在模拟太阳光照下对水中的农药乐果具有优异的光催化效果。

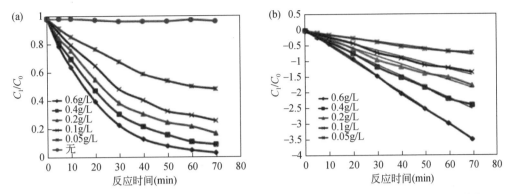

图 7-20　不同初始浓度下 GO-Fe$_3$O$_4$/TiO$_2$ 光催化降解 CP 的浓度变化以及动力学分析[83]

7.6　抗生素类光催化深度去除

7.6.1　废水中的抗生素

抗生素是一类可以杀死或克制细菌生长的抗菌药剂,其作为医学发展进步史上的重大发现,拯救了数以万计的生命。而今,对抗生素的依赖和滥用已威胁到人类的生命安全,并且痕量(<0.01%)抗生素对生态环境具有极大风险。另外,医药业、制药业以及畜牧水产养殖业是主要的抗生素污染来源。医疗行业中,人体在使用抗生素对抗病菌时,抗生素进入机体后,超过 90% 都以原形通过排泄物排到体外,目前的城市污水处理系统无法将抗生素清除,导致抗生素进一步流入其他水资源,致其污染扩大。畜牧水产的养殖中,为防治动物疾病并加快其生长,也会使用抗生素,而大量的投放导致 75% 的抗生素都未被使用就进入水体。抗生素废水会增加抗性细菌的选择性生长速度,这对人类和动物构成严重威胁。

7.6.2　钼酸铋基半导体光催化去除抗生素

近年来,为了开拓可见光吸收的光催化剂以提高对太阳光的利用效率,人们在设计和制造可见光驱动光催化剂方面做了大量的工作,已经开发了多种光催化材料处理抗生素废水。近年来,铋基催化剂具有良好的可见光催化性能,受到更多研究者的青睐。这类铋系化合物含有层状钙钛矿结构,因此又称为奥里维里斯(Aurivillius)型材料[85]。在铋基催化剂中,Bi$_2$MoO$_6$ 具有良好的热稳定性、易分散、无毒,在可见光响应范围内具有良好的催化活性,并且它具有独特的层状结构,即 [Bi$_2$O$_2$]$^{2+}$ 层之间夹有 MoO$_6$ 八面体共角结构[86],使 Bi$_2$MoO$_6$ 晶体内部存在内嵌电场,有利于 e$^-$ 和 h$^+$ 分离。

1. 二元相 TiO$_2$ 复合 Bi$_2$MoO$_6$

本书作者课题组合成了二元相 TiO$_2$ 复合 Bi$_2$MoO$_6$ 催化剂用于抗生素(环丙沙星、四环素和盐酸土霉素)的光催化降解[87]。以简单的微乳液法制备了二元相 TiO₂,即利用微乳液法[88]制备氧化钛,即在油包水(W/O)微乳液体系中合成。具体步骤如下:5.8g 十六烷基三甲基溴化铵(表面活性剂)溶于由 10mL 正戊醇(助表面活性剂)、60mL 正己烷(油)和 10mL 水组成的混合溶液中,搅拌 30min 后,浊液逐渐澄清,再加入 0.8mL 三氯化钛,继续搅拌 30min,转移到含聚四氟乙烯衬里的不锈钢高压反应釜,并在 200℃反应 6h 后,冷却至室温,将过滤得到的沉淀用少量丙酮洗涤两次后,继续用乙醇和水交替洗涤三次。最后过夜干燥,即可得到 TiO₂ 粉末样品。随后再制备二元相 TiO₂ 复合 Bi₂MoO₆ 催化剂样品,同样采用水热法,得到 TiO₂($x$wt%)/Bi₂MoO₆(x=0、0.16、0.27、0.41、0.55)。

采用 XRD 分析样品的物相组成,图 7-21 中在 2θ=28.3°、32.5°、47.3°以及 55.5°处有明显的衍射峰,分别对应于正交晶系(ICSD#037251)Bi₂MoO₆(JCPDS No. 76-2388)的(131)、(200)、(260)和(133)晶面。从 TiO₂ 的 XRD 谱图中可以看出 2θ=27.4°、36.0°、41.2°和 54.2°处有明显的特征衍射峰,分别对应于金红石相 TiO₂(JCPDS No. 76-0318)的(110)、(101)、(111)和(211)晶面。在 2θ=25.3°、37.9°和 48.1°处的特征衍射峰,分别对应于锐钛矿相 TiO₂(JCPDS No. 21-1272)的(101)、(004)和(200)晶面。表明合成出的 TiO₂ 为二元相结构,即含有金红石相和锐钛矿相。TiO₂/Bi₂MoO₆ 复合材料的 XRD 图谱中为 Bi₂MoO₆ 的衍射峰,而未观测到 TiO₂ 组分的衍射峰,这是因为 TiO₂ 含量太低。

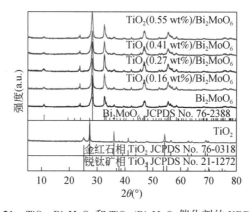

图 7-21　TiO₂、Bi₂MoO₆ 和 TiO₂/Bi₂MoO₆ 催化剂的 XRD 谱图

拉曼光谱同样在复合物中分析出三相的存在。图 7-22 为样品 TiO₂、Bi₂MoO₆ 和 TiO₂(0.41wt%)/Bi₂MoO₆ 的拉曼光谱,光谱显示的拉曼振动范围在 200～1000cm⁻¹。TiO₂ 在波数为 143cm⁻¹、445cm⁻¹、512cm⁻¹、607cm⁻¹ 和 634cm⁻¹ 有 5 个特征拉曼峰。其中,波数在 143cm⁻¹、445cm⁻¹ 和 607cm⁻¹ 处的拉曼峰归属于金红石相 TiO₂[91],其余的两个特征拉曼峰 512cm⁻¹ 和 634cm⁻¹ 归属于锐钛矿相 TiO₂[92,93]。Bi₂MoO₆ 在波数为 600～1000cm⁻¹ 的拉曼峰归属于 Mo—O 键的伸缩振动模式[94],在波数为 400cm⁻¹ 以下的拉曼峰归属于 Bi—O 键的伸缩振动模式[95]。将复合后样品 TiO₂(0.41wt%)/Bi₂MoO₆ 的波数 118～169cm⁻¹ 区域放大,可以观测到这个宽峰是由 Bi₂MoO₆ 的拉曼峰和 TiO₂ 的拉曼峰共同组成,在波数为 133cm⁻¹ 的拉曼峰归属于 Bi₂MoO₆。在波数为 146cm⁻¹ 处可以观测到 TiO₂ 的拉曼峰,证明了复合材料中 TiO₂ 的存在。其余的 TiO₂ 拉曼峰未观测到,可能是 TiO₂ 的含量较低且其余拉曼峰较弱所致。

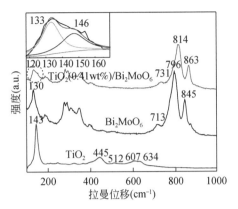

图 7-22 TiO_2、Bi_2MoO_6 和 $TiO_2(0.41wt\%)/Bi_2MoO_6$ 的拉曼光谱;$TiO_2(0.41wt\%)/$
Bi_2MoO_6 在波数为 $118\sim169cm^{-1}$ 局部放大拉曼光谱图(插图)

图 7-23 展示了在可见光下($\lambda\geqslant420nm$),通过降解抗生素环丙沙星、四环素和盐酸土霉素来评价样品的光催化性能。作为空白对照不加催化剂,3 种抗生素在可见光下都无法被去除。光照 150min 后,$TiO_2(0.41wt\%)/Bi_2MoO_6$ 对 10mg/L 环丙沙星的去除率为 88%,比 Bi_2MoO_6 提升了 33%。$TiO_2(0.41wt\%)/Bi_2MoO_6$ 对 20mg/L 四环素和 20mg/L 盐酸土霉素的去除也分别达到了 78.3% 和 77.6%,相对于 Bi_2MoO_6,分别提升了 19.5% 和 27.8%。

通过活性物种测试证明反应过程的主要活性物种为空穴(h^+),其次为超氧自由基(O_2^-)。半导体的导带(CB)和价带(VB)的电势电位决定了其光生电子(e^-)和空穴(h^+)的氧化还原能力。利用经验公式 $E_{VB}=X-E^e+0.5E_g$ 计算了 TiO_2 和 Bi_2MoO_6 价带的电势电位和公式 $E_{CB}=E_{VB}-E_g$ 计算导带的电势电位[96]。Bi_2MoO_6 的带隙为 2.59eV,其 X 值为 5.54eV[97],通过上式公式计算得到导带底和价带顶的电势电位分别为 $-0.255eV$ 和 2.335eV。TiO_2 的 X 值为 5.89eV[98],金红石相 TiO_2 和锐钛矿相 TiO_2 的带隙分别为 3.02eV 和 3.23eV[99],因此金红石相 TiO_2 的导带底和价带顶的电势电位分别是 $-0.12eV$ 和 2.90eV,

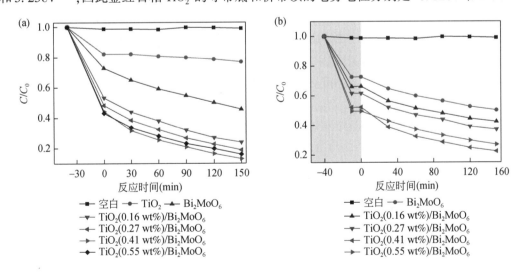

图 7-23 TiO_2/Bi_2MoO_6 催化剂降解环丙沙星(a)、盐酸土霉素(b)和四环素(c)

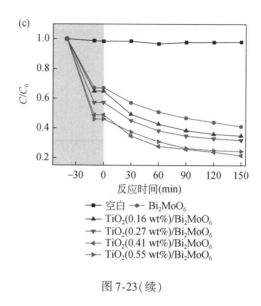

图 7-23(续)

锐钛矿相 TiO_2 的导带底和价带顶的电势电位分别是 $-0.225eV$ 和 $3.005eV$。

在可见光的辐射下,仅有 Bi_2MoO_6 价带上的电子可以被激发迁移至导带上,而 TiO_2 的带隙较大,难以被可见光激发。但通过理论计算得到 Bi_2MoO_6 的导带电势电位($-0.255eV$)比 TiO_2 两相的导带电势电位[金红石相 TiO_2 的电势电位($-0.12eV$)和锐钛矿相 TiO_2 的电势电位($-0.225eV$)]更负,因此在能极差形成的界面电场的推动下,被激发迁移至导带上的电子 e^- 由低电势向高电势转移($Bi_2MoO_6 \rightarrow TiO_2$)。捕获实验的结果揭示了该体系在降解过程中是以空穴和超氧自由基为活性物种,因此电子 e^- 被转移至 TiO_2 的导带上,有利于降低 Bi_2MoO_6 的 e^- 和 h^+ 的复合概率,提高 e^- 和 h^+ 的利用效率,因而复合催化剂 TiO_2/Bi_2MoO_6 的光催化活性得到显著提高。

2. 碘离子掺杂 Bi_2MoO_6

除了构建多相异质结,基于 Bi_2MoO_6 的光催化活性提升还进行了 I^- 离子掺杂。通过添加不同含量的 KI 制备出不同含量 I^- 掺杂 Bi_2MoO_6 催化剂[100],即 I_y-Bi_2MoO_6(y 为 I 与 Mo 的摩尔比)。在引入 I^- 后,I_y-Bi_2MoO_6 样品的 XRD 谱图中的峰位置与 Bi_2MoO_6 基本一致,但发现掺杂后的催化剂样品对比未掺杂样品,峰宽较弱,说明 I^- 的加入降低了样品的粒径和结晶度[101]。此外,没有在谱图中检测到碘单质和含碘物种[图 7-24(a)]。通过峰位置的比对,衍射角 $2\theta = 26° \sim 30°$ 范围内晶面(131)的衍射峰,发现 I_y-Bi_2MoO_6 系列样品的峰位置向低角度偏移最为明显[图 7-24(b)],其他衍射峰也观察到同样的结果。根据布拉格定律 $d_{(hkl)} = n\lambda/(2\sin\theta)$,衍射角 2θ 在低角度方向上的移动表示样品的晶胞常数增大。根据 O^{2-} 的离子半径为 $0.142nm$,Mo^{6+} 的离子半径为 $0.059nm$,Bi^{3+} 的离子半径为 $0.103nm$,而 I^- 的离子半径为 $0.22nm$[102],因此 I^- 的离子半径远大于 Bi_2MoO_6 中任一离子半径,难以发生离子替换,因此认为可能是 I^- 掺杂进入晶格间隙,导致了晶胞常数的增大。

从样品 $I_{0.4}$-Bi_2MoO_6 的元素成像图片可以看出,样品 $I_{0.4}$-Bi_2MoO_6 中包含 Bi、Mo、O、I 四

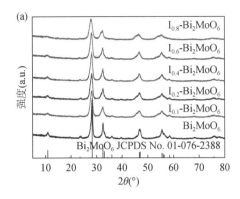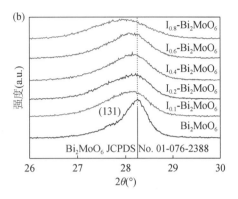

图 7-24　催化剂样品的 XRD 图谱(a)及(131)晶面在 2θ=26°~30°的衍射峰的变化(b)[102]

种元素,并且可以从碘的元素成像图 7-25 看出,碘均匀分布在 Bi₂MoO₆ 微球中。

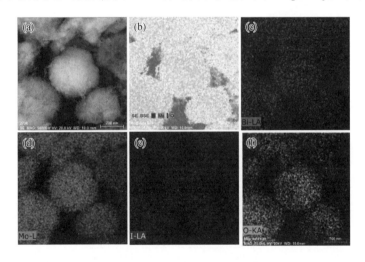

图 7-25　样品 I₀.₄-Bi₂MoO₆ 的(a)EDS 元素成像,(b)全部元素,(c)Bi,(d)Mo,(e)I,(f)O[102]

在可见光下($\lambda \geqslant 420\text{nm}$),光催化降解 10mg/L 环丙沙星、20mg/L 四环素和 20mg/L 盐酸土霉素来评价光催化剂的活性。样品 $I_{0.4}$-Bi₂MoO₆ 显示出最佳的性能,在环丙沙星的去除上,$I_{0.4}$-Bi₂MoO₆ 的去除率为 90%,比纯样 Bi₂MoO₆ 高出 36%。$I_{0.4}$-Bi₂MoO₆ 对四环素和盐酸土霉素的去除也分别达到了 88.1% 和 89.6%,相对于 Bi₂MoO₆ 来说分别提升了 22.7% 和 32.5%(图 7-26)。研究表明,碘离子掺杂后显著增大了 Bi₂MoO₆ 的比表面积,增加了对抗生素的吸附能力。另外,Bi₂MoO₆ 和 $I_{0.4}$-Bi₂MoO₆ 导带价带位置经莫特-肖特基法测得,即得到 Bi₂MoO₆ 的价带顶端电势 $E_{VB} = 2.751\text{V}$,导带底端电势 $E_{CB} = -0.057\text{V}$;$I_{0.4}$-Bi₂MoO₆ 的价带顶端电势 $E_{VB} = 2.418\text{eV}$,导带低端电势 $E_{CB} = -0.48\text{V}$。氧化还原对 IO_3^-/I^- 的电势电位 $E(IO_3^-/I^-)$ 为 1.085V,比 $I_{0.4}$-Bi₂MoO₆ 的价带顶端电势电位(2.418V)更低[103],因此认为 I^- 能够被空穴氧化成 IO_3^-。因此 IO_3^-/I^- 的氧化还原反应会伴随在光催化反应过程中。在反应起初,I^- 可以作为空穴的捕获位点,此时分离的 e^- 能够溢出与氧气发生反应生成超氧自由基。与此同时,I⁻被氧化得到的 IO_3^- 能够捕获电子,提高电子–空穴分离效率,分离得到的空穴能够与抗生素发生直接或间接氧化反应。简单的反应过程如下所示。

$$I^- + 6h^+ + 6OH^- \longrightarrow IO_3^- + 3H_2O$$

$$O_2 + e^- \longrightarrow O_2^{\cdot -}$$

$$IO_3^- + 6e^- + 3H_2O \longrightarrow I^- + 6OH^-$$

$$OH^- + h^+ \longrightarrow \cdot OH$$

$$抗生素 + \cdot OH/h^+/O_2^{\cdot -} \longrightarrow CO_2 + H_2O + 其他产品$$

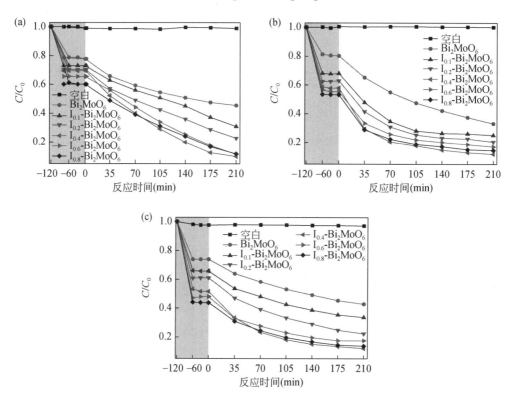

图 7-26　I_y-Bi_2MoO_6 催化剂样品降解环丙沙星(a)、四环素(b)和盐酸土霉素(c)[102]

3. 氧空位调控 Bi_2MoO_6

表面氧空位是一种典型的缺陷,被认为是在许多金属氧化物中普遍存在的缺陷,氧空位作为多相催化的重要吸附中心和活性中心,对金属氧化物的反应活性有很强的影响[104]。通常,处理得到氧空位的方法主要有:①氢气还原热处理;②去氧热处理;③掺杂金属或非金属离子;④高能粒子轰击。

Polarz 等用一种低成本的乙二醛辅助溶剂进行溶剂热合成了可调控的氧空位 Bi_2MoO_6 催化剂[104]。在 Bi_2MoO_6 的制备过程中,加入 φmL 乙二醛(含 40% 水)溶液($\varphi = 0$、0.5、1、1.5、2、2.5),之后再转移至水热反应釜反应,氮气气氛下煅烧 2h 即得到催化剂样品 φ-OVBMO。探究催化剂在可见光下催化降解 10mg/L 环丙沙星、20mg/L 四环素和 20mg/L 盐酸土霉素的活性,其中,添加2mL乙二醛溶液的样品效果最佳,2-OVBMO对环丙沙星的去除率为76.98%,比纯样高出59.6%,对四环素和盐酸土霉素的去除率也分别达到了81.9%和81.72%,相对于Bi_2MoO_6来说分别提升了50.7%和49.42%。氧空位的形成造成Bi_2MoO_6的能带结构发生改变。

　　紫外可见漫反射光谱分析发现氧空位的存在有助于拓展光吸收带,减小半导体的带隙;图7-27中Bi 4f的XPS图谱发现向低结合能方向移动,证明由于金属原子周围氧原子的缺失导致其配位数减少,同时发现氧空位的存在提升了价带顶的位置,价带被略微加宽;同样地,莫特-肖特基测试发现氧空位的存在导致导带底朝更负的方向移动。Bi_2MoO_6的导带是由Bi 6p、Mo 4d和O 2p能级电子波函数叠加而成[105],Bi和Mo周围的氧原子缺失,会导致Bi与Mo原子间多余的电子再分配,且在导带之下形成浅施主能级[106],并且在高度缺氧的情况下,它们甚至会重叠传导带[107]。Bi_2MoO_6的能带结构示意图如图7-28所示。

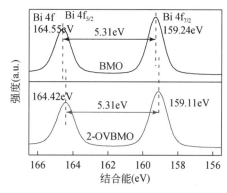

图 7-27　催化剂样品 BMO 和 2-OVBMO 的 XPS 图谱

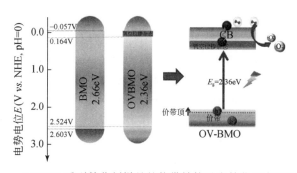

图 7-28　φ-OVBMO 系列催化剂样品的能带结构及光催化反应机理示意图

7.6.3　其他半导体改性手段应用于光催化去除抗生素

　　对催化剂材料形貌结构进行改造也是一种用于增加反应活性位点的有效手段。Liu等[108]以$Zn_4CO_3(OH)_6 \cdot H_2O$为模板进行原位生长合成$Zn_2GeO_4$空心球,这种空心球结构具有高的比表面积,并且在抗生素降解反应中提供了更多的活性位点,在对抗生素甲硝唑的降

解中较固相法合成 Zn_2GeO_4 的性能提高了 20% 。Yi 等[109]研究了不同形貌 ZnO(四叶针状 ZnO、花状 ZnO 和纳米离子 ZnO)针对 20mg/L 磺胺二甲嘧啶抗生素的光催化性能。其中四叶针状 ZnO 的光催化降解磺胺二甲嘧啶的效率最高,这是因为四叶针状 ZnO 沿着[0001]晶面生长,导致更高活性的晶面[10$\bar{1}$0]暴露。另外,这种四叶针状结构使得尖端为 nm 级,使得其具有纳米材料的高比表面积优势,又避免了纳米材料易团聚的不足。

　　贵金属沉积改性催化剂形成肖特基结也是提高降解抗生素效率的有效手段之一。Xue 等[110]采用煅烧加光沉积的方法制备了 $Au/Pt/g\text{-}C_3N_4$ 催化剂,沉积得到的贵金属 Au 和 Pt 的粒子尺寸为 7 ~ 15nm,且均匀分布在 $g\text{-}C_3N_4$ 上,研究发现在可见光下对四环素的降解效率,$Au/Pt/g\text{-}C_3N_4$ 是纯 $g\text{-}C_3N_4$ 的 3.4 倍。这归因于 Au 的局域表面等离子体共振效应(LSPR),其扩展了光吸收的范围,并且电子可以迁移到 Pt 颗粒以有效地分离光生载流子,从而提高了光催化活性。以及利用贵金属作为固态电子介质的 Z 型结构,如 $RGO/Ag_3PO_4/Ag/BiVO_4$[111]、$BiVO_4/Ag/Cu_2O$[112]、$CdS/Au/BiVO_4$[113] 等。以 $RGO/Ag_3PO_4/Ag/BiVO_4$ 为例,Chen 等[111]通过原位沉淀与光还原制备出 $RGO/Ag_3PO_4/Ag/BiVO_4$,复合材料催化剂在可见光下对四环素表现出了优异的降解性能,Ag 作为电子转移介质,在两种半导体交联桥的构建中起着重要的作用,使电子与空穴分离效率提高。另外石墨烯的引入,有效地增加比表面积,增加污染物的容纳量和反应位点。而且,石墨烯作为电子储能层,在俘获和穿梭电子方面起着至关重要的作用,还能作为保护层,有效防止银基材料的光腐蚀现象,具有更好的稳定性。

7.7　酚类有机物的光催化深度去除

7.7.1　酚类的危害

　　水体中存在的酚类污染物属于生物难降解的有机污染物,主要来源是工业废水、化工、石油、冶金以及轻工等行业。由于酚类物质难以被微生物降解去除,当前通常采用的生物处理法难以对这些污染物的去除起到明显的作用。若直接排放至自然界水体中,也难以通过自洁净的作用根除。光催化反应能将多种有害物彻底矿化为 CO_2、H_2O 等无毒的小分子。鉴于光催化在能源再生和环境处理等领域的实用前景和巨大的社会经济效益,光催化技术逐渐发展成为化学、物理、化工和材料等学科的研究热点[114]。针对酚类化合物的去除,本书作者采用光催化技术将其矿化分解,其中以银基半导体与铋基半导体光催化剂为主。

7.7.2　碳酸银基半导体光催化去除酚类

1. $CaMg(CO_3)_2@Ag_2CO_3$ 复合微球光催化性能

　　银基半导体光催化材料属于 d 区过渡金属的化合物材料。研究发现,银基化合物能够表现出很多优异的性能,如大多数的银基催化材料均能表现出良好的光吸收性能,能够在可见光区域表现出较强的吸光能力。而且大多数的银基半导体具有较窄的禁带宽度,这使它们很容易被光激发进行光催化反应。目前,银基光催化剂属于比较理想的可实际应用的半导体光催化材料。

良好的形貌能够有效促进光催化性能的提升。球形形貌在多数情况下均能够有效促进材料各个方面的性能,而 Ag_2CO_3 在这方面的研究极少,因此从这一点出发,采用硬模板离子交换法,控制反应的温度和时间,制备出具有微球形貌的 $CaMg(CO_3)_2@Ag_2CO_3$ 复合材料(其中 Ag_2CO_3 为壳),如图 7-29 所示[115]。$CaMg(CO_3)_2$ 模板是由直径约 10 μm 的微球组成,并且具有非常平滑的表面。而 $CaMg(CO_3)_2@Ag_2CO_3$ 复合材料形貌发生了较大的变化,原本光滑的表面消失但产物仍保持 10 μm 左右的球形形态。这种复合微球结构的光催化材料相比 $CaMg(CO_3)_2$ 与 Ag_2CO_3 具有优异的光电性能(图 7-30)。

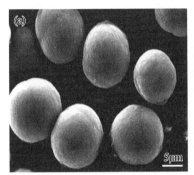

图 7-29　$CaMg(CO_3)_2$(a)与 $CaMg(CO_3)_2@Ag_2CO_3$(b)的 SEM 图[115]

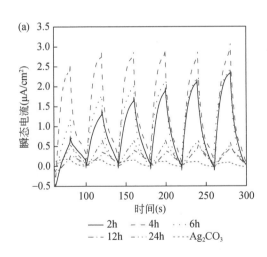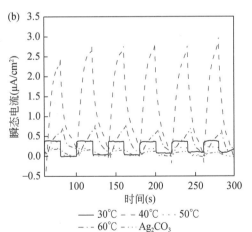

图 7-30　样品的光电测试:不同制备时间(a)和不同反应温度(b)的 $CaMg(CO_3)_2@Ag_2CO_3$
样品的光电流测试[115]

在氙灯照射下,通过光降解染料酸性橙 II,考察了制备的 $CaMg(CO_3)_2@Ag_2CO_3$ 样品光催化性能。图 7-31(a)和(b)显示在降解过程中,所有制备的催化剂对酸性橙 II 的吸附能力都很弱,表明反应温度和反应时间对 $CaMg(CO_3)_2@Ag_2CO_3$ 的吸附性能影响不大,这可能是由于其比表面积小。在图 7-31(a) 中,实验结果表明 $CaMg(CO_3)_2$ 模板没有光催化活性,而 $CaMg(CO_3)_2@Ag_2CO_3$ 样品在染料降解过程中表现出明显的可见光活性。显然,离子交换时间和温度对活性有很大的影响。在 40℃ 的固定温度下,离子交换时间为 4h,得到活性最高的 $CaMg(CO_3)_2@Ag_2CO_3$ 样品。进一步增加反应制备的时间对其活性有不利影响,且光催化性能下降。光照射 15min 后,在离子交换时间为 2h、4h、6h、12h 和 24h 的 $CaMg(CO_3)_2$ $@Ag_2CO_3$ 上,酸性橙 II 的降解率分别为 77%、84%、69%、72% 和 61%。与沉淀法制备的纯 Ag_2CO_3 相比,$CaMg(CO_3)_2@Ag_2CO_3$ 样品具有优异的光催化性能。

图 7-31(b) 考察制备温度对光催化活性的影响,光照射 15min 后,在 30℃、40℃、50℃ 和 60℃ 下制备的 $CaMg(CO_3)_2@Ag_2CO_3$ 对酸性橙 II 的降解率分别为 66%、82%、78% 和 41%,因此在 40℃ 下制备样品 4h 的催化活性最高。除此之外,还对另一种典型的有机污染物苯酚进行了活性测试,如图 7-31(c) 所示,Ag_2CO_3 纯样在光照 50min 的条件下对苯酚具有较低的降解活性;相比来说,$CaMg(CO_3)_2@Ag_2CO_3$ 复合微球的光催化性能较好,进一步证实了这些核-壳结构微球的优异性能。

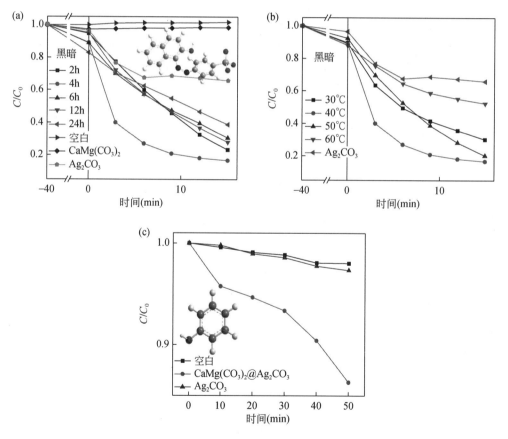

图 7-31　$CaMg(CO_3)_2@Ag_2CO_3$ 样品光催化性能测试

(a)在 40℃ 下不同制备时间的样品光催化测试;(b)在不同温度下制备 4h 的样品光催化测试;

(c)苯酚降解性能测试[115]

2. NCQDs 提高 Ag₂CO₃ 光催化降解苯酚

具有规则微球形貌的 CaMg(CO₃)₂@Ag₂CO₃ 复合光催化材料,虽然能够促进光催化性能的提升,但是对难降解污染物(苯酚)的降解活性依然很低。氮掺杂的碳量子点(NCQDs)是一种具有良好水溶性、吸光性能的纳米材料($\Phi \leqslant 10nm$)。相比碳量子点(CQDs),掺杂的 N 元素会引起局部电负性的变化,而导致局部电子云密度变化,更容易转移电子。Chen 等[116]采用沉淀法在室温下合成了新型 NCQDs/Ag₃PO₄ 复合光催化剂,并且在光照过程中生成了一部分 Ag 单质,讨论了 NCQDs 在其中的作用,提出了一种新的降解甲基橙 Ⅱ 的机理。研究认为在光催化过程中,光生电荷通过 Ag₃PO₄、NCQDs、Ag 矢量转移,从而有效地实现了 Ag₃PO₄ 的电荷分离,具有较高的活性和稳定性,这有利于分析相关的 Ag₂CO₃ 光催化材料。Di 等[117]采用离子液体辅助溶剂热法制备了 NCQDs/BiOBr 超薄纳米片光催化剂。离子液体促进了 NCQDs 和 BiOBr 之间的紧密连接,而 NCQDs 作为捕光中心、电荷分离中心、分离电荷载体和活性中心对降解污染物起到了关键作用。还有其他研究探讨了 NCQDs 与 TiO₂[118]、g-C₃N₄[119]等。从这点出发,本书作者课题组研究探索了 NCQDs 对 Ag₂CO₃ 光催化性能的影响,为了对比,将 CQDs 作为参照[120]。

图 7-32 分别给出了 Ag₂CO₃、NCQDs/Ag₂CO₃ 和 CQDs/Ag₂CO₃ 的 XRD 图谱。当将适量 NCQDs 或 CQDs 溶液加入 Ag₂CO₃ 晶体生长体系中时,得到的 QDs/Ag₂CO₃ 复合物与合成的 Ag₂CO₃ 样品显示出几乎相同的衍射峰。然而,仔细观察发现,所有样品在 2θ 为 19.4° 和 34.1° 处出现了两个新的衍射峰。这两个峰对应了六方晶相的 Ag₂CO₃(JCPDS No. 31-1237)的晶面,空间群为 P-6(174)。这个结果表明,在 Ag₂CO₃ 生长成核的过程中,量子点的存在会略微改变 Ag₂CO₃ 的部分晶相组成,有利于(110)和(300)晶面的生长。

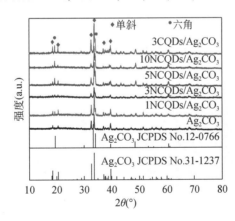

图 7-32　Ag₂CO₃、NCQDs/Ag₂CO₃ 和 CQDs/Ag₂CO₃ 样品的 XRD 图谱[120]

图 7-33(a)和(b)分别为 Ag₂CO₃ 和 3NCQDs/Ag₂CO₃ 的 SEM 图像。可以从图 7-33(a)中看到未耦合碳量子点的 Ag₂CO₃ 是由不规则棒状颗粒组成;图 7-33(b)显示复合后的 3NCQDs/Ag₂CO₃ 比纯样 Ag₂CO₃ 的粒径小得多。此外,3NCQDs/Ag₂CO₃ 的形貌更不规则,结合 XRD 结果可以知道,NCQDs 能够作用于晶面,说明 NCQD 的引入对 Ag₂CO₃ 的成核和晶体生长有很大的影响。

图 7-33　Ag_2CO_3(a)和 3-$NCQDs/Ag_2CO_3$(b)的 SEM 图像[120]

Ag_2CO_3 与两种碳基量子点改性后的 Ag_2CO_3 光催化材料的光催化降解苯酚是在可见光（$\lambda \geqslant 420nm$）照射下进行。如图 7-34 所示，在无光催化剂的情况下，进行了空白实验，可以确定苯酚在可见光照射下不会被分解。图 7-34(a)中，Ag_2CO_3 具有较弱的光催化活性，与 NCQDs 复合后，$NCQDs/Ag_2CO_3$ 复合材料的降解活性明显提高。$NCQDs/Ag_2CO_3$ 复合物的

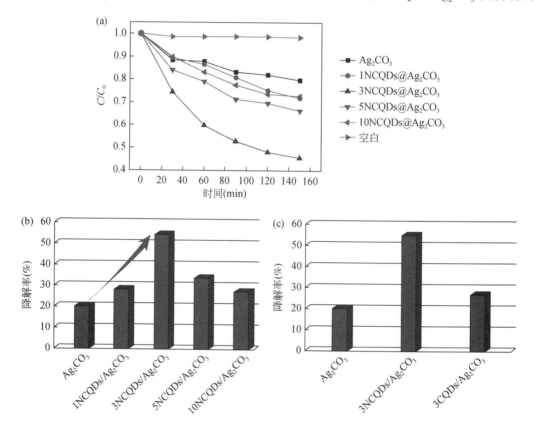

图 7-34　(a)苯酚在 Ag_2CO_3 和 $NCQDs/Ag_2CO_3$ 上的光催化降解；(b)在 Ag_2CO_3 和 $NCQDs/Ag_2CO_3$ 上的苯酚降解率；(c)在 Ag_2CO_3、$3NCQDs/Ag_2CO_3$ 和 $3CQDs/Ag_2CO_3$ 上的苯酚降解率[120]

光催化活性与 NCQDs/Ag$_2$CO$_3$ 制备中加入 NCQDs 的量密切相关。在 Ag$_2$CO$_3$ 生长体系中，NCQDs 溶液加入量为 1~3mL 时，NCQDs/Ag$_2$CO$_3$ 的光催化活性有明显提高。但随着 NCQDs 溶液的加入量增多，制备得到的 5NCQDs/Ag$_2$CO$_3$ 和 10NCQDs/Ag$_2$CO$_3$ 样品的光催化活性并没有提高，反而会开始下降。

图 7-34（b）给出了不同样品可见光辐照 150min 后得到的苯酚降解率，可以明显发现 3NCQDs/Ag$_2$CO$_3$ 表现出很高的催化活性。图 7-36（c）比较了分别加入等体积 NCQDs 或 CQDs 溶液得到的两种样品以及纯样 Ag$_2$CO$_3$ 的光催化活性。可以看出，添加任何一种量子点都能提高 Ag$_2$CO$_3$ 的光催化活性，但 NCQDs 表现出的作用要大于 CQDs。光照 150min 后，苯酚在 3NCQDs/Ag$_2$CO$_3$ 上的降解率约为 3CQDs/Ag$_2$CO$_3$ 材料的两倍。

3. CaMg(CO$_3$)$_2$@Ag$_2$CO$_3$/Ag$_2$S/NCQDs 纳米复合材料光催化降解苯酚

前面提到分别从光催化材料的形貌与有效转移电子两个方面考虑，合成了 CaMg(CO$_3$)$_2$@Ag$_2$CO$_3$ 微球与 NCQDs/Ag$_2$CO$_3$ 两种复合光催化剂。接下来考虑将两者结合起来。首先 CaMg(CO$_3$)$_2$@Ag$_2$CO$_3$ 本身活性还是很低，所以考虑结合前面的研究结果，在此基础上进一步提高复合微球的活性，最直接的方法就是再次构筑异质结，进一步有效转移电子分离光生载流子。其次，Ag$_2$CO$_3$ 自身在水中的溶解度相对较大，因此考虑在外表面复合一层溶解度相对很小的材料对内层也能进行保护。本书作者课题组进一步制备了一种 CaMg(CO$_3$)$_2$@Ag$_2$CO$_3$/Ag$_2$S/NCQDs 四元纳米复合材料，有效提高了对苯酚的降解性能[121]。

图 7-35（a）给出了在 500W 氙灯照射下，CaMg(CO$_3$)$_2$@Ag$_2$CO$_3$ 复合微球（AS-0）、CaMg(CO$_3$)$_2$@Ag$_2$CO$_3$/Ag$_2$S三元复合物（AS-0.4）和引入 NCQDs 后的四元复合结构材料 CaMg(CO$_3$)$_2$@Ag$_2$CO$_3$/Ag$_2$S/NCQDs（5NC-AS-0.4）三种典型的光催化剂光电流响应强度的比较。AS-0 表现出很弱的电流强度，然而，在发生阴离子交换（S^{2-}取代 CO$_3^{2-}$）后得到的 AS-0.4 的催化材料其光电流密度开始增强。而且 AS-0.4 的光电流强度约为 AS-0 的 5 倍，表明 CaMg(CO$_3$)$_2$@Ag$_2$CO$_3$/Ag$_2$S$_{(0.4)}$ 具有比 CaMg(CO$_3$)$_2$@Ag$_2$CO$_3$ 样品更高的光诱导电子和空穴分离效率。另外，5NC-AS-0.4 的光电流密度分别约为 AS-0.4 的 4 倍和 AS-0 的 20 倍。结果表明，NCQDs 与体系的耦合可以进一步提高电子和空穴的分离效率。

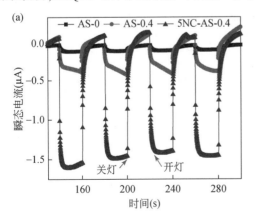
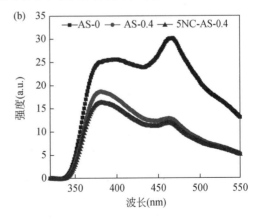

图 7-35　AS-0、AS-0.4 和 5NC-AS-0.4 三种典型样品的瞬态光电流响应（a）和荧光光谱（b）[121]

　　图 7-35(b)给出了 AS-0、AS-0.4 和 5NC-AS-0.4 三种典型样品在 325nm 激发波长下的光致发光固态荧光光谱测试结果。AS-0.4 的光致发光强度远低于 AS-0,但高于 5NC-AS-0.4,说明在 CaMg(CO$_3$)$_2$@ Ag$_2$CO$_3$ 复合微球表面加入 Ag$_2$S 能有效地分离载流子,并且在 CaMg(CO$_3$)$_2$@ Ag$_2$CO$_3$/Ag$_2$S 复合材料中引入 NCQDs 可以进一步改善光生电子和空穴的分离情况,抑制载流子的复合。一般情况下,光催化材料在光激发下产生光生载流子,载流子极易发生复合,结果以热或者光的形式散发能量。这种复合概率越高,所得到的荧光发射光谱峰强度越强[122]。

　　图 7-36(a)给出了 AS-0、AS-0.4 和 5NC-AS-0.4 的电化学交流阻抗谱图,当工作电极被电荷转移激发时,EIS 奈奎斯特图上会出现一个圆弧,其中小圆弧表示电荷转移的阻力较小[123]。而较小迁移阻力能够使材料具有优良的电荷转移能力,图 7-36 清楚地显示出,AS-0.4 的圆弧半径要小于 AS-0 的圆弧。与 AS-0.4 相比,5NC-AS-0.4 的半径要小得多。这些结果表明,光生电子和空穴的分离速率顺序为:5NC-AS-0.4>AS-0.4>AS-0。

　　利用莫特-肖特基方程可以判断半导体平带电位(V_{fb})的位置以及半导体类型。图 7-36(b)为 AS-0、AS-0.4 与 5NC-AS-0.4 几种光催化材料所测得的莫特-肖特基曲线图。

$$C_s^{-2} = 2 \times (e\varepsilon\varepsilon_0 N_d)^{-1} \times (E - V_{fb} - KT/e)$$

式中,C_s 为半导体电容,e 为电荷量,ε 与 ε_0 分别为半导体的相对介电常数与真空介电常数;N_d、E、K 和 T 分别为载流子浓度、施加电压、玻尔兹曼常数以及温度。在莫特-肖特基曲线图中,C_s^{-2} 相对电位的曲线斜率为直线时,可以得到平带电位(V_{fb})值。从图 7-36(b)可以明显发现这三种光催化剂均属于 n 型半导体,而且 AS-0、AS-0.4 与 5NC-AS-0.4 的平带电位分别为 0.782V、0.294V 与 0.123V,说明 CaMg(CO$_3$)$_2$@ Ag$_2$CO$_3$ 表面 S^{2-} 交换得到的 CaMg(CO$_3$)$_2$@ Ag$_2$CO$_3$/Ag$_2$S 以及在此表面作用微量的 NCQDs 对材料的平带电位有很大的影响。根据前文的方法,可以判断相应载流子浓度 N_d 的大小,在上式中 e 为元素电荷量,值为 1.6×10^{-19} C;真空介电常数 $\varepsilon_0 = 8.845 \times 10^{-12}$ F/m;ε 为 Ag$_2$CO$_3$ 的相对介电常数,三者均为已知量。而 dE/dC_s^{-2} 属于图 7-36(b)曲线中直线部分所对应直线斜率的倒数,从中可知,直线的斜率越大,相对应的 dE/dC_s^{-2} 会越小,最后得到的载流子浓度 N_d 也会越低。也由此判断 5NC-AS-0.4 能够产生更大浓度的光生电子-空穴对。

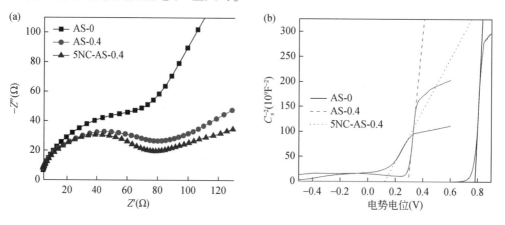

图 7-36　(a)AS-0、AS-0.4 和 5NC-AS-0.4 三种典型样品的电化学交流阻抗谱图;(b)三种典型样品的莫特-肖特基曲线[121]

　　苯酚是一种无色有机化合物,属于比较难降解的物质,排放至环境中很容易对人体、生物产生严重的危害,因为对这类研究物的去除也属于现如今的研究热点。实验中用光反应仪的 350W 氙灯作为光源模拟太阳光进行光催化降解苯酚实验。图 7-37 显示了 20ppm 的苯酚污染物溶液在一系列 AS 和 NC-AS-0.4 催化剂样品中的降解情况。在图 7-37(a)中,在光照且无催化剂的条件下,可以明显发现苯酚的浓度没有发生变化,这说明苯酚是一种非常稳定的芳香族化合物,在光照下不会发生光解。另外,原始硬模板 $CaMg(CO_3)_2$ 微球的光催化效果很弱,而且 AS-0[$CaMg(CO_3)_2$ @ Ag_2CO_3] 光催化降解苯酚的活性也较弱。在 $CaMg(CO_3)_2$@Ag_2CO_3 中,阴离子交换(用 S^{2-} 取代 CO_3^{2-})逐渐提高了光催化性能。此外,AS 系列样品的活性与 $CaMg(CO_3)_2$@Ag_2CO_3 表面生成的 Ag_2S 的含量密切相关。然而,高含量 Ag_2S 的生成会抑制 AS-0.6 和 AS-0.8 样品的活性,因为 Ag_2S 的苯酚降解没有活性。图 7-37显示了苯酚在一系列 AS 系列样品上的降解率,结果表明,AS-0.4 对苯酚的降解效果最好,光照 150min 对苯酚的降解率可达 71.8%。

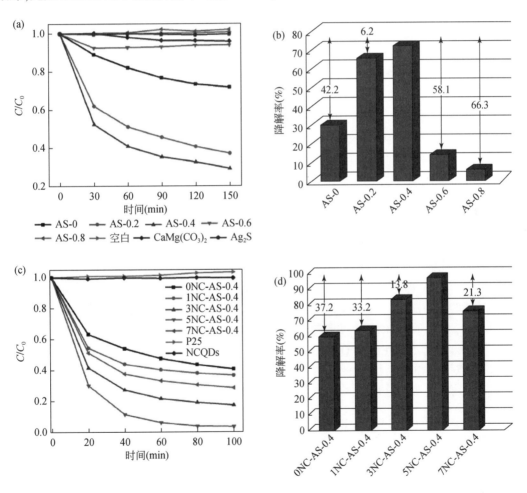

图 7-37　苯酚在不同样品上的光催化降解效果

(a)AS 系列材料上苯酚浓度的变化;(b)150min 后苯酚在 AS 上的降解率;(c)NC-AS-0.4 降解苯酚的
浓度变化;(d)100min 后 NC-AS-0.4 对苯酚的降解率[121]

图 7-37(c)与(d)示出了 NCQDs 与 AS-0.4 耦合对光催化活性的影响。明显看出,AS-0.4 表面存在的 NCQDs 能够进一步促进苯酚的降解,但 NCQDs 本身却并没有光催化活性。模拟光照 100min 后,苯酚在 5NC-AS-0.4 上的降解率达到 96.5%,表明苯酚几乎完全降解。在图 7-37(c)中,还比较了 P25 和所制备的 NC-AS-0.4 材料的性能,发现 NC-AS-0.4 的催化活性明显优于 P25 在模拟太阳光中的催化活性,这说明 NC-AS-0.4 有很高的应用价值。

7.7.3　铋基半导体光催化去除酚类

近年来,与铋相关的纳米光催化材料不断更新,形成了具有鲜明特色的铋基光催化体系,这类材料往往具有高效的光催化活性、良好的稳定性、价格低廉和无毒性等特点,现已发展成为太阳能转化和环境修复领域内有潜在应用价值的新一类光催化剂。

1. 声化学辅助溶剂热改性 BiOCl 光催化去除苯酚

BiOCl 的光催化性能与其晶体及微观结构等密切相关。例如,Zhang 等[124]采用聚乙烯吡咯烷酮(PVP)和柠檬酸做形貌控制剂,合成了一系列中空结构的 BiOCl 光催化剂,这种中空结构有助于催化活性的提高。此外,采用合适的方法对 BiOCl 改性,也能有效拓展其可见光光响应范围或增强其可见光光催化效果。例如,利用 Fe_3O_4[125]和 Bi_2S_3[126]进行复合,Fe[127]、S[128]进行掺杂及 Ag[129]、Pt[130]等贵金属的负载。声化学是一种特殊的纳米材料合成方法。其独特的环境有利于合成特殊结构的纳米光催化剂[131,132]。本书作者采用超声辅助溶剂热法制备系列 BiOCl 光催化剂,考查了超声时间和反应介质(EG/H_2O)对 BiOCl 的结构和光催化性能的影响[133]。

图 7-38(a)为固定 EG/H_2O 体积比为 2/3 的条件下,不同超声时间所制备的 BiOCl 在紫外光照射下苯酚的浓度 C/C_0 对光照时间的关系曲线,从图 7-38(c)苯酚降解率的柱状图可以看出,紫外光照射 75min 时,60(2/3)-BiOCl 对苯酚的降解率达到 85.8%。可见在固定 EG/H_2O 体积比为 2/3 的条件下,超声 60min 合成的 BiOCl 光催化性能最好。图 7-38(b)为固定超声时间 60min,不同 EG/H_2O 体积比下制备的样品在紫外光照射下,苯酚的浓度 C/C_0 对光照时间的关系曲线。图 7-38(c)表明,紫外光照射 75min 时,60(0/5)-BiOCl 对苯酚的降解率为 51.4%,而 60(1/4)-BiOCl 基本上可以实现苯酚的完全降解,其降解率接近100%。BiOCl 随着溶剂 EG/H_2O 体积比的逐渐增大,苯酚的降解率逐渐降低。可见 EG/H_2O 体积比对 BiOCl 的活性影响非常大。图 7-38(d)为 60(1/4)-BiOCl 对苯酚降解过程中,苯酚的紫外可见光吸收光谱图。

2. 非金属元素(F/B)改性 BiOCl 光催化降解酚类

采用温和的溶剂热法制备出了纳米片结构的 F 掺杂 BiOCl 光催化剂,然后通过300℃煅烧得到了 F-BiOCl[134]。研究了在模拟太阳光照下,不同掺杂量对 F-BiOCl 光催化性能的影响,分析了 F 掺杂 BiOCl 光催化剂性能提高的原因。此外,通过简单的溶剂热法成功制备了(001)晶面突出的 B-BiOCl 纳米片光催化剂,发现 B 掺杂能调控 BiOCl 的晶面生长。采用多种有机酚类污染物,如双酚 A、苯酚评价了 B-BiOCl 光催化剂的光催化活性。

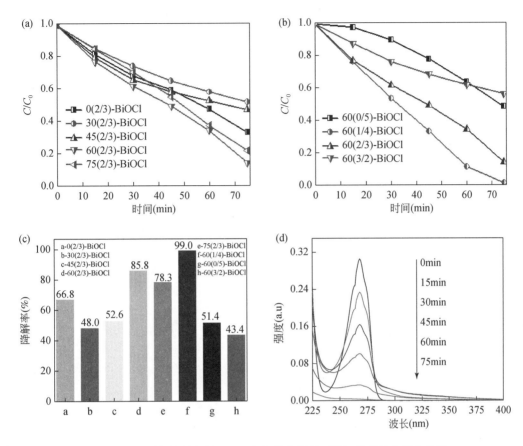

图 7-38　不同条件制备的 BiOCl 在紫外光照射下降解苯酚的光催化性能

（a）、（b）样品随时间的降解率;（c）样品 75min 后的降解率;（d）60(1/4)-BiOCl 降解苯酚的紫外可见光吸收光谱[133]

图 7-39 为 BiOCl 和 B 掺杂 BiOCl 样品对无色有机废水苯酚和双酚 A 的光催化性能评价结果[135]。图 7-39(a)为 BiOCl 和 B 掺杂 BiOCl 光催化降解苯酚浓度 C/C_0 对光照时间的关系曲线。观察可知,单纯的 BiOCl 对难降解苯酚表现出较好的光降解活性,光照 80min,BiOCl 对苯酚的光催化降解率约为 60%。相同条件下,$B_{1.0}$-BiOCl 几乎能实现苯酚的完全降解。图 7-39(b)给出了 $B_{1.0}$-BiOCl 降解苯酚过程中,不同时间下苯酚溶液的紫外光谱图。由图可知,苯酚的特征吸收波长为 268nm,当反应进行到 80min 的时候,苯酚在 268nm 的特征吸收峰值接近于 0,说明 $B_{1.0}$-BiOCl 对苯酚有非常好的光催化降解效果。图 7-39(c)为 BiOCl 和 B 掺杂 BiOCl 光催化降解双酚 A 污染物浓度 C/C_0 对光照时间的关系曲线。相比较苯酚而言,双酚 A 更容易被光催化降解。从图可以发现,光照 40min,BiOCl 对双酚 A 的光催化降解率约为 61%。相同条件下,$B_{1.0}$-BiOCl 几乎能实现双酚 A 的完全降解。图 7-39(d)给出了 $B_{1.0}$-BiOCl 降解苯酚过程中,不同时间下双酚 A 溶液的紫外光谱图。由图可知,双酚 A 的特征吸收波长为 274nm。当反应进行到 40min 的时候,双酚 A 在 274nm 的特征吸收峰值也接近于 0。这充分证明了 B 掺杂能极大增强 BiOCl 的光催化活性。

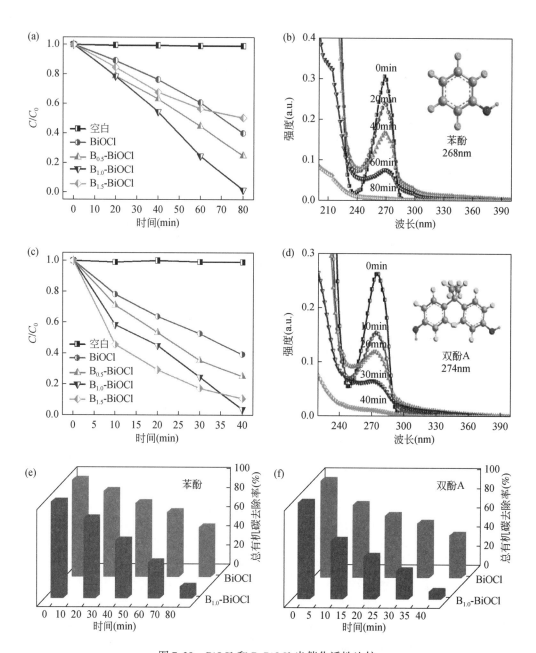

图 7-39　BiOCl 和 B-BiOCl 光催化活性比较

（a）样品对苯酚随时间的降解率；（b）B_{1.0}-BiOCl 降解苯酚的紫外光谱；（c）样品对双酚 A 随时间的降解率；（d）B_{1.0}-BiOCl 降解双酚 A 的紫外光谱；（e）BiOCl 和 B_{1.0}-BiOCl 样品对苯酚随时间的总有机碳去除率；（f）BiOCl 和 B_{1.0}-BiOCl 样品对双酚 A 随时间的总有机碳去除率[135]

　　为了进一步论证无色有机污染物（苯酚和双酚 A）在光催化下能被有效地矿化分解成环境友好的 CO_2、H_2O 和 CO_3^{2-} 等小分子，采用总有机碳分析技术评价了 BiOCl 和 B_{1.0}-BiOCl 光催化剂对苯酚和双酚 A 的光催化矿化率。图 7-39（e）和（f）表明，光照 80min，BiOCl 和 B_{1.0}-

BiOCl 对苯酚的总有机碳去除率分别为 48.9% 和 88.4%；光照 40min，BiOCl 和 $B_{1.0}$-BiOCl 对双酚 A 的总有机碳去除率分别为 55.7% 和 92.2%。由此可知，较之单纯的 BiOCl，$B_{1.0}$-BiOCl 对苯酚和双酚 A 的矿化率分别提高了 39.5% 和 36.5%。整体上与吸光度的测试结果一致。

3. SiO₂ 改性 BiOCl 光催化降解苯酚

在半导体的基础上复合其他半导体化合物，以此构建异质结型光催化剂能够有效提高 e^- 和 h^+ 的分离效率，提高光催化性能。Zhang 等[136]采用简单的原位沉淀法合成了 BiOCl/TiO₂ 复合光催化剂，这种环境友好的光催化剂对甲基橙表现出很好的紫外和可见光催化活性。Duo 等[137]采用温和的水热法一步合成了 BiPO₄/BiOCl 异质结光催化剂，BiPO₄ 和 BiOCl 的晶面紧密接触，加快了 e^- 和 h^+ 的迁移速率。甲基橙的光催化降解实验表明，BiPO₄/BiOCl 异质结的光催化剂明显优于单纯的 BiPO₄ 和 BiOCl。

在前文探究了非金属元素掺杂改性 BiOCl 光催化剂之后，进一步探究了非金属化合 SiO₂ 修饰对 BiOCl 光催化性能的影响。通过简单的溶剂热法制备 SiO₂/BiOCl 纳米片光催化剂。以苯酚有机物为探针，研究了 SiO₂/BiOCl 复合光催化剂的光催化性能。实验结果发现，少量的 SiO₂ 修饰能有效提高 BiOCl 的光催化活性[138]。图 7-40 为 BiOCl 和 SiO₂/BiOCl 样品对苯酚的光催化性能测试结果。图 7-40(a) 为 BiOCl 和 SiO₂/BiOCl 样品在光照条件下苯酚的浓度 C/C_0 对光照时间的关系曲线。从图中可以看出，复合不同含量的 SiO₂ 均提高了苯酚的降解率。比较可知，1.88% SiO₂/BiOCl 样品对苯酚的光降解效率最高，光照 60min，1.88% SiO₂/BiOCl 对苯酚的光催化降解率高达 83.3%，远高于同等条件 BiOCl 的光催化降解率 44.6%。图 7-40(b) 为 1.88% SiO₂/BiOCl 作为催化剂，苯酚溶液在不同光照时间下的紫外可见光吸收光谱图。可以看出，经过 60min 的光照，苯酚的吸光度显著减弱，说明在 1.88% SiO₂/BiOCl 作为催化剂的条件下，污染物苯酚的浓度迅速降低。

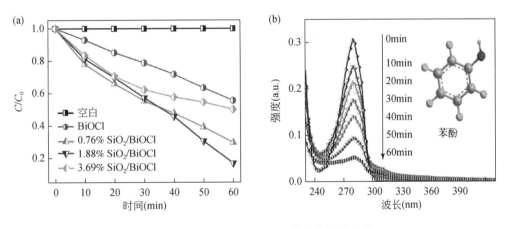

图 7-40　BiOCl 和 SiO₂/BiOCl 光催化活性比较

(a) 样品对苯酚随时间的降解率；(b) 1.88% SiO₂/BiOCl 降解苯酚的紫外可见光吸收光谱[138]

4. 室温制备 I 掺杂 $Bi_2O_2CO_3$ 光催化降解苯酚

　　铋基光催化剂中,$Bi_2O_2CO_3$ 本身具有一定紫外光光催化活性,但由于其带隙能较大,在模拟太阳光照射下,活性并不显著,因此扩展 $Bi_2O_2CO_3$ 的光吸收性能也非常重要。目前,对于增强 $Bi_2O_2CO_3$ 可见光吸收能力的改性途径主要有窄带隙半导体复合、贵金属沉积以及非金属元素掺杂。其中,非金属掺杂一般能改变半导体光催化剂内部原子的电子态密度,因此能有效改善光催化剂的带隙能,从而增强其对可见光的吸收。对于 $Bi_2O_2CO_3$ 的非金属改性,围绕氮掺杂的报道比较多,主要是由于氮掺杂一般在 $Bi_2O_2CO_3$ 禁带中形成中间能级,从而有效窄化 $Bi_2O_2CO_3$ 的带隙能,使其对可见光具有一定的响应能力,但氮的掺杂一般需要高温水热处理或后续煅烧才能实现[139]。

　　本书作者课题组尝试以 $BiOHC_2O_4$ 作为 Bi^{3+} 源,以 KI 和 Na_2CO_3 分别作为碘源和碳酸根源,在室温下,考查三者的摩尔比对所制备样品的组成、结构以及光吸收性能的影响,并在模拟太阳光照的条件下,以苯酚为污染物,评价了 I 掺杂的 $Bi_2O_2CO_3$ 光催化剂的活性[140]。图7-41(a)为不同原料摩尔比样品 I_2-BiOHC/BOC、$Bi_2O_2CO_3$、I_2-$Bi_2O_2CO_3$、$I_{0.875}$-$Bi_2O_2CO_3$ 和 $I_{0.14}$-$Bi_2O_2CO_3$ 在模拟太阳光光照下对苯酚的降解速率曲线,单纯的 $Bi_2O_2CO_3$ 对苯酚的降解效果并不好,而 I^- 掺杂的 I_2-BiOHC/BOC 和 I-$Bi_2O_2CO_3$ 系列样品依然表现出增强的光催化活性,特别地,掺杂适量 I^- 的样品 $I_{0.875}$-$Bi_2O_2CO_3$ 展现出最佳的降解率。图7-41(b)为典型样品在 60min 后对苯酚的降解率,单纯 $Bi_2O_2CO_3$ 的降解率不到 5%,而 I-$Bi_2O_2CO_3$ 系列样品却展现出极高的光催化降解能力,其中以 $I_{0.875}$-$Bi_2O_2CO_3$ 最高,60min 后对苯酚的降解率达到 88%,$I_{0.875}$-$Bi_2O_2CO_3$ 的优异光催化性能与其增强的可见光吸收能力、优异的载流子迁移效率以及特殊的微结构密切相关。

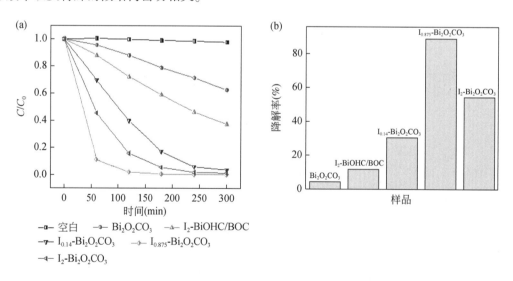

图 7-41　模拟太阳光照条件下典型样品降解 10ppm 苯酚的光催化性能

(a)降解率曲线;(b)光照 60min 后的降解率[140]

参 考 文 献

[1] 陶澍, 骆永明, 朱利中, 等. 典型微量有机污染物的区域环境过程[J]. 环境科学学报, 2006, 26(1): 168-171.

[2] 王琼, 李乃稳, 李磊, 等. 西南丘陵区村镇典型供水水源有机物分布特征及对饮水水质的影响[J]. 环境科学, 2018, 39(1): 109-116.

[3] 郑浩, 于洋, 费娟, 等. 江苏省主要水源地水源水及出厂水中113 种有机物的现状调查[J]. 环境与健康杂志, 2015, 32(3): 222-224.

[4] 赵汉取, 王俊, 沈学能, 等. 淡水养殖池塘及其外河水中 TOC·COD 及 PV 的相关性分析[J]. 安徽农业科学, 2015, 43(14): 133-135.

[5] Razi A, Pendashteh A, Chuah A, et al. Review of technologies for oil and gas produced water treatment[J]. J. Hazard. Mater., 2009, 170: 530-551.

[6] Ma F, Guo J, Zhao L, et al. Application of bioaugmentation to improve the activated sludge system into the contact oxidation system treating petrochemical wastewater[J]. Biores. Technol., 2009 100: 597-602.

[7] 于晓龙, 张明, 郑宇雷, 等. 好氧-厌氧污泥耦合白腐真菌单元对焦化废水的处理[J]. 环境科学学报, 2016, 36(4): 1273-1278.

[8] Şen S, Demirer G. Anaerobic treatment of real textile wastewater with a fluidized bed reactor[J]. Water Res., 2003, 37(8): 1868-1878.

[9] Sandhya S, Padmavathy S, Swaminathan K, et al. Microaerophilic- aerobic sequential batch reactor for treatment of AZO dyes containing simulated wastewater[J]. Process. Biochem., 2005, 40(2): 885-890.

[10] 朱易, 宋书巧. 饮用水中有机污染物的深度处理技术[J]. 广西师院学报, 2000, 2: 58-61.

[11] 王增玉, 张敬东. 难生物降解有机废水处理技术现状与发展[J]. 工业水处理, 2002, 12: 1-5.

[12] 郑冀鲁, 范娟, 阮复昌. 印染废水脱色技术与理论技术[J]. 环境污染治理技术与设备, 2000, (1): 29-35.

[13] Serway R, Kirkpatrick L. Physics for scientists and engineers with modern physics[J]. Phys. Teach., 1998, 26(4): 254-255.

[14] Linsebigler A, Lu G, Yates J. Photocatalysis on TiO_2 surfaces: Principles, mechanisms, and selected results[J]. Chem. Rev., 1995, 95(3): 735-758.

[15] Hoffmann M, Martin S, Choi W, et al. Environmental applications of semiconductor photocatalysis[J]. Chem. Rev., 1995, 95(1): 69-96.

[16] Fujishima A, Honda K. Electrochemical photolysis of water at a semiconductor electrode[J]. Nature, 1972, 238(358): 37-38.

[17] Carey J, Lawrence J, Tosine H. Photodechlorination of PCB's in the presence of titanium dioxide in aqueous suspensions[J]. B. Environ. Contam. Tox., 1976, 16(6): 697-701.

[18] Zhang H, Zhao L, Geng F, et al. Carbon dots decorated graphitic carbon nitride as an efficient metal-free photocatalyst for phenol degradation[J]. Appl. Catal. B Environ., 2016, 180: 656-662.

[19] Liang R, Shen L, Jing F, et al. NH_2-mediated indium metal-organic framework as a novel visible-light-driven photocatalyst for reduction of the aqueous Cr(VI)[J]. Appl. Catal. B Environ., 2015, 162: 245-251.

[20] Iwashina K, Iwase A, Ng Y H, et al. Z-schematic water splitting into H_2 and O_2 using metal sulfide as a hydrogen-evolving photocatalyst and reduced graphene oxide as a solid-state electron mediator[J]. J. Am. Chem. Soc., 2015, 137(2): 604-607.

[21] Jiang T, Jia C, Zhang L, et al. Gold and gold- palladium alloy nanoparticles on heterostructured TiO_2 nanobelts as plasmonic photocatalysts for benzyl alcohol oxidation[J]. Nanoscale, 2015, 7(1): 209-217.

[22] Jin J, Yu J, Guo D, et al. A hierarchical Z- scheme CdS-WO_3 photocatalyst with enhanced CO_2 reduction activity[J]. Small, 2015, 11(39): 5262-5271.

[23] Aravind U, George B, Baburaj M, et al. Treatment of industrial effluents using polyelectrolyte membranes [J]. Desalination, 2010, (252): 27-32.

[24] Ozmen E, Sezgin M, Yilmaz A, et al. Synthesis of β- cyclodextrin and starch based polymers for sorption of azo dyes from aqueous solutions[J]. Bioresource. Technol., 2008, (99): 526-531.

[25] Khehra M, Saini H, Sharma D, et al. Decolorization of various azo dyes by bacterial consortium[J]. Dyes. Pigments., 2005, (67): 55-61.

[26] Selvam K, Swaminathan K, Keo- Sang C. Microbial decolorization of AZO dyes and dye industry effluent by Fomes lividus[J]. World J. Microb. Biot., 2003, (19): 591-593.

[27] Khehra M, Saini H, Sharma D, et al. Biodegradation of AZO dye C. I. acid red 88 by an anoxic-aerobic sequential bioreactor[J]. Dyes. Pigments., 2006, (70): 1-7.

[28] Nilsson I, Moller A, Mattiasson B, et al. Decolorization of synthetic and real textile wastewater by the use of white- rot fungi[J]. Enzyme. Microb. Tech., 2006, (38): 94-100.

[29] Frank S, Bard A. Heterogeneous photocatalytic oxidation of cyanide ion in aqueous solutions at titanium dioxide powder[J]. J. Am. Chem. Soc., 1977, 99(1): 303-304.

[30] Frank S, Bard A. Heterogeneous photocatalytic oxidation of cyanide and sulfite in aqueous solutions at semiconductor powders[J]. J. Phys. Chem. C, 1977, 81(15): 1484-1488.

[31] Yu C, Jimmy C. A simple way to prepare C- N- Codoped TiO_2 photocatalyst with visible- light activity[J]. Catal. Lett., 2009, 129: 462-470.

[32] Yu C, Cai D, Yang K, et al. Sol-gel derived S, I-codoped mesoporous TiO_2 photocatalyst with high visiblelight photocatalytic activity[J]. J. Phys. Chem. Solids, 2010, 71: 1337-1343.

[33] Ohno T, Akiyoshi M, Umebayashi T, et al. Preparation of S-doped TiO_2 photocatalysts and their photocatalytic activities under visible light[J]. Appl. Catal. A- Gen., 2004, 265(1): 115-121.

[34] Ohno T, Mitsui T, Matsumura M. Photocatalytic activity of S- doped TiO_2 photocatalyst under visible light [J]. Chem. Lett., 2003, 32(4): 364-365.

[35] Ohno T. Preparation of visible light active S-doped TiO_2 photocatalysts and their photocatalytic activities[J]. Water Sci. Technol., 2004, 49(4): 159-163.

[36] Yu J, Zhang L, Zheng Z, et al. Synthesis and characterization of phosphated mesoporous titanium dioxide with high photocatalytic activity[J]. Chem. Mater., 2003, 15(11): 2280-2286.

[37] Ran J, Ma T, Gao G, et al. Porous P-doped graphitic carbon nitride nanosheets for synergistically enhanced visible- light photocatalytic H_2 production[J]. Energ. Environ. Sci., 2015, 8(12): 3708-3717.

[38] Yu C, Jimmy C, Zhou W, et al. WO_3 coupled P-TiO_2 photocatalysts with mesoporous structure[J]. Catal. Lett., 2010, 140(3-4): 172-183.

[39] Yu J, Zhang L, Zheng Z, et al. Synthesis and characterization of phosphated mesoporous titanium dioxide with high photocatalytic activity[J]. Chem. Mater., 2003, 15(11): 2280-2286.

[40] Shi Q, Yang D, Jiang Z, et al. Visible-light photocatalytic regeneration of NADH using P-doped TiO_2 nanoparticles[J]. J. Mol. Catal. B Enzym. 2006, 43(1-4): 44-48.

[41] Yu C, Wei L, Li X, et al. Synthesis and characterization of Ag/TiO_2-B nanosquares with high photocatalytic activity under visible light irradiation[J]. Mater. Sci. Eng. B- Adv., 2013, 178(6): 344-348.

［42］Lin J, Yu J. An investigation on photocatalytic activities of mixed TiO_2-rare earth oxides for the oxidation of acetone in air[J]. J. Photoch. Photobio. A, 1998, 116(1): 63-67.

［43］Yu J, Yu H, Ao C, et al. Preparation, characterization and photocatalytic activity of in situ Fe-doped TiO_2 thin films[J]. Thin Solid Films, 2006, 496(2): 273-280.

［44］余长林, 杨 凯, Yu Jimmy C, 等. 稀土 Ce 掺杂对 ZnO 光催化剂的结构和催化性能影响[J]. 物理化学学报, 2011, 27: 505-512.

［45］余长林, 杨 凯, 范采凤, 等. 溶剂热合成 Sn 掺杂的纳米 ZnO 光催化剂及其催化性能[J]. 纳米技术与精密工程, 2011, 9(6): 499-503.

［46］余长林, 杨 凯, 吴琼, 等. Zr-Al 共掺 ZnO 光催化剂的制备及其光催化性能[J]. 硅酸盐学报, 2012, 40: 396-400.

［47］Yu C, Yang K, Shu Q. Preparation of WO_3/ZnO composite photocat alyst and its photocatalytic performance [J]. Chinese J. Catal., 2011, 32: 555-565.

［48］余长林, 杨 凯, Yu Jimmy C, 等. 水热合成 Bi_2WO_6/ZnO 异质结型光催化剂及其光催化性能[J]. 无机材料学报, 2011, 26: 1157-1163.

［49］杨 凯, 余长林, 张丽娜, 等. BiOCl/ZnO 异质结型光催化剂的合成及其光催化性能[J]. 人工晶体学报, 2012, 41(1): 99-104.

［50］Tennakone K, Heperuma O, Bandara J, et al. TiO_2 and WO_3 semiconductor particles in contact: Photochemical reduction of WO_3 to the non-stoichiometric blue form[J]. Semicond. Sci. Tech., 1992, 7 (3): 423-424.

［51］许秋瑾, 应光国, 夏青, 等. 洗涤剂对水环境的风险及防控对策建议[J]. 环境工程技术学报, 2019, 9(6): 775-780.

［52］White M, Clark K, Grayhack E, et al. Characteristics affecting expression and solubilization of yeast membrane proteins[J]. J. Mol. Biol., 2007, 365(3): 621-636.

［53］Anand H, Balasundaram B, Pandit A, et al. The effect of chemical pretreatment combined with mechanical disruption on the extent of disruption and release of intracellular protein from *E. coli*[J]. Biochem. Eng. J., 2007, 35(2): 166-173.

［54］Hegedüs P, Szabó-Bárdos E, Horváth O, et al. TiO_2-mediated photocatalytic mineralization of a non-ionic detergent: Comparison and combination with other advanced oxidation procedures[J]. Materials, 2015, 8 (1): 231-250.

［55］Reemtsma T. Methods of analysis of polar aromatic sulfonates from aquatic environments[J]. J. Chromatogr. A, 1996, 733(1-2): 473-489.

［56］Moreira N, Sampaio M, Ribeiro A, et al. Metal-free g-C_3N_4 photocatalysis of organic micropollutants in urban wastewater under visible light[J]. Appl. Catal. B Environ., 2019, 248: 184-192.

［57］Fujishima A, Rao T, Tryk D. Titanium dioxide photocatalysis[J]. J. Photoch. Photobio. C, 2000, 1(1): 1-21.

［58］Yu C, Wei L, Chen J, et al. Enhancing the photocatalytic performance of commercial TiO_2 crystals by coupling with trace narrow-band-gap Ag_2CO_3[J]. Ind. Eng. Chem. Res., 2014, 53(14): 5759-5766.

［59］Upadhyay R, Soin N, Roy S. Role of graphene/metal oxide composites as photocatalysts, adsorbents and disinfectants in water treatment: A review[J]. RSC Adv., 2014, 4(8): 3823-3851.

［60］Zhang T, Oyama T, Horikoshi S, et al. Photocatalytic decomposition of the sodium dodecylbenzene sulfonate surfactant in aqueous titania suspensions exposed to highly concentrated solar radiation and effects of additives[J]. Appl. Catal. B Environ., 2003, 42(1): 13-24.

[61] Hidaka H, Yamada S, Suenaga S, et al. Photodegradation of surfactants. V: Photocatalytic degradation of surfactants in the presence of semiconductor particles by solar exposure[J]. J. Photoch. Photobio. A, 1989, 47(1): 103-112.

[62] Zhang T, Oyama T, Horikoshi S, et al. Assessment and influence of operational parameters on the TiO_2 photocatalytic degradation of sodium benzene sulfonate under highly concentrated solar light illumination[J]. Sol. Energy, 2001, 71(5): 305-313.

[63] 刘学军. O_3/纳米 TiO_2 光催化十二烷基苯磺酸钠的降解研究[D]. 绵阳: 中国工程物理研究院, 2018.

[64] Aoudjit F, Cherifi O, Halliche D. Simultaneously efficient adsorption and photocatalytic degradation of sodium dodecyl sulfate surfactant by one-pot synthesized TiO_2/layered double hydroxide materials[J]. Sep. Sci. Technol., 2019, 54(7): 1095-1105.

[65] Tian J, Liu R, Liu Z, et al. Boosting the photocatalytic performance of Ag_2CO_3 crystals in phenol degradation via coupling with trace N-CQDs[J]. Chinese J. Catal., 2017, 38(12): 1999-2008.

[66] 尹言吉, 台秀梅, 杜志平. 碳量子点改性纳米二氧化钛的制备及其光催化降解壬基酚聚氧乙烯醚的性能研[J]. 日用化学工业, 2019, 49(11): 733-736.

[67] Rawindran H, Lim J, Goh P, et al. Simultaneous separation and degradation of surfactants laden in produced water using PVDF/TiO_2 photocatalytic membrane[J]. J. Clean. Prod., 2019, 221: 490-501.

[68] Bantawal H, Sethi M, Shenoy U, et al. Porous graphene wrapped $SrTiO_3$ nanocomposite: Sr-C bond as an effective coadjutant for high performance photocatalytic degradation of methylene blue[J]. ACS Appl. Mater. Inter., 2019, 2(10): 6629-6636.

[69] Chen H, Motuzas J, Martens W, et al. Degradation of AZO dye orange II under dark ambient conditions by calcium strontium copper perovskite[J]. Appl. Catal. B Environ., 2018, 221: 691-700.

[70] Wang X, Chen L, Guo Q. Development of hybrid amine-functionalized MCM-41 sorbents for CO_2 capture [J]. Chem. Eng. J., 2015, 260: 573-581.

[71] 王俊伟, 周春江, 杨建国, 等. 农药残留在环境中的行为过程危害及治理措施[J]. 农药科学与管理, 2018, 39(2): 30-34.

[72] 张洁, 李颖, 梁栋, 等. 多种苯甲酰脲类农药的可见光降解及生物毒性评价[R]. 2018 环境与健康学术会议-精准环境健康: 跨学科合作的挑战.

[73] Burrows H, Santaballa J, Steenken S. Reaction pathways and mechanisms of photodegradation of pesticides [J]. J. Photoch. Photobio. B., 2002, 67(2): 71-108.

[74] 周一明. 水体中有机氯类农药光化学降解研究[D]. 哈尔滨: 黑龙江大学, 2017.

[75] Zou Z, Ye J, Sayama K, et al. Direct splitting of water under visible light irradiation with an oxide semiconductor photocatalyst[J]. Nature, 2001, 414(6864): 625.

[76] Zhang N, Yang M, Liu S, et al. Waltzing with the versatile platform of graphene to synthesize composite photocatalysts[J]. Chem. Rev., 2015, 115(18): 10307-10377.

[77] Tu W, Zhou Y, Zou Z. Versatile graphene-promoting photocatalytic performance of semiconductors: Basic principles, synthesis, solar energy conversion, and environmental applications[J]. Adv. Funct. Mater., 2013, 23(40): 4996-5008.

[78] Kapilashrami M, Zhang Y, Liu Y S, et al. Probing the optical property and electronic structure of TiO_2 nanomaterials for renewable energy applications[J]. Chem. Rev., 2014, 114(19): 9662-9707.

[79] Zhang H, Liu G, Shi L, et al. Engineering coordination polymers for photocatalysis[J]. Nano Energy, 2016, 22: 149-168.

[80] 顾海东, 王陈程, 刘畅, 等. 分级多孔 TiO_2 光催化剂的合成及降解农药废水性能研究[J]. 硅酸盐通报, 2016, 35: 677-681.

[81] Wan J, Sun L, Fan J, et al. Facile synthesis of porous Ag_3PO_4 nanotubes for enhanced photocatalytic activity under visible light[J]. Appl. Surf. Sci., 2015, 355: 615-622.

[82] Fiorenza R, Di Mauro A, Cantarella M, et al. Preferential removal of pesticides from water by molecular imprinting on TiO_2 photocatalysts[J]. Chem. Eng. J., 2020, 379: 122309.

[83] Zangiabadi M, Shamspur T, Saljooqi A, et al. Evaluating the efficiency of the GO-Fe_3O_4/TiO_2 mesoporous photocatalyst for degradation of chlorpyrifos pesticide under visible light irradiation[J]. Appl. Organomet. Chem., 2019, 33(5): e4813.

[84] 王振翠. 二氧化钛纳米材料的制备及其对农药乐果的光催化性能研究[D]. 北京: 北京化工大学, 2015.

[85] Aurivillius B. Mixed bismuth oxides with layer lattices. 1. The structure type of $CaNb_2Bi_2O_9$[J]. Ark Kemi, 1949, 1: 63-80.

[86] Long J, Wang S, Chang H, et al. Bi_2MoO_6 nanobelts for crystal facet-enhanced photocatalysis[J]. Small, 2014, 10(14): 2791-2795.

[87] Zhen L, Jian T, Debing Zeng, et al. Binary-phase TiO_2 modified Bi_2MoO_6 crystal for effective removal of antibiotics under visible light illumination[J]. Mater. Res. Bull., 2019, 112: 336-345.

[88] Mo R, Lei Z, Sun K, et al. Facile synthesis of anatase TiO_2 quantum-dot/ graphene-nanosheet composites with enhanced electrochemical performance for lithium-ion batteries[J]. Adv. Mater., 2014, 26(13): 2084-2088.

[89] Hirata T, Kitajima M, Nakamura K, et al. Infrared and raman spectra of solid solutions $Ti_{1-x}Zr_xO_2$ ($x \leqslant 0.1$)[J]. J. Phys. Chem. Solids, 1994, 55(4): 349-355.

[90] Francisco M, Mastelaro V. Inhibition of the anatase－rutile phase transformation with addition of CeO_2 to CuO-TiO_2 system: Raman spectroscopy, X-ray diffraction, and textural studies[J]. Chem. Mater., 2002, 14(6): 2514-2518.

[91] Ocana M, Garcia-Ramos J, Serna C. Low-temperature nucleation of rutile observed by raman spectroscopy during crystallization of TiO_2[J]. J. Am. Ceram. Soc., 1992, 75(7): 2010-2012.

[92] Xu C, Zhang P, Yan L. Blue shift of Raman peak from coated TiO_2 nanoparticles[J]. J. Raman. Spectrosc., 2001, 32(10): 862-865.

[93] Ohsaka T, Izumi F, Fujiki Y. Raman spectrum of anatase, TiO_2[J]. J. Raman. Spectrosc., 1978, 7(6): 321-324.

[94] Tian G, Chen Y, Zhou J, et al. *In situ* growth of Bi_2MoO_6 on reduced graphene oxide nanosheets for improved visible-light photocatalytic activity[J]. CrystEngComm, 2014, 16(5): 842-849.

[95] Zhou T, Hu J, Li J. Er^{3+} doped bismuth molybdate nanosheets with exposed {010} facets and enhanced photocatalytic performance[J]. Appl. Catal. B Environ., 2011, 110: 221-230.

[96] Huang H, Liu L, Zhang Y, et al. One pot hydrothermal synthesis of a novel $BiIO_4/Bi_2MoO_6$ heterojunction photocatalyst with enhanced visible-light-driven photocatalytic activity for rhodamine B degradation and photocurrent generation[J]. J. Alloy. Compd., 2015, 619: 807-811.

[97] Tian J, Hao P, Wei N, et al. 3D Bi_2MoO_6 nanosheet/TiO_2 nanobelt heterostructure: Enhanced photocatalytic activities and photoelectochemistry performance[J]. ACS Catal., 2015, 5(8): 4530-4536.

[98] Hu Y, Li D, Zheng Y, et al. $BiVO_4/TiO_2$ nanocrystalline heterostructure: A wide spectrum responsive photocatalyst towards the highly efficient decomposition of gaseous benzene[J]. Appl. Catal. B Environ., 2011,

104(1-2): 30-36.

[99] Kabra K, Chaudhary R, Sawhney R. Treatment of hazardous organic and inorganic compounds through aqueous-phase photocatalysis: A review[J]. Ind. Eng. Chem. Res., 2004, 43(24): 7683-7696.

[100] Wang A, Zhou H, Wen X, et al. Hydrothermal synthesis of iodine-doped Bi_2WO_6 nanoplates with enhanced visible and ultraviolet-induced photocatalytic activities[J]. Int. J. Photoenergy, 2012, (5): 238-251.

[101] Shannon R. Revised effective ionic radii and systematic studies of interatomic distances in halides and chalcogenides[J]. Acta Crystallographica Section A: Foundations of Crystallography, 1976, 32(5): 751-767.

[102] Liu Z, Liu X, Yu C, et al. Fabrication and characterization of I doped Bi_2MoO_6 microspheres with distinct performance for removing antibiotics and Cr(VI) under visible light illumination[J]. Sep. Purif. Technol., 2020, 247: 116951.

[103] K. Maeda M, Higashi D, Lu R, et al. Efficient nonsacrificial water splitting through two-step photoexcitation by visible light using a modified oxynitride as a hydrogen evolution photocatalyst[J]. J. Am. Chem. Soc., 2010, 132: 5858-5868.

[104] Polarz S, Strunk J, Ischenko V, et al. On the role of oxygen defects in the catalytic performance of zinc oxide[J]. Angew. Chem. Int. Edit., 2006, 45(18): 2965-2969.

[105] Long M, Cai W, Kisch H. Photoelectrochemical properties of nanocrystalline Aurivillius phase Bi_2MoO_6 film under visible light irradiation[J]. Chem. Phys. Lett., 2008, 461(1-3): 102-105.

[106] Liu G, Li F, Wang D, et al. Electron field emission of a nitrogen-doped TiO_2 nanotube array[J]. Nanotechnology, 2007, 19(2): 025606.

[107] Von Oertzen G, Gerson A. The effects of O deficiency on the electronic structure of rutile TiO_2[J]. J. Phys. Chem. Solids, 2007, 68(3): 324-330.

[108] Liu J, Zhang G, Jimmy C, et al. *In situ* synthesis of Zn_2CeO_4 hollow spheres and their enhanced photocatalytic activity for the degradation of antibiotic metronidazole[J]. Dalton T, 2013, 42(14): 5092-5099.

[109] Yi Z, Wang J, Jiang T, et al. Photocatalytic degradation of sulfamethazine in aqueous solution using ZnO with different morphologies[J]. Roy. Soc. Open Sci., 2018, 5(4): 171457.

[110] Xue J, Ma S, Zhou Y, et al. Facile photochemical synthesis of Au/Pt/g-C_3N_4 with plasmon-enhanced photocatalytic activity for antibiotic degradation[J]. ACS Appl. Mater. Inter., 2015, 7(18): 9630-9637.

[111] Chen F, Yang Q, Li X, et al. Hierarchical assembly of graphene-bridged Ag_3PO_4/Ag/BiVO$_4$(040) Z-scheme photocatalyst: An efficient, sustainable and heterogeneous catalyst with enhanced visible-light photoactivity towards tetracycline degradation under visible light irradiation[J]. Appl. Catal. B Environ., 2017, 200: 330-342.

[112] Deng Y, Tang L, Zeng G, et al. Plasmonic resonance excited dual Z-scheme $BiVO_4$/Ag/Cu_2O nanocomposite: Synthesis and mechanism for enhanced photocatalytic performance in recalcitrant antibiotic degradation[J]. Environ. Sci-Nano, 2017, 4(7): 1494-1511.

[113] Bao S, Wu Q, Chang S, et al. Z-scheme CdS-Au-$BiVO_4$ with enhanced photocatalytic activity for organic contaminant decomposition[J]. Catal. Sci. Technol., 2017, 7(1): 124-132.

[114] Upadhyay R, Soin N, Roy S. Role of graphene/metal oxide composites as photocatalysts, adsorbents and disinfectants in water treatment: A review[J]. RSC Adv., 2014, 4(8): 3823-3851.

[115] Tian J, Wu Z, Liu Z, et al. Low-cost and efficient visible-light-driven CaMg$(CO_3)_2$ @ Ag_2CO_3

microspheres fabricated via an ion exchange route[J]. Chinese J. Catal., 2017, 38(11): 1899-1908.

[116] Chen Q, Wang Y, Wang Y, et al. Nitrogen-doped carbon quantum dots/Ag$_3$PO$_4$ complex photocatalysts with enhanced visible light driven photocatalytic activity and stability[J]. J. Colloid Interf. Sci., 2017, 491: 238-245.

[117] Di J, Xia J, Ji M, et al. Nitrogen-doped carbon quantum dots/BiOBr ultrathin nanosheets: *In situ* strong coupling and improved molecular oxygen activation ability under visible light irradiation[J]. ACS Sustain. Chem. Eng., 2015, 4(1): 136-146.

[118] Zhang Y, Ma D, Zhang Y, et al. N-doped carbon quantum dots for TiO$_2$-based photocatalysts and dye-sensitized solar cells[J]. Nano Energy, 2013, 2(5): 545-552.

[119] Wang F, Chen P, Feng Y, et al. Facile synthesis of N-doped carbon dots/g-C$_3$N$_4$ photocatalyst with enhanced visible-light photocatalytic activity for the degradation of indomethacin[J]. Appl. Catal. B Environ., 2017, 207: 103-113.

[120] Tian J, Liu R, Liu Z, et al. Boosting the photocatalytic performance of Ag$_2$CO$_3$ crystals in phenol degradation via coupling with trace N-CQDs[J]. Chinese J. Catal., 2017, 38(12): 1999-2008.

[121] Tian J, Liu Z, Zeng D, et al. The preparation and characterization of CaMg(CO$_3$)$_2$@Ag$_2$CO$_3$/Ag$_2$S/NCQD nanocomposites and their photocatalytic performance in phenol degradation[J]. J. Nanopart. Res., 2018, 20(7): 182-199.

[122] Zhu B, Xia P, Li Y, et al. Fabrication and photocatalytic activity enhanced mechanism of direct Z-scheme g-C$_3$N$_4$/Ag$_2$WO$_4$ photocatalyst[J]. Appl. Surf. Sci., 2017, 391: 175-183.

[123] Yan Y, Sun S, Song Y, et al. Microwave-assisted *in situ* synthesis of reduced graphene oxide-BiVO$_4$ composite photocatalysts and their enhanced photocatalytic performance for the degradation of ciprofloxacin [J]. J. Hazard. Mater., 2013, 250: 106-114.

[124] Zhang K, Liang J, Wang S, et al. BiOCl sub-microcrystals induced by citric acid and their high photocatalytic activities[J]. Cryst. Growth Des., 2012, 12(2): 793-803.

[125] Tan C, Zhu G, Hojamberdiev M, et al. Room temperature synthesis and photocatalytic activity of magnetically recoverable Fe$_3$O$_4$/BiOCl nanocomposite photocatalysts[J]. J. Clust. Sci., 2013, 24(4): 1115-1126.

[126] Cheng H, Huang B, Qin X, et al. A controlled anion exchange strategy to synthesize Bi$_2$S$_3$ nanocrystals/BiOCl hybrid architectures with efficient visible light photoactivity[J]. Chem. Commun., 2012, 48(1): 97-99.

[127] Nussbaum M, Shaham-Waldmann N, Paz Y. Synergistic photocatalytic effect in Fe, Nb-doped BiOCl[J]. J. Photoch. Photobio. A, 2014, 290: 11-21.

[128] Weng S, Hu J, Lu M, et al. *In situ* photogenerated defects on surface-complex BiOCl(010) with high visible-light photocatalytic activity: A probe to disclose the charge transfer in BiOCl(010)/surface-complex system[J]. Appl. Catal. B Environ., 2015, 163: 205-213.

[129] Li H, Zhang L. Oxygen vacancy induced selective silver deposition on the {001} facets of BiOCl single-crystalline nanosheets for enhanced Cr(VI) and sodium pentachlorophenate removal under visible light[J]. Nanoscale, 2014, 6(14): 7805-7810.

[130] 余长林, 陈建钗, 操芳芳, 等. Pt/BiOCl 纳米片的制备、表征及其光催化性能[J]. 催化学报, 2013, 34(2): 385-390.

[131] Yu C, Yu J, Chan M. Sonochemical fabrication of fluorinated mesoporous titanium dioxide microspheres [J]. J. Solid State Chem., 2009, 182(5): 1061-1069.

[132] Yu C, Yu J. Sonochemical fabrication, characterization and photocatalytic properties of Ag/ZnWO$_4$ nanorod catalyst[J]. Mater. Sci. Eng. B-Adv., 2009, 164(1): 16-22.

[133] 何洪波, 薛霜霜, 余长林, 等. 声化学辅助溶剂热合成高光催化性能的 BiOCl 光催化剂[J]. 无机化学学报, 2016, 32(4): 625-632.

[134] 何洪波, 张梦凡, 刘珍, 等. F 掺杂制备具有高暴露(001)晶面的 BiOCl 纳米片及其光催化性能[J]. 无机化学学报, 2020, 36(8):1413-1420.

[135] Yu C, He H, Fan Q, et al. Novel B-doped BiOCl nanosheets with exposed (001) facets and photocatalytic mechanism of enhanced degradation efficiency for organic pollutants[J]. Sci. Total Environ., 2019, 694: 133727.

[136] Zhang L, Zhang J, Zhang W, et al. Photocatalytic activity of attapulgite-BiOCl-TiO$_2$ toward degradation of methyl orange under UV and visible light irradiation[J]. Mater. Res. Bull., 2015, 66: 109-114.

[137] Duo F, Wang Y, Mao X, et al. A BiPO$_4$/BiOCl heterojunction photocatalyst with enhanced electron-hole separation and excellent photocatalytic performance[J]. Appl. Surface Sci., 2015, 340: 35-42.

[138] Yu C, He H, Liu X, et al, Novel SiO$_2$ nanoparticle-decorated BiOCl nanosheets exhibiting high photocatalytic performances for the removal of organic pollutants[J]. Chinese J. Catal., 2019, 40: 1212-1221.

[139] Song P, Xu M, Zhang W. Sodium citrate-assisted anion exchange strategy for construction of Bi$_2$O$_2$CO$_3$/BiOI photocatalysts[J]. Mater. Res. Bull., 2015, 62: 88-95.

[140] 刘仁月. 层状 I(Pt)/Bi$_2$O$_2$CO$_3$ 光催化剂的室温制备及其光催化性能研究[D]. 赣州：江西理工大学, 2018.

第8章 光催化处理水体重金属离子

随着工业化进程的深入,在许多工业生产如机械制造、化工、电镀、采矿冶炼、电子及仪表等生产过程中会产生大量的重金属废水,这些重金属废水进入环境生物圈中严重威胁了生物的健康,因此自20世纪60年代开始,国际上就已经开展了水体重金属污染的研究。环境中常见的重金属污染物质有汞、镉、铅、铬、镍、锌以及非金属砷等,这类相对密度大于4.5的金属即为重金属,这些重金属污染物最主要的环境特性——在水体中不能被微生物降解,而只能在环境中发生迁移和形态转化。

8.1 水体重金属离子危害

水体重金属离子污染会对整个生物圈造成危害,水中的重金属离子通过生物富集积累在水生动植物体内,再通过食物链又富集在人体中,对人体造成危害。

8.1.1 对水生植物的危害

目前,重金属离子对水生植物的危害作用被认为是自由基伤害理论。水生植物在长期进化发展过程中,体内会形成超氧化物歧化酶(SOD)、过氧化氢酶(CAT)和过氧化物酶(POD)组成的酶系统,这个酶系统可以用于去除机体内过多的由于其他酶与某些低分子化合物自动氧化产生的活性氧,以维持自由基代谢的动态平衡,避免活性氧自由基对自身细胞的伤害。而重金属离子的出现,会导致水生植物体内活性氧自由基的产生大于清除速度,从而引起细胞损伤。

8.1.2 对水生动物的危害

水生动物通常以水藻和浮游生物为食,重金属对水生动物的危害主要表现为通过食物链将环境中的重金属富集在动物的体内,影响水生动物的生长以及水生动物的免疫、呼吸强度、呼吸运动、生长发育以及基因毒性等多个方面。以鱼类为例,重金属在鱼类的富集与其进入体内的途径有关,鳃是鱼类的主要呼吸器官,同时也是吸收水体中重金属的主要途径,鳃上分布的大量毛细血管最易接触和吸收有毒有害物质,而重金属离子就是通过这种途径进入鱼类体内,再经血液循环到达各个器官,另外,鱼类皮下层具有吸收外源化学物质的能力,重金属离子还可以通过交换作用渗入鱼体。镉、铅等重金属在低浓度时能产生攻击生物大分子的自由基,进而造成DNA损伤,在高浓度时则通过影响核酸内切酶、聚合酶的活性来毁坏复制的精确性,从而造成DNA突变。重金属离子还会影响DNA的合成、细胞代谢及相关酶等能量代谢[1]。

8.1.3　对人体的危害

重金属可以通过呼吸作用与皮肤接触或者消化系统富集在人体内,人体中也存在一些必不可少的金属离子,例如锌、铜等,微量存在于人体中,锌是核酸和蛋白质合成的构成要素,参与多种酶的合成,铜在机体中以铜蛋白形式存在,具有造血、软化血管、促进细胞生长等重要作用,但是这些微量重金属离子过量就会危及人体健康,如过量的锌会引起中毒,出现恶心、吐泻、发热等症状。1956 年,日本发生的"水俣病"就是由于水体汞污染,汞通过食物链在人体内富集,损伤人的神经中枢系统。同一时期,日本还发生了由于人们长期饮用含镉水和食用含镉大米引发的"骨痛病"。另外,洪亚军等[1]在《重金属对水生生物毒性效应机制研究进展》一文中详细整理列举了一些重金属污染的来源、危害、最大污染浓度(maximum contaminant level,MCL)以及 GB 3838—2002《地表水环境质量标准》(III 类)限值,如表 8-1 所示。

表 8-1　水体重金属来源和危害

重金属	来源	危害	MCL (mg/L)	GB 3838—2002 (III 类)(mg/L)
As	杀虫剂、杀真菌剂、沉积岩、地热水和风化火山岩,人类活动,如采矿、制造、冶金和木材保存	皮肤癌、肺膀胱和肾脏,癌症和其他内部疾病,血管疾病和糖尿病,婴儿死亡率和新生儿体重下降,听力丧失,生殖毒性,血液疾病,神经系统疾病,发育异常和神经行为障碍	0.05	0.05
Pb	油漆、农药、吸烟、汽车尾气、煤炭燃烧等	贫血、癌症、肾脏疾病、神经系统损害、智力迟钝、智力受损和儿童行为问题	6.0×10^{-3}	0.05
Hg	矿藏、矿物燃料、矿石、杀虫剂、电池、造纸业	肾脏生殖系统损害免疫、血液、心血管、呼吸系统和大脑	3.0×10^{-5}	0.0001
Cd	钢铁、塑料行业、冷却塔、金属电镀及涂装作业等、镍镉电池、镉薄膜、太阳能电池、颜料、镀锌管、焊接、肥料、核排放装置	肾癌、细支气管炎、慢性阻塞性肺病、肺气肿、纤维化骨骼损害	0.01	0.005
Cr	工业废水排放到环境中,冷却塔排污电镀和金属电镀及涂装作业	严重腹泻、呕吐、肺充血、肝肾损害	0.05	0.05
Cu	农药工业、矿山金属管道化工	血压升高,呼吸速度加快,肾脏和肝脏受损,抽搐、痉挛、呕吐,甚至死亡	0.25	1.0
Zn	黄铜测绘、木浆生产、研磨和新闻纸生产、有镀锌线的钢铁厂、锌及黄铜金属制品、炼油厂、管道	胃恶心、皮肤刺激、痉挛、呕吐和贫血	0.8	1.0
Ni	电池制造、生产部分合金、锌基铸造、印刷、电镀、银精炼厂	干咳、肺癌发绀、呼吸急促、胸闷气短、胸痛、恶心、呕吐、头晕头痛	0.2	—

8.2　水体重金属离子常规处理

基于以上重金属离子的危害,治理水体重金属污染是十分必要的。多数重金属离子价态较多,且价态形式会随着环境 pH 等外界因素而改变,因此处理工艺复杂多变,以下为几种常见的处理方法。

8.2.1　物理法

1. 蒸发法

蒸发法通常应用于电镀废水的重金属离子处理,通过水蒸发而浓缩电镀废水,该工艺操作简便且成熟,已被广泛应用于水回收和有用重金属的回收,但是耗能相对较大,并且回收的重金属离子中含有的杂质较多,还需要进一步做提纯操作以便回收[2]。

2. 稀释法

稀释法顾名思义就是把重金属污染的水混入未被污染的水体中,从而降低重金属污染物浓度。该方法适用于轻度污染水体的快速治理。但是该方法治标不治本,若长此以往操作,极易导致该水域重金属离子聚集而浓度超标,因此该方法已被淘汰。

3. 絮凝沉淀法

絮凝沉淀法是通过向重金属污染的水体中添加絮凝剂,与水体中的大颗粒物质形成絮凝团,再经静置沉淀过滤后,将重金属污染物与水分离的一种方式。该方法一般应用于污水初步处理中,由于絮凝剂的材料不同,达到的絮凝效果也不相同,常规的絮凝剂为铝盐和铁盐,后来人们发现向絮凝剂中添加羧酸基团和磺酸基团能增强絮凝效果。

8.2.2　化学法

1. 化学沉淀法

化学沉淀法是通过化学反应使废水中呈溶解状态的重金属转变为不溶于水的重金属化合物,通过过滤和分离使沉淀物从水溶液中去除。其中包括中和沉淀法、中和凝聚沉淀法、硫化物沉淀法、钡盐沉淀法、铁氧体共沉淀法等。该方法产生的沉淀物和投加的化学剂需很好地处理和处置,否则会造成二次污染。

2. 电解法

电解法是利用金属离子在电解时能够从相对高浓度的溶液中分离的性质,主要应用于电镀废水的处理。该方法适用于处理低浓度且量小的重金属离子废水。

8.2.3　物理化学法

1. 吸附法

该法利用材料高比表面积的蓬松结构或者特殊官能团可以吸附水中重金属离子,这种吸附有的属于物理吸附,有的属于化学吸附[3]。其具体应用为:通过物理或化学方法,利用载体经预处理固定吸附剂,增强吸附剂的吸附机械强度以及化学稳定性,延长其使用周期,提高废水处理的深度和效率。同时,减少吸附解析循环中的损耗。在该方法中,常用的吸附剂包括膨润土、活性炭、木质素、壳聚糖等。随着科技的发展,研究发现相较于天然吸附剂,通过生物质材料高温限氧热解的生物炭对重金属离子具有优异的吸附性能。生物炭不仅具有像活性炭一样丰富的孔隙结构,还具有大量的官能团结构,能与重金属离子发生络合作用,使得重金属离子能够牢牢地附着在生物炭表面,不易脱离,并且生物炭吸附法与常规吸附法相比,能够在短时间内吸附更多的重金属离子,吸附过程操作简便。研究发现,生物炭的官能团种类、含量与制备生物炭的温度和生物质材料种类有关。因此,在利用生物炭吸附重金属时需要采用合适的生物质材料制备,并且需要研究制备温度与吸附效果的关系,以便达到最佳的吸附效果。

2. 离子还原法、离子交换法

离子还原法是利用化学还原剂将水体中的重金属还原,形成无污染的化合物,从而降低重金属在水体中的迁移性和生物可利用性。离子交换法是利用重金属离子交换剂与污染水体中的重金属物质发生交换作用,从水体中把重金属交换出来,达到治理目的。这类方法处理费用较低,操作人员不直接接触重金属污染物,但使用范围有限[4]。

3. 膜分离技术法

膜分离技术是以外界能量差为推动力,主要是利用特殊的薄膜对溶液中的双组分或多组分进行选择性透过。通过这种方法可以实现分离、分级、提纯或富集。渗析、电渗析法、反渗透、纳滤、微滤和超滤都是废水处理中常用的膜分离技术。电渗析膜装置包含一个阳离子交换膜,还包含一个阴离子交换膜。电渗析法指在直流电场的作用下,溶液中的带电粒子选择性地透过离子交换膜。

8.2.4　生物法

生物法主要是利用水生动植物和微生物对重金属污染进行修复的方法[5]。

1. 植物

在植物修复方面,采用对重金属具有浓度耐性超富集植物以吸收、转化重金属污染物,降低水体中重金属污染物的生物有效性。植物修复的优势在于不会污染和影响环境,且目前已发现上千种重金属超量积累植物。这些超量积累植物具有较高的重金属临界浓度,在重金属污染环境中能够良好生长。但是,由于生长缓慢、生物量小,又极大地限制了其在环境治理中的应用价值。对于用作修复的植物,其生物量的增加、生长周期的缩短、积累的机理等方面还有待进一步研究。

2. 动物

水中的贝类、甲壳类、环节动物以及一些经过优选的鱼类等对重金属有一定的富集作用。不过利用这种水生动物净化水体重金属污染物需要首先进行驯化,而驯化所需要的周期较长、费用较高,且后续处理费用较大,因此推广较为困难。

3. 微生物

目前较为广泛的微生物治理方法主要是微生物絮凝法和微生物吸附法。微生物絮凝法是利用微生物或微生物产生的代谢物,进行絮凝沉淀的一种除污方法。用微生物絮凝法处理废水安全、方便、无毒且不产生二次污染,絮凝效果好,絮凝物易于分离,且微生物生长快,易于实现工业化。此外,微生物可以通过遗传工程、驯化或构造出具有特殊功能的菌株。因此微生物絮凝法具有较为光明的前景应用。

微生物吸附法是利用一些微生物对重金属的吸附作用,并以这些微生物作为主要原料,通过明胶、纤维素、金属氢氧化物沉淀等材料固定化颗粒制得。用固定化细胞作为生物吸附剂与直接用游离微生物处理相比,可以提高生物量的浓度,提高废水处理的深度和效率,大大减少吸附解析循环中的损耗,固液相分离容易,吸附剂机械强度和化学稳定性增强,延长使用寿命、降低成本。该法在技术上也表现出极大的优越性和竞争力,无论是吸附性能、pH适应范围还是运行费用等都优于其他方法。

8.3　不同类型重金属离子光催化处理

光催化技术处理重金属已被广泛研究,目前光催化还原金属离子具有三种机理[6]:

①导带光生电子(e^-)直接还原金属离子。当光催化剂的导带电位相较于金属离子还原电位更负($E_{CB} > E_{M^{n+}/M}$),即能够被光生电子直接还原,如 Au^{3+}、Cr^{6+}、Hg^{2+}、Ag^+、Fe^{3+}、Cu^{2+} 等。

②光生空穴(h^+)氧化有机物形成的中间体,间接还原金属离子。当光催化剂的导带电位相较于金属离子还原电位很近,此时还原反应的驱动力很小,在热力学上不可行。比如 Ni^{2+},光催化处理时反应液中加入草酸等有机物,通过 h^+ 氧化有机物产生强还原中间体 CO_2^- 能够使 Ni^{2+} 还原成 Ni^0。

③氧化除去金属离子。当光催化剂的导带电位相较于金属离子还原电位更正,无法被光生电子直接还原,而光生电子和光生空穴优先与吸附在催化剂表面的氧气和水反应生成氧化能力更强的自由基(如 O_2^-、$\cdot OH$ 等),这些自由基可以与重金属离子发生强氧化作用,然后使这些金属离子以高氧化态稳定存在,如 Pb^{2+}、Tl^+、Mn^{2+} 等。

8.3.1　六价铬的光催化处理

铬是现代工业科技中重要的金属之一,六价铬易溶于水,主要来源于采矿、电镀、化工、皮革、电子等行业。常见的 Cr(VI) 离子处理方法(电解法、离子交换法、化学沉淀法)具有弊端,因此开发更为有效和绿色的处理方法是个重大课题。

光催化技术能够利用太阳能为能源来解决环境中的重金属污染问题,是一种温和的环境友好的方法。光催化净化技术是将环境中高毒性的 Cr(VI) 转化为低毒性的 Cr(III)。当半导体光催化剂被能量大于其带隙能的光照射时,价带电子跃迁至导带,并随即在价带上产生对应的空穴。为了实现 Cr(VI) 的光还原,半导体的导带必须比 Cr(VI) 的还原电位(即 E $=0.36V$, pH $=7$)更负。因此,导带的能级表明了半导体还原 Cr(VI) 的潜力。同时,导带和价带的位置也受到了 pH 的影响。随着电解质溶液 pH 的增加,使得导带和价带位置向更大的阴极电位方向移动[7]。

此外,与光电子相比,Cr(VI) 的还原电位在较高的 pH 下更负,因此,光催化还原 Cr(VI) 在较低的 pH 下更易于进行。同时,随着 Cr(VI) 的浓度增加,Cr(VI) 的还原驱动力减小。

环境 pH 的变化,也会导致 Cr(VI) 的形式发生变化,当 pH 小于 2 时,Cr(VI) 以 H_2CrO_4 的形式存在。带正电荷的催化剂(如 TiO_2)表面对 Cr(VI) 的吸附较弱,Cr(VI) 的降解率相对较低。pH 从 2 增加到 4,阴离子(即 $HCrO_4^-$ 和 CrO_4^{2-})的浓度增加,改善了催化剂的表面吸附,从而提高了它们的降解率。但是,当 pH 大于 4.0 时,TiO_2 表面电荷减少,从而减少了对 Cr(VI) 的吸附,减慢了光催化的反应速度。

目前已报道的光催化材料包括金属氧化物/硫化物、卤化物、非金属化合物、聚合物等。至今,多种多样的具有可见光响应的复合半导体催化剂被应用于六价铬的还原,如 n-$BiVO_4$ @ p-MoS_2[8]、Fe_3O_4 @ Fe_2O_3/Al_2O_3[9]、SnS_2/SnO_2[10]、AgI/BiOI-Bi_2O_3[11] 与 Bi_2WO_6/CdS[12] 等。显然,纳米复合光催化剂的制备,尤其是可见光驱动的光催化剂,已成为光催化还原 Cr(VI) 的热点之一。

1. 钛基半导体

钛基半导体(TiO_2、$CaTiO_3$、$SrTiO_3$、$ZnTiO_3$ 等)因其钛元素储量大、来源丰富、价格便宜、性能稳定、生物相容性好等,成为具有良好应用前景的光催化剂。

近年来,Wang 等[13] 利用一种简单的沉淀法合成了 AgI/TiO_2 复合光催化剂,通过后续煅烧使 γ-AgI 转化为 β-AgI 提升了其可见光吸收性能,AgI/TiO_2 复合光催化剂的构建同时极大提升了其载流子的分离,在 350℃ 下煅烧 2h 的 350-AgI/TiO_2 是 100-AgI/TiO_2 催化活性的 5 倍。光利用率的提高途径不仅可以通过拓展光吸收边,还可以通过催化剂形貌的控制,从而构建 3D 多级结构提升光在催化剂上发生的反射/折射效应,同样可以提升光的利用率。比如 Baloyi 等[14] 以 $TiCl_4$ 为钛源、水为溶剂通过简单的水热法成功合成了一种 3D 蒲公英状 TiO_2。这种 3D 蒲公英状 TiO_2 对六价铬离子还原的催化活性比商业 TiO_2(P25)的催化活性更高。Cai 等[15] 以不同尺寸聚苯乙烯(PS)作为模板,可控合成了具有不同尺寸的空心 TiO_2,结果表明在 pH $=2.82$ 光照 2h,尺寸为 450nm 的 TiO_2 对 Cr(VI) 的还原率达到 96%,相

比 TiO_2(370nm)和 TiO_2(600nm)分别提升了 5% 和 8%。TiO_2(450nm)呈现了最佳的光吸收性能与量子效率。

继 TiO_2 后,钙钛矿型钛基半导体由于其结构、组分丰富,稳定性好,但单一相态钛基半导体通常存在两大缺陷限制了其发展,一是量子效率低下,分离产生的电子-空穴会因内建电场的存在而发生瞬间复合,导致电子-空穴的利用率下降;二是太阳光的利用率低,钛基半导体的带隙宽度大(TiO_2:约 3.3eV;$SrTiO_3$:约 3.2eV;$CaTiO_3$:约 3.5eV),能利用太阳光中 400nm 以下的紫外光(7%),大量的可见光(43%)与红外光(50%)无法被利用。

(1)Z 型 $TiO_2/CaTi_4O_9/CaTiO_3$ 构建

以具有高化学稳定性、高热稳定性的 $CaTiO_3$(约 3.5eV)与 TiO_2(约 3.3eV)两种大带隙半导体作为研究切入点。通过简单的热溶剂法联合焙烧构建异质结,并巧妙利用还原氧化石墨烯(RGO)表面修饰以及非贵金属 Cu 局域表面等离子共振效应,实现高活性(高量子效率)催化光解水产 H_2 以及催化还原 Cr(Ⅵ)。

首先调控 Ca 与 Ti 元素比例,通过相变策略构建了更加高效且兼具"氧化-还原"性能的 Z 型 $TiO_2/CaTi_4O_9/CaTiO_3$ 三元钛基催化剂。以乙二醇作为溶剂,通过热溶剂法制备前驱体并联合后续煅烧合成包含 $CaTiO_3$ 与 TiO_2 两相的复合光催化剂,通过 XRD 分析了不同的热溶剂温度、煅烧温度以及不同 Ca/Ti 投入比对复合光催化剂的物相组成的影响,如图 8-1 所示,调控钛酸正四丁酯的用量,$CaTi_4O_9$ 含量有所增加,对比发现不同的醇热温度联合 700℃ 煅烧制备的样品(3.4-140-700-Ca/Ti、3.4-180-700-Ca/Ti)仍为金红石相 TiO_2、$CaTiO_3$ 及 $CaTi_4O_9$ 三相组成,而在衍射角为 31.0° 的峰强度在低温时略微更强,意味着不同醇热温度会影响 TiO_2、$CaTiO_3$ 及 $CaTi_4O_9$ 三相比例。

同时为了揭示前驱体在高温下的变化情况,前驱体在空气气氛下以 5℃/min 的升温速率进行了热重测试(TGA)。如图 8-1(c)所示,质量变化分为 4 个阶段(Ⅰ、Ⅱ、Ⅲ、Ⅳ)。Ⅰ,在 350℃ 之前发生大幅度质量损失,损失质量为 38.28%。由 FTIR 分析可知,前驱体拥有大量的有机官能团,而空气条件下,有机官能团极易在温度升高过程中氧化为 CO_2。因此 350℃ 之前质量的急速下降,是由于前驱体中所含的有机物被完全氧化分解。而在 350~480℃ 出现了 1.25% 的质量增重(Ⅱ)。XRD 结果显示,600℃ 下存在 $CaCO_3$ 相,因此 Ⅱ 的质量增加可能是由于前驱体分解后形成的 CaO 与有机物氧化产生的 CO_2 反应形成 $CaCO_3$ 相导致的质量增加。Ⅲ,480℃ 左右开始第二次质量损失。相关文献报道 $CaCO_3$ 的分解温度在 500~800℃[16],第二次质量损失在 480~600℃,可能是 TiO_2 的存在促进了 $CaCO_3$ 快速完成分解 [式(8-5)]。$CaCO_3$ 分解后得到的 CaO 与邻近的 TiO_2 反应,在 $CaCO_3$ 表面形成一层"壳"-$CaTiO_3$,从而阻止了 $CaCO_3$ 进一步分解,并在 600~635℃ 趋于质量稳定。温度继续升高,过高的温度下分子剧烈运动"壳"开始塌陷,未分解的 $CaCO_3$ 相继续分解直至 715℃ 分解完全,所以有了 Ⅳ 的质量损失。因此,XRD 中 700℃ 煅烧 2h 并未发现 $CaCO_3$ 相存在。前驱体在程序升温过程质量变化简述为如下 4 个过程:

$$Ⅰ:前驱体(s)+O_2(g) \longrightarrow CaO(s)+TiO_2(s)+H_2O(g)\uparrow+CO_2(g)\uparrow \tag{8-1}$$

$$CaO(s)+CO_2(g) \longrightarrow CaCO_3 \tag{8-2}$$

$$Ⅱ:CaO(s)+CO_2(g) \longrightarrow CaCO_3 \tag{8-3}$$

$$III: CaCO_3 \longrightarrow CaO(s) + CO_2(g) \uparrow \tag{8-4}$$

$$TiO_2 + CaO \longrightarrow CaTiO_3 \tag{8-5}$$

$$IV: CaCO_3 \longrightarrow CaO(s) + CO_2(g) \uparrow \tag{8-6}$$

$$TiO_2 + CaO \longrightarrow CaTiO_3 \tag{8-7}$$

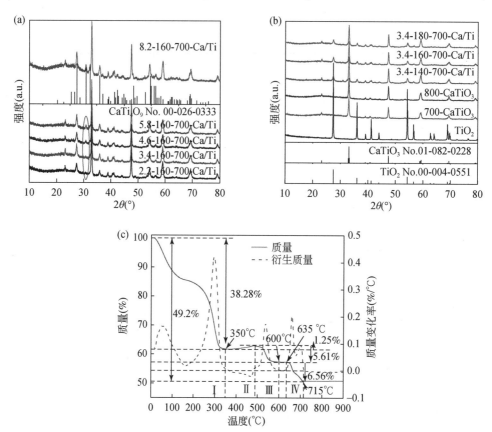

图 8-1　(a)不同钛酸正四丁酯用量制备样品的 XRD 图谱;(b)不同醇热温度 TiO_2 与 $CaTiO_3$ 的 XRD 图谱;
(c)空气气氛,升温速率为 5℃/min,前驱体的 TGA 图

　　对制备的光催化剂进一步进行了光催化六价铬[Cr(Ⅵ)]还原的活性评价。在光反应仪中多组同时进行实验,300W 汞灯作为紫外光源。在光催化 Cr(Ⅵ)还原中(图 8-2),单纯的金红石相 TiO_2 与 $CaTiO_3$ 仍然表现为较低的活性,在 150min 的紫外光照下仅有 8.9% 与 5.6% 的还原率。同时商业 P25(锐钛矿相 TiO_2 与金红石相 TiO_2 比例 8:2)光催化 Cr(Ⅵ)还原也表现出较低的性能(还原率:9.6%)。总的来说,3.4-160-700-Ca/Ti 在经汞灯照射 150min 对 Cr(Ⅵ)光催化还原率分别为单纯金红石相 TiO_2、$CaTiO_3$ 和商业 P25 的 3.3 倍、5.2 倍与 3.1 倍。

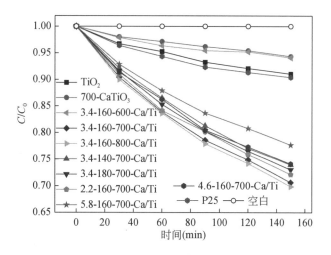

图 8-2　催化剂样品对六价铬的光催化还原性能

在半导体光催化中,导带与价带的电势位置决定了半导体产生的电子 e^- 与空穴 h^+ 的氧化还原性能。因此根据电负性原理对 $CaTiO_3$、$CaTi_4O_9$、TiO_2 半导体的电势位置进行确定,提出了图 8-3 的 Z 型 $TiO_2/CaTi_4O_9/CaTiO_3$ 异质结理论模型,3.4-160-700-Ca/Ti 复合半导体由金红石相 TiO_2、$CaTi_4O_9$、$CaTiO_3$ 三相组成,$CaTi_4O_9$ 的价带与导带的电势刚好介于金红石相 TiO_2 与 $CaTiO_3$ 两相之间,充当 Z 型系统的介质角色。光激发跃迁到 TiO_2 导带的电子 e^- 与留在 $CaTiO_3$ 价带的空穴 h^+ 分别转移到 $CaTi_4O_9$ 的价带与导带上发生泯灭,因而电子 e^- 集中在 $CaTiO_3$ 导带而空穴 h^+ 集中在 TiO_2 价带,由于 $CaTiO_3$ 导带电势电位更负($-1.26eV$),因此参与反应的电子的还原性更高,更有利于还原六价铬。

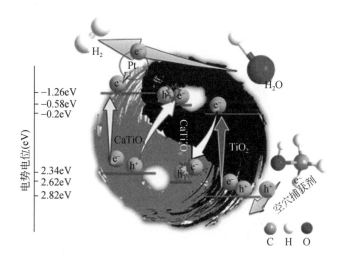

图 8-3　Z 型 $TiO_2/CaTi_4O_9/CaTiO_3$ 异质结理论模型

(2)还原氧化石墨烯(RGO)修饰 $TiO_2/CaTi_4O_9/CaTiO_3$

采用材料之王——石墨烯作为电子转移介质,氧化石墨烯通过光还原的方法进一步对合成的复合光催化剂进行表面修饰,通过电镜分析还原氧化石墨烯(RGO)在复合光催化剂 $TiO_2/CaTi_4O_9/CaTiO_3$(3.4-160-700-Ca/Ti)中的存在形态,可以发现未经还原氧化石墨烯(RGO)修饰的 $TiO_2/CaTi_4O_9/CaTiO_3$ 由许多小纳米颗粒组成,并存在一定的孔隙[图 8-4(a)]。而较低 RGO 含量(0.3wt% RGO-Ca/Ti)时,还原氧化石墨烯(RGO)主要以 2D 层状结构的形式存在[图 8-4(b)],且未发生团聚具有良好的分散,并附着在 $TiO_2/CaTi_4O_9/CaTiO_3$ 复合材料的表面,有效接触面积相对小。为了验证还原氧化石墨烯(RGO)的修饰能够提升催化剂在可见光下的光吸收性能,测试了还原氧化石墨烯(RGO)表面修饰后的 $TiO_2/CaTi_4O_9/CaTiO_3$ 复合样品,在可见区及其近红外区(400~800nm)的光吸收大幅度提升,并随着 RGO 含量的增加,在 400~800nm 处的光吸收不断增强(图 8-5)。

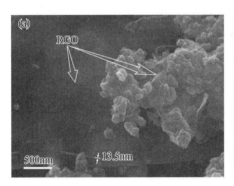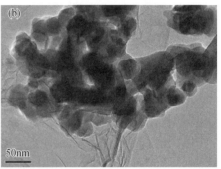

图 8-4 样品 1.0wt% RGO-Ca/Ti 的扫描电镜图像(a)和透射电镜图像(b)

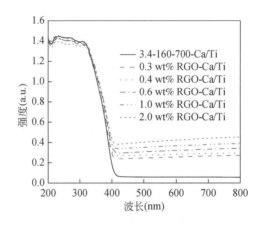

图 8-5 催化剂样品的紫外可见漫反射图谱

图 8-6(a)是催化剂对六价铬的光催化还原反应,构建的 RGO-$TiO_2/CaTi_4O_9/CaTiO_3$ 复合催化剂在光催化还原 Cr(Ⅵ)中均呈现优异的性能。1.0wt% RGO-Ca/Ti 的 Cr(Ⅵ)还原率分别达到了金红石相 TiO_2、$CaTiO_3$ 以及商业二氧化钛 P25 的 4.8 倍、5.6 倍和 3.7 倍。

(3)Cu 沉积 $TiO_2/CaTi_4O_9/CaTiO_3$

金属纳米粒子局域表面等离子体共振(LSPR)现象在贵金属中较为常见,这种金属纳米粒子的 LSPR 效应对于半导体光催化剂具有极为重要的意义。它不仅可以实现光吸收效率

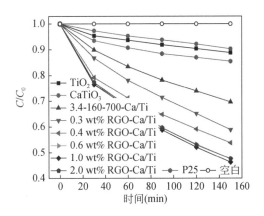

图 8-6　催化剂样品对六价铬光催化还原性能图

的提升,同时光照射到金属纳米粒子表面使电子云离域并产生共振可使得金属粒子具有更强的电子俘获能力。以过渡金属 Cu 作为一种助剂,利用光还原法将 Cu^{2+} 还原为金属 Cu 沉积在复合半导体光催化剂表面,金属纳米粒子(MNPs)在导带中有自由电子,能吸收特定波长的入射光子发生集体共振,且这种表面等离子体共振(SPR)吸收峰与纳米粒子的尺寸以及形貌有极大的关联[9]。因此利用紫外可见漫反射考察不同 Cu 的沉积量对 $TiO_2/CaTi_4O_9/CaTiO_3$ 光催化剂样品光吸收的影响(图 8-7)。不同质量分数的 Cu 沉积在 $TiO_2/CaTi_4O_9/CaTiO_3$ 光催化剂表面后,样品呈现可见光(400~800nm)区域的光吸收均发生明显提升。这归因于沉积在 $TiO_2/CaTi_4O_9/CaTiO_3$ 表面的 Cu NPs 在受到特定波长入射光辐射产生热电子的集体振荡而引起等离子体共振效应[17-19]。Cu 含量低时(0.25wt%~0.50wt%),Cu NPs 的表面等离子体共振吸收峰主要集中在 630nm 附近,并随着含量 0.25wt% 增加至 0.50wt% 产生的共振效应增强。当含量为 1.00wt% 时,Cu NPs 等离子体共振吸收峰发生蓝移至 583nm,达到较高的吸收。含量为 2.00wt% 与 3.00wt% 时,Cu NPs 等离子体共振吸收峰进一步蓝移

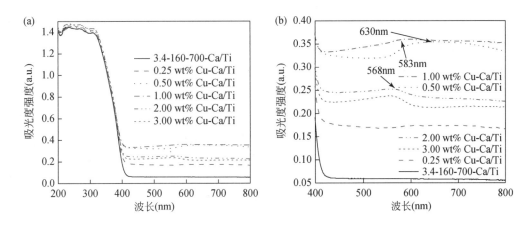

图 8-7　催化剂的紫外可见漫反射图谱

(a)全谱;(b)400~800nm 局部放大图

（568nm），相比 2.00wt%，含量为 3.00wt% 时共振效应减弱，结合 SEM 结果，这可能归因于含量过高时，由于部分 Cu NPs 堆积形成微米金属 Cu，进而减弱了表面等离子体共振效应。

在 Cr(Ⅵ)还原中，2.00wt%-Ca/Ti 显示最佳的 Cr(Ⅵ)还原性能（66.74%），还原率分别为 3.4-160-700-Ca/Ti(30.36%)、金红石相 TiO_2(11.17%)、$CaTiO_3$(9.69%)以及商业二氧化钛 P25(14.52%)的 2.2 倍、6.0 倍、6.9 倍、4.6 倍[图 8-8(a)]。Z 型 TiO_2/$CaTi_4O_9$/$CaTiO_3$ 的电子转移机制[图 8-8(b)]，在紫外光的激发下光生 e^--h^+ 对分离，跃迁至 TiO_2 导带的电子 e^- 与留在 $CaTiO_3$ 价带的空穴 h^+ 转移至 $CaTi_4O_9$ 相发生泯灭，因而电子 e^- 集中在 $CaTiO_3$ 导带、空穴 h^+ 集中在 TiO_2 价带。同时，可见光(630nm/583nm/568nm)照射在 Cu NPs 表面，外层的自由电子(e^-云)极化并产生运动，从而导致一个新的电场(E 场)产生，因而产生往复的库仑力引起局部表面等离子体共振效应。产生的这种 LSPR 效应使 Cu NPs 获得更强的电子俘获能力，集中在 $CaTiO_3$ 导带的电子 e^- 向 Cu 纳米粒子方向转移，从而更易将电子转移给电子受体[Cr(Ⅵ)]还原为 Cr(Ⅲ)。

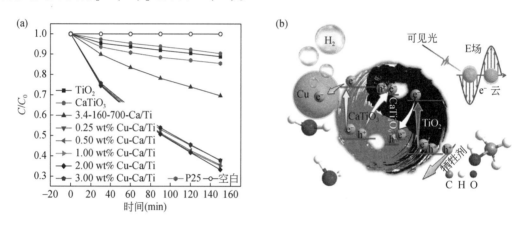

图 8-8　催化剂样品对 Cr(Ⅵ)光催化还原性能图(a)和 Cu 表面等离子体共振促进 RGO-TiO_2/$CaTi_4O_9$/$CaTiO_3$ Cr(Ⅵ)的电子转移机制(b)

(4)Z 型 $ZnTiO_3$/$Zn_2Ti_3O_8$/ZnO

$ZnTiO_3$ 也是钛基半导体中常见的材料，由于其优异的光学性能以及较强的稳定性，在光催化领域逐步受到学者们的关注。宽能隙的 $ZnTiO_3$ 对太阳光利用率较低，因而限制了其在光催化领域的应用，然而对 $ZnTiO_3$ 改性后拓宽了光吸收范围，增加了其对可见光的吸收，有效地提高了 $ZnTiO_3$ 的光催化活性。例如 Sekhon 等[20]采用蒸发-诱导自组装的方法制备高催化活性的介孔 $ZnTiO_3$ 材料，探讨了不同制备条件对样品光催化去除诺氟沙星的影响；为了进一步提高 $ZnTiO_3$ 光催化剂的活性，经过两步合成了 $ZnTiO_3$/石墨烯复合光催化剂，增强了纯 $ZnTiO_3$ 光催化剂的可见光吸收能力，又由于石墨烯具有快速的电子迁移率，使得该复合光催化剂的电荷迁移较快，进一步降低了光生电子-空穴对的复合概率，显著提高了复合光催化剂的光催化性能，在可见光的照射下其光催化去除诺氟沙星的效率是纯 $ZnTiO_3$ 光催化剂的 2 倍左右；同时为了进一步提高 $ZnTiO_3$ 光催化剂的光催化活性，在 $ZnTiO_3$ 表面复合 g-C_3N_4 后再沉积贵金属 Ag 单质，通过一系列的表征手段探究了 Ag/g-C_3N_4/$ZnTiO_3$ 三元异质结的结构物性及光催化性能,结果表明 Ag 和 g-C₃N₄ 的引入都没有改变 ZnTiO₃ 的晶型结构,但是该三元异质结相对于纯 ZnTiO₃ 对可见光的吸收能力增强,光催化去除诺氟沙星的性能也明显提高。由此可见,ZnTiO₃ 光催化剂具有较大的研究前景。ZnO-TiO₂ 二元复合体系可构成偏钛酸锌 ZnTiO₃、正钛酸锌 Zn₂TiO₄ 和亚钛酸锌 Zn₂Ti₃O₈ 三种晶相[21,22],这三种晶相在一定条件下可以相互转化,因此表明通过相变热力学和动力学调控也能实现如上述钛基材料同样的构建异质结效果。

利用 X 射线衍射仪对不同煅烧温度获得样品的物相结构进行分析,分析结果如图 8-9 所示。制备得到的 ZnTiO₃ 的衍射峰在 2θ 为 32.8°、35.3°、49°、53.4° 和 63.4°,分别对应晶面 (104)、(110)、(024)、(116) 和 (300),属于六方晶系的 ZnTiO₃(JCPDS No. 85−0547)。当前驱体分别在 400℃ 和 500℃ 煅烧时,没有观察到明显的衍射峰,说明样品处于非晶状态。随着煅烧温度的升高,出现了一些明显的衍射峰,ZTO-600 样品的衍射峰强度较小,这些衍射峰在 2θ 为 23.7°、30.0°、40.1° 和 53.4° 分别对应晶面 (210)、(220)、(321) 和 (422),属于立方晶系的 Zn₂Ti₃O₈(JCPDS No. 87−1781),而且可观测到六方晶系的 ZnTiO₃(JCPDS No. 85−0547) 的特征衍射峰。此外,其他衍射峰在 2θ 为 35.3° 和 62.0° 处,分别对应六方晶系的 ZnO (JCPDS No. 75−1533) 的 (101) 和 (103) 晶面。因此,在 600℃ 煅烧 2h 后,样品中均含有 Zn₂Ti₃O₈、ZnTiO₃ 和 ZnO 三相。当煅烧温度增加到 700℃ 和 800℃ 时,衍射峰变强,说明结晶度提高。

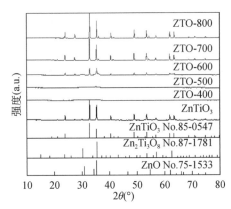

图 8-9 钛酸锌基半导体样品在不同煅烧温度下的 XRD 图谱(ZTO:Zn₂Ti₃O₈、ZnTiO₃ 和 ZnO)

在光催化活性测试中,吴海艳发现样品对六价铬还原具有良好性能[23]。为了验证光催化活性位点,对样品 ZTO-700 光沉积 3% Ag 和 3% Mn₂O₃ 证明了 ZTO-700 的光催化活性位点。通过 HRTEM 和元素定位可以清晰分析活性位点,进一步解释样品 ZnTiO₃/Zn₂Ti₃O₈/ZnO 的光催化机理。图 8-10(a)~(c) 可以证明 Ag 元素沉积在催化剂表面。从图 8-10(c) 可以看出,有 4 条不同的晶格条纹:晶格间距 0.234nm 属于 Ag(JCPDS No. 89-3277) 的 (111) 晶面,晶格间距 0.238nm 对应 ZnO(JCPDS No. 75−1533) 的 (101) 晶面,晶格间距 0.272nm 对应 ZnTiO₃(JCPDS No. 25−0671) 的 (211) 晶面,晶格间距 0.296nm 对应 Zn₂Ti₃O₈(JCPDS No. 87−1781) 的 (220) 晶面。从晶体表面结构上看,Ag 的晶面与 ZnTiO₃ 和 ZnO 的晶面相邻。图 8-10(d)~(f) 可以证明 Mn₂O₃ 沉积在催化剂表面。从图 8-10(f) 可以看出,有 4 条不同的晶格条纹：0.271nm 的晶格间距属于 Mn_2O_3（JCPDS No. 71-0635）的（222）晶面，0.296nm 的晶格间距对应 $Zn_2Ti_3O_8$（JCPDS No. 87-1781）的（220）晶面，0.261nm 的晶格间距对应 ZnO（JCPDS No. 75-1533）的（002）晶面，0.272nm 的晶格间距对应 $ZnTiO_3$（JCPDS No. 25-0671）的（211）晶面。从晶体表面结构上看，Mn_2O_3 的晶面在 $Zn_2Ti_3O_8$ 和 ZnO 的晶面附近。根据公式[24]：$Ag^+ + e^- \longrightarrow Ag$ 和 $2Mn^{2+} + 3H_2O + h^+ \longrightarrow Mn_2O_3 + 5H^+$ 可以推断出，Ag 与 $ZnTiO_3$ 和 ZnO 导带中的 e^- 发生反应，Mn_2O_3 与 $Zn_2Ti_3O_8$ 和 ZnO 价带中的 h^+ 发生反应，$ZnTiO_3$ 价带上的 h^+ 可能与 e^- 发生复合反应。

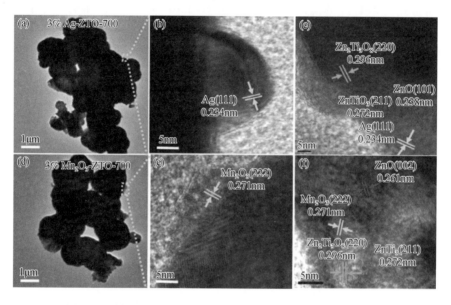

图 8-10　样品 ZTO-700 沉积 3% Ag 和 3% Mn_2O_3 的透射电镜图

2. 石墨相氮化碳（g-C_3N_4）

石墨相氮化碳（g-C_3N_4）是一种典型的聚合物半导体，最早发现于 1834 年[25]，Berzelius 和 Liebig 等通过高温反应得到一种淡黄色的不溶性粉末，但由于当时的分析检测手段有限，无法确定其分子结构，直至 1922 年[26]，Franklin 提出该高温处理后的粉末为碳氮化物并提出其可能结构。随后利用 X 射线晶体学研究，Pauling 和 Sturdivant[27] 首次根据其结果分析，提出了这种聚合物及其衍生物的基本结构单元为共面三-s-三嗪环单元。之后虽然 g-C_3N_4 结构被一步步确认和证实，但是由于在大多数溶剂中不溶以及化学反应惰性限制了其应用发展。在沉寂了 150 年后，直到 1990 年左右[28]，基于理论预测 sp^3 杂化的 C_3N_4 具有与金刚石相媲美的体硬度和模量，该材料又重新得到关注。直至 2009 年[29]，该材料才被 Wang 等首次应用于光催化分解水的研究中，自此拉开了其在光催化领域的序幕。g-C_3N_4 的结构是 C、N 原子以 sp^2 杂化形成的高度离域的 π 共轭体系，具有合适的禁带宽度（约 2.7eV），可以吸收可见光。然而由于其自身存在光生电子-空穴对分离缓慢和光生电子-空穴转移率低，故限制了其应用能力。

半导体中的空位缺陷对于改善电子结构，增加反应物分子的特定反应位点，提高半导体光催化剂的光催化活性具有重要作用[30]。Zhang 等[31]采用热聚合辅助胶体晶体模板法合成了一种可见光驱动的缺氮介孔 g-C_3N_4 光催化剂。C—N＝C 和 NH_x 中 N 缺失,形成了氰基。Mo 等[32]采用硒蒸气处理 g-C_3N_4,得到了氮缺陷 g-C_3N_4。氮缺陷在 N(C)$_3$ 晶格位点和末端 N—H。Yang 等[33]以草酸辅助三聚氰胺为前驱体,采用两步水热煅烧法制备了分层多孔缺氮 g-C_3N_4,氮缺陷发生在 C—N＝C 晶格位点。Sun 等[34]在一步煅烧过程中,合成了气相分子修饰的氮空位 g-C_3N_4 纳米片,氮缺陷在 C—N＝C 晶格位点。Zhang 等[35]采用简便有效的固态化学还原技术,在温和的温度条件下制备了具有氮缺陷的 g-C_3N_4,表现出增强的可见光光催化产氢活性。Di 等[36]通过对大块 g-C_3N_4 进行二次热处理,获得了具有表面局限碳缺陷的多孔超薄 g-C_3N_4。在可见光下,对罗丹明 B 的光催化降解活性有显著提高。Xu 等[37]以尿素为原料,加入少量甲酰胺进行聚合反应,制备了氮缺陷 g-C_3N_4,增强了光催化产氢活性。Ding 等[30]通过硝酸预处理三聚氰胺前驱体的高温热缩合法,成功地在 g-C_3N_4 体系中引入了氮空位,氮缺陷发生在非凝聚末端 NH_x 晶格点上,增强了对光的吸收,提高了光生载流子的分离效率。Zhang 等[38]将含有双氰胺和氯化铵(NH_4Cl)的冻干结晶混合物在氮气气氛下进行热聚合,将多孔性特征和两类缺陷(氰基和氮空位)同时引入 g-C_3N_4 骨架中,显著提高了可见光光催化产氢活性。Liu 等[39]采用熔盐后处理方法制备缺氮 g-C_3N_4,产氢速率是原来的 2.2 倍,氮缺陷发生在 C—N＝C 晶格位点和非凝聚末端 NH_x 上。

除此之外采用醛类还原性溶剂进行化学还原法,可以对氮化碳的结构进行修饰,形成缺陷位或引入杂原子,使得本身的电子结构发生一定作用,得到意想不到的催化效果。下面将以甲醛辅助溶剂热为例简单阐述氮缺陷调控改性氮化碳。

首先制备氮化碳。采用最为简单的热缩合法。取 5g 三聚氰胺放入 30mL 坩埚中,加 10mL 去离子水,搅拌均匀,超声 10min,盖上坩埚盖放入烘箱中,保持 100℃烘干水,取出研磨充分,放入马弗炉中 520℃保温 2h,升温速率为 5℃/min。由此产生的黄色团聚体加 10mL 无水乙醇研磨 30min,并用无水乙醇和水冲洗,放入烘箱中 80℃ 干燥 10h。取 1g 的 g-C_3N_4 分别加入 60mL 水、10mL 甲醛溶液和 50mL 水、20mL 甲醛溶液和 40mL 水、30mL 甲醛溶液和 30mL 水、50mL 甲醛溶液和 10mL 水,进行 160℃水热 12h,得到的样品分别记为 H-g-C_3N_4、10-CN、20-CN、30-CN、50-CN。图 8-11 为利用 XPS 对 H-g-C_3N_4 和 30-CN 的表面元素组成和元素的化学状态进行分析。H-g-C_3N_4 中 C 1s 谱可分为四个不同的峰,在 284.76eV、

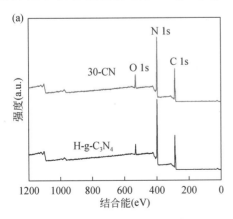
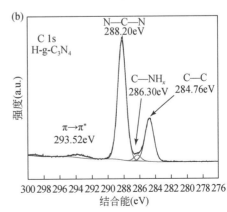

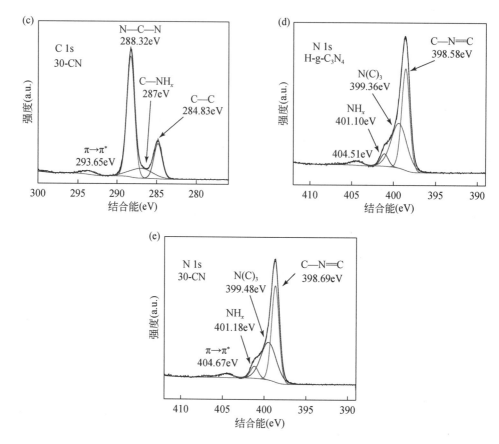

图 8-11　样品 H-g-C_3N_4 和 30-CN 的 XPS 谱图

(a)全谱图;H-g-C_3N_4:(b)C 1s,(d)N 1s;30-CN:(c)C 1s,(e)N 1s

286.30eV、288.20eV、293.52eV 处的峰分别归属于外源的 C—C 键、七嗪单元边缘的 C—NH_x($x=1,2$)、芳香环的 N—C—N 和 π→$π^*$ 半线结构[34,40,41]。H-g-C_3N_4 中 N 1s 谱可分为四个不同的峰,在 398.58eV、399.36eV、401.10eV、404.51eV 处的峰分别归属于 sp^2 杂化的芳香氮原子(C—N=C)、叔氮基[N(C)$_3$]、游离氨基(NH_x)和杂环中的电荷效应或正电荷局域化[42]。

　　表 8-2 列举了关于样品中 C、N 元素的含量以及 C/N 原子比,30-CN 的 C/N 原子比相对于 H-g-C_3N_4 增大,进一步说明存在氮缺陷。表 8-3 中,通过分析得到了 H-g-C_3N_4 和 30-CN 表面各种含氮基团的原子百分含量,与 H-g-C_3N_4 相比,30-CN 的 C—N=C、NH_x、NH_x/N(C)$_3$+C—N=C、C—N=C/N(C)$_3$ 和 NH_x/N(C)$_3$ 基团增大,而 N(C)$_3$ 基团减少。由此分析得出氮缺陷在 N(C)$_3$ 晶格位点。30-CN 中的含氮基团相对于 H-g-C_3N_4 转向更高的结合能,可能是因为氮原子缺失导致该位点留下多余的电子,通过 30-CN 离域的 π 共轭网络会重新分配到相邻的碳原子和 C—N=C 的氮原子中[31,39,43]。表 8-4 列举了根据 XPS 分析得到的 H-g-C_3N_4 和 30-CN 表面各种含碳基团的原子百分含量,相对于 H-g-C_3N_4,30-CN 的 N—C—N 与 C—C 减小,C—NH_x 与 C—NH_x/N—C—N+C—C 明显增大。在 C 1s 中增强的

C—NH$_x$ 峰表明形成氰基,因为氰基拥有与 C—NH$_x$ 相似的 C 1s 结合能[44,45]。结合 N 1s 的结果,可知形成上述氰基的 N 原子可能来自 N(C)$_3$[46]。

表 8-2　H-g-C$_3$N$_4$ 和 30-CN 的元素含量

样品	元素	(at%)	C/N 原子比
H-g-C$_3$N$_4$	C	46.108	0.947
	N	48.713	
	O	5.179	
30-CN	C	46.037	0.978
	N	47.074	
	O	6.889	

表 8-3　H-g-C$_3$N$_4$ 和 30-CN 表面各种含氮基团的原子百分含量

样品	C—N=C	N(C)$_3$	NH$_x$	NH$_x$/N(C)$_3$+C—N=C	C—N=C/N(C)$_3$	NH$_x$/N(C)$_3$
H-g-C$_3$N$_4$	48.29%	42.54%	5.84%	0.064	1.135	0.14
30-CN	49.39%	40.33%	6.46%	0.072	1.225	0.16

表 8-4　H-g-C$_3$N$_4$ 和 30-CN 表面各种含碳基团的原子百分含量

样品	N—C—N	C—C	C—NH$_x$	C—NH$_x$/N—C—N+C—C
H-g-C$_3$N$_4$	67.92%	26.24%	2.81%	0.0298
30-CN	61.72%	19.63%	15.15%	0.186

表 8-5 中 EA 测试得出,相对于 g-C$_3$N$_4$ 和 H-g-C$_3$N$_4$,FH-g-C$_3$N$_4$ 的 C/N 原子比增大,进一步说明存在氮缺陷。FH-g-C$_3$N$_4$ 的 H/C 原子比增大和 H 含量增加,这可能是由于 H 占据了 N(C)$_3$ 缺陷位点的缘故[35]。从图 8-12(a)中催化剂颜色得出,H-g-C$_3$N$_4$ 相对于 g-C$_3$N$_4$ 变白,而 30-CN 相对于 H-g-C$_3$N$_4$ 仅有少量变暗,说明 30-CN 的氮缺陷是少量的。30mL 甲醛溶液加入 30mL 水中,溶液呈酸性,反应前溶液的 pH 为 4.06,甲醛溶剂热反应时 g-C$_3$N$_4$ 放出氨使溶液 pH 升高,反应后溶液的 pH 为 5.60。甲醛的还原性随溶液碱性的增大而增强,弱酸性条件下具有弱的还原性。最后,有待探索能够采用如此简单的辅助水热法来得到意想不到结果的更多有机溶剂。

表 8-5　元素分析(EA)得出的样品元素含量

样品	C(wt%)	N(wt%)	H(wt%)	C/N 质量比	H/C 质量比
g-C$_3$N$_4$	34.71	61.22	2.388	0.567	0.069
H-g-C$_3$N$_4$	31.94	57.23	2.161	0.558	0.068
10-CN	34.81	57.76	2.569	0.603	0.074
20-CN	34.53	56.85	2.732	0.607	0.079

样品	C(wt%)	N(wt%)	H(wt%)	C/N 质量比	H/C 质量比
30-CN	34.50	56.97	2.535	0.606	0.074
50-CN	34.55	56.91	2.627	0.607	0.076

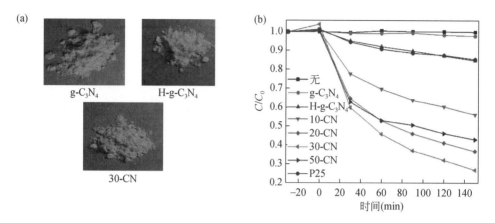

图 8-12　(a)g-C₃N₄、H-g-C₃N₄ 和 30-CN 的颜色;(b)样品光催化还原 10mg/L Cr(Ⅵ)

8.3.2　其他重金属离子的光催化处理

目前,除铬以外,光催化技术也被应用到其他重金属的处理,其中不乏对人体有危害性的重金属[汞 Hg(Ⅱ)、镉 Cd(Ⅱ)、放射性金属铀 U(Ⅵ)等]的光催化处理,还有将电子废物中的贵金属金(Au)、银(Ag)离子光催化还原成单质并回收。

金属汞也是工业废水中常见的重金属之一,并且通常以 Hg^{2+} 和有机汞形式存在。在之前的内容中已经阐述汞的危害。废水中的无机汞离子及其化合物首先与一个电子反应还原成 Hg^+,再继续与电子反应生成零价汞,而有机汞则先转化为无机汞后,再由无机汞还原成零价汞。陆薇薇等[47]利用 TiO_2 对低浓度 Hg^{2+}(1mg/L、10mg/L)溶液进行光催化还原反应,还原效率在 90% 以上,最后还验证了处理实际工业废水的可行性。唐现琼等[48]采用分子动力学方法模拟了 Hg^{2+} 在 TiO_2 表面光催化还原反应中的运动过程,发现 TiO_2 表面的水分子会形成局部有序的类冰结构从而限制了材料表面附近水分子的移动和 Hg^{2+} 向 TiO_2 表面的运动。另外还发现掺杂 Fe^{3+} 取代 TiO_2 晶格的 Ti^{4+} 后,可以消除上述现象,从而提高光催化效率。Kadi 等[49]采用模板法制备了介孔 $CoFe_2O_4/g$-C_3N_4 材料,该材料具有高比表面积(151m²/g)及窄带隙(2.05eV)的优点,在可见光下 4% $CoFe_2O_4/g$-C_3N_4 还原 Hg^{2+} 效率分别较 $CoFe_2O_4$、g-C_3N_4 高 4.3 倍、6.2 倍,并且该材料具有磁性,因此在使用过程中方便回收、重复利用。

废水中的铅通常以 Pb^{2+} 形式存在,Pb^{2+} 的光还原处理主要途径由光催化剂的还原电位决定。一是,当催化剂的还原电位足以将其直接还原,则 Pb^{2+} 直接得到光生电子被还原为零价铅沉积下来;二是,当催化剂的还原电位不足以将其直接还原,则需经空穴或强氧化性物质先转化为更高氧化态的物质,即 PbO_2。Murruni 等[50]在 TiO_2 光催化去除 Pb^{2+} 的研究中发现,Pb^{2+} 首先得到一个光生电子还原成 Pb(Ⅰ),再得到一个电子还原成零价铅。而无论是处于中价态的 Pb(Ⅰ)还是零价 Pb,最终都被强氧化性物质再氧化,因此向反应体系中加入有机物或自由基捕获剂等能减少 Pb(Ⅰ)或 Pb(0)的再氧化,加快 Pb(Ⅱ)的还原。另外,甲酸等有机物与强氧化性物质(h^+ 或 ·OH)反应后可能会产生具有还原性的 CO_2^-,促使重金属还原。

　　铀是一种重要的核工业原料,随着核工业的快速发展,对核燃料铀的需求也日益增大。然而在天然铀矿的开采及冶炼加工过程中,会产生大量的含铀废水。铀在水溶液中主要以 U(Ⅵ)和 U(Ⅳ)形式存在,U(Ⅵ)主要以 UO_2^{2+} 的形式存在,易溶于水并随水流动迁移。而 U(Ⅳ)在水中不能稳定存在,常以化合态氧化物存在,有些与无机碳络合而形成稳定物种,最终以 UO_2 沉淀沉积在水体底部。铀具有放射性和重金属毒性,进入生物链后会对生物圈造成严重的危害。Vanesa 等[51]首次在光催化领域进行 UO_2^{2+} 还原,探究了在酸(HCOOH)存在下,TiO_2 异质结对 UO_2^{2+} 的光催化还原性能。实验发现,在 0.001mol/L HCOOH 存在下,TiO_2 异质结催化剂有最高的光催化还原效率,而 HCOOH 的浓度大于 0.01mol/L 时,将会导致 UO_2^{2+} 的再氧化。石墨型氮化碳合适的能带结构在热力学上具有光催化还原 U(Ⅵ)至 U(Ⅳ)的潜力,因此学者进行了此类研究。朱业安等[52]以苯为前驱物,采用原位 MgO 模板法制备了具有高比表面积和丰富孔道结构的中空三维石墨材料(3D Cr),再以尿素为分散液,尿素与 3D Cr 超声复合后,热缩聚合成 3D Cr/g-C_3N_4 复合材料。研究表明该种三维中空结构有效提升了光生电荷的迁移率,同时大比表面积增强了材料的集光性和内部可协调性。在 160min 时,可见光催化去除 UO_2^{2+}(1g/L)可达 90% 以上。

　　金、银、铂作为贵重的金属材料,由于其良好的物理特性(如延展性、导电性等)、稳定的的化学性能和强耐腐蚀性,被广泛应用于电子器件和工业催化领域。从经济效益出发,回收废水中的金、银更具社会意义。2019 年,全球共产生了 5360 万吨电子垃圾,包括废旧的手机、电脑和家用电子设备等。Chen 等[53]利用光催化技术将其“变废为宝”,开发了从废弃的电路板、汽车三元催化剂和矿石中选择性回收 Ag、Au、Pd、Pt、Rh、Ir 贵金属的光催化工艺。整个过程不涉及强酸、强碱或有毒氰化物,只需要光照和 TiO_2 光催化剂。废物源中 99% 以上的目标贵金属元素可被溶解,然后经简单还原反应进行回收,纯度可高达 98% 以上。公斤级尺度的试验,以及催化剂多次重复使用(>100),证明了这种方法的工业应用潜力。贵金属(precious metal,PM)的回收主要包括两个步骤:溶解 PM^0 形成 PM^{x+} 溶液,然后将 PM^{x+} 从滤液中还原为 PM^0。

参 考 文 献

[1] 洪亚军, 冯承莲, 徐祖信, 等. 重金属对水生生物的毒性效应机制研究进展[J]. 环境工程, 2019, 37(11): 4-12.

[2] 杨瑞香. 水体重金属污染来源及治理技术研究进展[J]. 资源节约与环保, 2016, 4:66.

[3] 陈文. 重金属污染水体危害问题及处理技术进展[J]. 绿色科技, 2020, 4:58-61.

[4] 丁天宇, 胡思雨. 水体重金属污染现状及治理方法概述[J]. 建筑与预算, 2019, 6:75-78.

[5] 张坤, 罗书. 水体重金属污染治理技术研究进展[J]. 中国环境管理干部学院学报, 2010, 20(3):

62-64.

[6] 魏添昱,陈荣,马田,等. 光催化应用于处理水中重金属离子的研究进展[J]. 江西化工,2015,5：13-17.

[7] 邓晓明. 基于光催化技术处理水环境中 Cr(Ⅵ)的机制研究[D]. 上海：上海师范大学,2020.

[8] Zhao W, Liu Y, Wei Z, et al. Fabrication of a novel p-n heterojunction photocatalyst n-BiVO$_4$@p-MoS$_2$ with core-shell structure and its excellent visible-light photocatalytic reduction and oxidation activities[J]. Appl. Catal. B Environ., 2016, 185：242-252.

[9] Nagarjuna R, Challagulla S, Ganesan R, et al. High rates of Cr(Ⅵ) photoreduction with magnetically recoverable nano-Fe$_3$O$_4$@Fe$_2$O$_3$/Al$_2$O$_3$ catalyst under visible light[J]. Chem. Eng. J., 2017, 308：59-66.

[10] Zhang Y, Yao L, Zhang G, et al. One-step hydrothermal synthesis of high-performance visible-light-driven SnS$_2$/SnO$_2$ nanoheterojunction photocatalyst for the reduction of aqueous Cr(Ⅵ)[J]. Appl. Catal. B Environ., 2014, 144：730-738.

[11] Wang Q, Shi X, Liu E, et al. Facile synthesis of AgI/BiOI-Bi$_2$O$_3$ multi-heterojunctions with high visible light activity for Cr(Ⅵ) reduction[J]. J. hazard. Mater., 2016, 317：8-16.

[12] Liu Y, Liu S, Wu T, et al. Facile preparation of flower-like Bi$_2$WO$_6$/CdS heterostructured photocatalyst with enhanced visible-light-driven photocatalytic activity for Cr(Ⅵ) reduction[J]. J. Sol-Gel Sci. Techn., 2017, 83(2)：315-323.

[13] Wang Q, Shi X, Xu J, et al. Highly enhanced photocatalytic reduction of Cr(Ⅵ) on AgI/TiO$_2$ under visible light irradiation：Influence of calcination temperature[J]. J. Hazard. Mater., 2016, 307：213-220.

[14] Baloyi J, Seadira T, Raphulu M, et al. Preparation, characterization and growth mechanism of dandelion-like TiO$_2$ nanostructures and their application in photocatalysis towards reduction of Cr(Ⅵ)[J]. Mater. Today-Proceedings, 2015, 2(7)：3973-3987.

[15] Cai J, Wu X, Zheng F, et al. Influence of TiO$_2$ hollow sphere size on its photo-reduction activity for toxic Cr(Ⅵ) removal[J]. J Colloid Interf. Sci., 2017, 490：37-45.

[16] Haselbach L. Potential for carbon dioxide absorption in concrete[J]. J. Environ. Eng., 2009, 135(6)：465-472.

[17] Xue J, Ma S, Zhou Y, et al. Facile photochemical synthesis of Au/Pt/g-C$_3$N$_4$ with plasmon-enhanced photocatalytic activity for antibiotic degradation[J]. ACS Appl. Mater. Interf., 2015, 7(18)：9630-9637.

[18] Zhao Z, Zhang W, Sun Y, et al. Bi cocatalyst/Bi$_2$MoO$_6$ microspheres nanohybrid with SPR-promoted visible-light photocatalysis[J]. J. Phys. Chem. C, 2016, 120(22)：11889-11898.

[19] 周波,刘志国,王红霞,等. 花状 Cu$_2$O/Cu 的水热合成及其光催化性能[J]. 物理化学学报,2009, 25(9)：1841-1846.

[20] Sekhon J, Verma S. Refractive index sensitivity analysis of Ag, Au, and Cu nanoparticles[J]. Plasmonics, 2011, 6(2)：311-317.

[21] Bartram S, Slepetys R. Compound formation and crystal structure in the system ZnO-TiO$_2$[J]. J. Am. Ceram. Soc., 1961, 44：493-499.

[22] Mohammadi M, Fray D. Low temperature nanostructured zinc titanate by an aqueous particulate sol-gel route：Optimisation of heat treatment condition based on Zn：Ti molar ratio[J]. J. Eur. Ceram. Soc., 2010, 30：947-961.

[23] 吴海艳. 介孔状 ZnTiO$_3$ 光催化剂的制备及其复合改性研究[D]. 长沙：湖南大学,2017.

[24] Matsumoto Y, Ida S, Inoue T. Photodeposition of metal and metal oxide at the TiO$_x$ nanosheet to observe the photocatalytic active site[J]. J. Phys. Chem. C, 2018, 112：11614-11616.

[25] Liebig J. Uber einige stickstoff-verbindungen[J]. Annalen der Pharmacie, 1834, 10: 1-47.

[26] Franklin E. The ammono carbonic acids[J]. J. Am. Chem. Soc., 1922, 44: 486-509.

[27] Pauling L, Sturdivant J H. The structure of cyameluric acid, hydromelonic acid and related substances[J]. Proceedings of the National Academy of Science, 1937, 23: 615.

[28] Goettmann F, Fischer A, Antonietti M, et al. Metal-free catalysis of sustainable fridel-crafts reactions: Direct activation of benzene by carbon nitrides to avoid the use of metal chlorides and halogenated compounds [J]. Chem. Commun., 2006: 4530-4532.

[29] Wang X, Maeda K, Thomas A, et al. A metal free polymeric photocatalyst for hydrogen production from water under visible light[J]. Nat. Mater., 2009, 8: 76-80.

[30] Ding J, Xu W, Wan H, et al. Nitrogen vacancy engineered graphitic C_3N_4-based polymers for photocatalytic oxidation of aromatic alcohols to aldehydes[J]. Appl. Catal. B Environ., 2018, 221: 626-634.

[31] Zhang S, Hu C, Ji H, et al. Facile synthesis of nitrogen-deficient mesoporous graphitic carbon nitride for highly efficient photocatalytic performance[J]. Appl. Surf. Sci., 2019, 478: 304-312.

[32] Mo R, Li J, Tang Y, et al. Introduction of nitrogen defects into a graphitic carbon nitride framework by selenium vapor treatment for enhanced photocatalytic hydrogen production[J]. Appl. Surf. Sci., 2019, 476: 552-559.

[33] Yang F, Ren J, Liu Q, et al. Facile oxalic acid-assisted construction of laminated porous N-deficient graphitic carbon nitride: Highly efficient visible-light-driven hydrogen evolution photocatalyst[J]. J Energy Chem. 2019, 33: 1-8.

[34] Sun N, Wen X, Tan Y, et al. Generated gas molecules-modified carbon nitride nanosheets with nitrogen vacancies and high efficient photocatalytic hydrogen evolution[J]. Appl. Surf. Sci., 2019, 470: 724-732.

[35] Zhang Y, Gao J, Chen Z. A solid-state chemical reduction approach to synthesize graphitic carbon nitride with tunable nitrogen defects for efficient visible-light photocatalytic hydrogen evolution[J]. J. Colloid Interf. Sci., 2019, 535: 331-340.

[36] Di J, Xia J, Li X, et al. Constructing confined surface carbon defects in ultrathin graphitic carbon nitride for photocatalytic free radical manipulation[J]. Carbon, 2016, 107: 1-10.

[37] Xu C, Zhang W. Facile synthesis of nitrogen deficient g-C_3N_4 by copolymerization of urea and formamide for efficient photocatalytic hydrogen evolution[J]. Mol. Catal., 2018, 453: 85-92.

[38] Zhang D, Guo Y, Zhao Z. Porous defect-modified graphitic carbon nitride via a facile one-step approach with significantly enhanced photocatalytic hydrogen evolution under visible light irradiation[J]. Appl. Catal. B Environ., 2018, 226: 1-9.

[39] Liu J, Fang W, Wei Z, et al. Efficient photocatalytic hydrogen evolution on N-deficient g-C_3N_4 achieved by a molten salt post-treatment approach[J]. Appl. Catal. B Environ., 2018, 238: 465-470.

[40] Yang F, Ren J, Liu Q, et al. Facile oxalic acid-assisted construction of laminated porous N-deficient graphitic carbon nitride: Highly efficient visible-light-driven hydrogen evolution photocatalyst[J]. J. Energy. Chem., 2019, 33: 1-8.

[41] Huang Z, Chen H, Zhao L, et al. *In suit* inducing electron-donating and electron-withdrawing groups in carbon nitride by one-step NH_4Cl-assisted route: A strategy for high solar hydrogen production efficiency[J]. Environ. Int., 2019, 126: 289-297.

[42] Xiao J, Xie Y, Faheem N, et al. Dramatic coupling of visible light with ozone on honeycomb-like porous g-C_3N_4 towards superior oxidation of water pollutants[J]. Appl. Catal. B Environ., 2016, 183: 417-425.

[43] Liang S, Zhang D, Pu X, et al. A novel Ag_2O/g-C_3N_4 p-n heterojunction photocatalysts with enhanced

visible and near-infrared light activity[J]. Sep. Purif. Technol., 2019, 210: 786-797.

[44] Xue J, Fujitsuka M, Majima T. The role of nitrogen defects in graphitic carbon nitride for visible-light-driven hydrogen evolution[J]. Phys. Chem. Chem. Phys., 2019, 21(5): 2318-2324.

[45] Yu H, Shi R, Zhao Y, et al. Alkali-assisted synthesis of nitrogen deficient graphitic carbon nitride with tunable band structures for efficient visible-light-driven hydrogen evolution[J]. Adv. Mater., 2017, 29(16): 1605148.

[46] Zhou N, Qiu P, Chen H, et al. KOH etching graphitic carbon nitride for simulated sunlight photocatalytic nitrogen fixation with cyano groups as defects[J]. J. Taiwan Inst. Chem. E., 2018, 83: 99-106.

[47] 陆薇薇, 陈国松, 张红漫, 等. 三波长分光光度法研究纳米 TiO_2 对 Hg^{2+} 的光催化还原效果[J]. 感光科学与光化学, 2007, 25: 230-237.

[48] 唐现琼, 刘智, 赵才贤, 等. 纳米 TiO_2 光催化还原 Hg^{2+} 的分子动力学模拟[J]. 材料导报 B: 研究篇, 2012, 26: 138-141.

[49] Kadi M, Mohamed R, Ismail A, et al. Decoration of g-C_3N_4 nanosheets by mesoporous $CoFe_2O_4$ nanoparticles for promoting visible-light photocatalytic Hg(II) reduction[J]. Colloid Surface A., 2020, 603: 125206.

[50] Murruni L, Conde F, Leyva G, et al. Photocatalytic reduction of Pb(II) over TiO_2: New insights on the effect of different electron donors[J]. Appl. Catal. B Environ., 2008, 84: 563-569.

[51] Vanesa A, Jorge M, Marta I. Heterogeneous photocatalytic remoral of U(VI) in the presence of formic acid: U(III) formation[J]. Chem. Eng. J., 2015, 270: 28-35.

[52] 朱业安, 吴熙, 卢长海, 等. 3D Cr/g-C_3N_4 复合材料的制备及光催化还原铀试验研究[J]. 湿法冶金, 2019, 38: 408-411.

[53] Chen Y, Xu M, Wen J, et al. Selective recovery of precious metals through photocatalysis[J]. Nat. Sustain., 2021, 4: 618-626.

第9章 有机污染物和重金属离子协同处理

9.1 光催化的还原和氧化作用

早期的光催化剂研究[1]主要集中在 TiO_2[2]、ZnO[3]、CdS[4]等为代表的单一型及复合/掺杂改性的金属半导体光催化剂。其中 TiO_2 具有绿色、价廉、高光催化活性和性能稳定等特性,在实际中具有潜在的应用价值,现已被广泛研究。但是宽带隙的 TiO_2 只能响应太阳光中极少量的紫外光和近紫外光,对太阳光响应能力较弱;ZnO 本身的载流子复合概率较高,化学性质不稳定,在水溶液中,ZnO 会在颗粒表面生成 $Zn(OH)_2$ 从而影响 ZnO 的光吸收性能,降低光催化活性;CdS 在水溶液中或光线照射下不稳定,会发生一系列的阳极光腐蚀反应,而产生对环境和生物有害的 Cd^{2+}。因此,上述种种原因限制了它们在工业上的应用。近年来,新型光催化剂的报道层出不穷,其中比较有代表的光催化剂包括金属硫化物[5]、碳酸盐[6]、钨酸盐[7]、铁酸盐[8]、钼酸盐[9]等。针对这些新型的光催化剂,研究者进行了一系列报道。

9.1.1 光催化的还原作用

能源与环境问题一直困扰着人类日常发展与生活。能源需求方面,目前主要消耗的是不可再生的常规能源(传统能源),如石油、煤、天然气等。化石能源不仅供应日益紧张,并且给环境带来更重的负担。新能源(氢能源)作为一种"绿色能源"亟待开发,氢气(H_2)具有高燃值(能量密度为142kJ/g,分别为汽油、酒精、焦炭的 3 倍、3.9 倍、4.5 倍),且 H_2 燃烧的最终产物为 H_2O,是一种具有替代常规能源前景的清洁能源(零碳能源)。

环境污染方面,其中人类赖以生存的水体污染包含有机废水污染与无机废水污染。无机废水包含无机重金属汞(Hg)、铬(Cr)、镉(Cd)、铜(Cu)、镍(Ni)等。六价铬[Cr(VI)]作为一种常见的化学工业原料,在冶金、电镀、印染、皮革等工业中有广泛的应用,因而废水中常常出现 Cr(VI)超标。Cr(VI)具有高生物毒性,超过 0.1ppm 的 Cr(VI)就会引发中毒,通过穿透生物膜而起作用,进而导致急性中毒,且 Cr(VI)极易溶于水,废水中的 Cr(VI)会随着水流入河道,导致地表、地下水与湖泊的污染,危及动植物的生长和人类的健康。

目前光催化技术已实现包括有机污染物降解[10]、重金属还原[11]、水解产氢产氧[12]、有机物选择性氧化[13]、二氧化碳还原[14]、一氧化碳氧化、一氧化氮氧化[15]等,因此这种绿色、温和、低能耗的光催化技术对于 Cr(VI)的去除与 H_2 能源的制备极具前景。

半导体的能带结构分为价带(valence band,VB)与导带(conduction band,CB),在 VB 与 CB 之间的能级差值为禁带宽,即带隙(band gap,E_g)。只有大于 E_g 能量的光子($h\nu$)照射在半导体光催化剂上才能激发产生电子-空穴对。分离的光生-电子在催化剂表面发生还原反应,而光生空穴在催化剂表面发生氧化反应(图 9-1)。例如,光催化还原 Cr(VI),分离后并跃迁至 VB 的电子(e⁻),将吸附在催化剂表面的 Cr(VI)还原为 Cr(III),空穴(h⁺)将水(H₂O)氧化为氧气(O₂)[16]。

$$光催化剂 + h\nu \longrightarrow e^- + h^+$$
$$Cr(VI) + e^- \longrightarrow Cr(III)$$
$$H_2O + h^+ \longrightarrow O_2$$

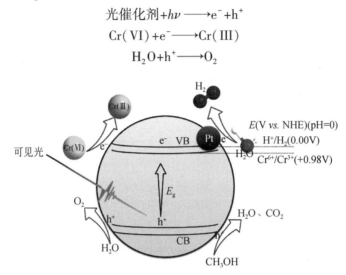

图 9-1　半导体光催化还原六价铬与半水解产氢机理图

光催化分解水实现太阳能转化为化学能,是吉布斯自由能增加的上坡反应,因此实现水的全解较难。光催化半水解产生氢只需要在反应体系中添加牺牲剂,如甲醇、甲醛、甲酸等,以消耗 h⁺,阻止 H₂O 与 h⁺生成 O₂,同时抑制了 H₂O 分解为 H₂ 与 O₂ 的逆反应地进行,更利于 H₂ 的产生。人工光催化分解水产氢是经双电子转移机制完成的,有较高的过电势,所以往往需要借助贵金属(如 Pt、Au 等)来降低析氢过电势,同时贵金属作为助剂俘获电子,提高量子效率达到高效产氢[17]。

$$光催化剂 + h\nu \longrightarrow e^- + h^+$$
$$2H_2O + e^- \longrightarrow 2H_2 + O_2$$
$$CH_3OH + h^+ \longrightarrow H_2O + CO_2$$

9.1.2　光催化的氧化作用

除上述典型的还原作用外,未被复合的电子也能够迁移至催化剂表面与吸附在催化剂表面的含氧物质(O₂、H₂O 等)发生还原反应,生成对应的活性物种(O_2^-、HO_2^-、H_2O_2 等),而空穴迁移至催化剂表面与吸附在催化剂表面的物质(H₂O、OH⁻)发生氧化反应生成·OH,这些生成的活性自由基具有很强的氧化能力,可以与有机物发生间接氧化。另外,空穴也能进行直接氧化,最终将废水中的有机物矿化成水或二氧化碳等小分子物质。

9.2　光催化降解和重金属的还原去除

随着科学技术的发展,大量的半导体光催化材料被设计制备并广泛应用于环保和能源领域。然而,传统的 TiO_2、WO_3、ZnO 等宽带系的半导体只能吸收紫外光或者吸收少量的可见光、量子效率低或者稳定性差,极大地制约了此类半导体催化剂的工业化应用[18]。因此,设计和开发新型高效、可见光响应且稳定的光催化剂是推动光催化技术发展的关键问题。作为一种令人关注的半导体,Sn_3O_4 以其独特的结构、良好的电化学性能,在催化中的实际应用受到越来越多的关注[19,20]。众所周知,半导体的电学、光学和催化性能与其晶体形貌和微观结构密切相关[21-23]。

因此,本书作者研究了氟、硼掺杂对 Sn_3O_4 的改性并研制了一系列新型掺杂 Sn_3O_4 瓣状微球,并将其应用于环境净化,有效去除 $Cr(VI)$ 和有机污染物。此外,还利用密度泛函理论(DFT)揭示了 Sn_3O_4 晶体结构中氟、硼的掺杂机理。两种元素掺杂有利于增强光捕获能力、$Cr(VI)$ 吸附能力、电荷载流子的有效分离和氧化还原能力。

9.2.1　B 掺杂 Sn_3O_4 光催化材料

Sn_3O_4 和 $B_{0.3}$-Sn_3O_4 的 SEM 图像如图 9-2 所示,表明 Sn_3O_4 和 $B_{0.3}$-Sn_3O_4 是由纳米薄片

图 9-2　Sn_3O_4 和 $B_{0.3}$-Sn_3O_4 的形态结构

(a)Sn_3O_4;(b)$B_{0.3}$-Sn_3O_4

自组装的花瓣状微球构成。通常,较小的颗粒尺寸和较高的分散度将促进光催化性能的提高。显然硼掺杂大大减小了颗粒尺寸,使纳米片变薄。在相同质量下,催化剂的较小颗粒尺寸意味着更多的颗粒数,对应于水溶液中更高的分散性。

基于密度泛函理论(DFT)对其几何形状进行了优化,并计算能量。采用基于广义梯度近似(GGA)和 Perdew-Burke-Ernzerhof(PBE)方法优化材料几何结构,计算了能带结构和原子态密度。设置平面波截止能量为400eV,采用2K×3K×3K点集,总能量在0.001eV以内收敛。为了获得最高占据态的相对位置,建立了一个真空层厚度为20的四层原子层的平板模型。在 XRD 分析和对称性原理的基础上,对不同位置的 Sn^{4+} 原子进行了替换。这两个替换位点分别定义为 Sn_3O_4-B1 和 Sn_3O_4-B2。图9-3中(a$_1$)、(b$_1$)和(c$_1$)可以证明,导带底部和价带顶部在不同的 k 空间垂直线上,表明 Sn_3O_4 和硼掺杂 Sn_3O_4 是间接带隙半导体。可知电子从价带转移到导带是一个间接的过程,有利于抑制载流子的复合。此外,计算出的 Sn_3O_4、Sn_3O_4-B1 和 Sn_3O_4-B2 的带隙分别为1.76eV、2.16eV和2.20eV。Sn_3O_4-B1 模型被认为是最佳的硼掺杂溶液,符合更稳定的晶体结构和最低带隙能量的原则。如图9-3(a$_2$)、(b$_2$)和(c$_2$)所示,Sn_3O_4 和硼掺杂 Sn_3O_4 的能态密度(TDOS)主要是由 Sn^{2+} p 轨道、O^{2-} s 轨道和 O^{2-} p 轨道的部分态密度(PDOS)贡献的。可以证实,Sn_3O_4 和掺硼 Sn_3O_4 的 DOS 跨越了费米能级的零能点,这意味着其具有半金属特性[24]。

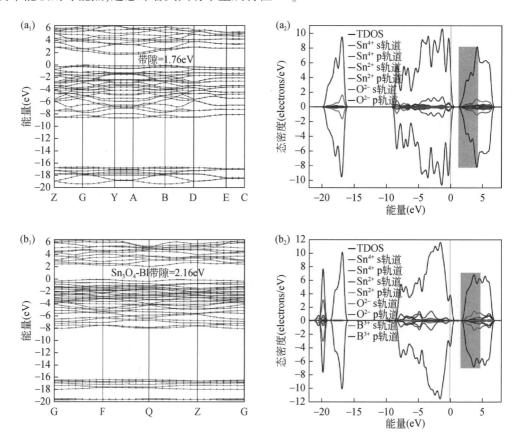

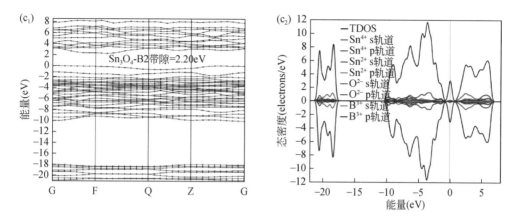

图9-3 DFT计算优化的 $Sn_3O_4(a_1)$ 与 B_x-$Sn_3O_4(b_1)$、(c_1) 的能带结构；
$Sn_3O_4(a_2)$ 与 B_x-$Sn_3O_4(b_2)$、(c_2) 的态密度

9.2.2 有机物氧化和重金属还原在 B 掺杂 Sn_3O_4 光催化中的协同作用

众所周知,多相催化一般经过七个步骤:外部扩散、内部扩散、吸附、催化反应、反应产物的解吸、内部扩散、外部扩散。其中优异的吸附性能将大大提高催化性能。研究证实,与单纯的 Sn_3O_4 相比,硼掺杂样品对 Cr(VI) 有明显的吸附,这是由于比表面积的增加促进了Cr(VI) 的吸附。B_x-Sn_3O_4 的吸附与光催化反应协同作用显著促进 Cr(VI) 的还原,其中 $B_{0.3}$-Sn_3O_4 在 30min 内几乎完全去除 10ppm Cr(VI)(pH=7)[包括吸附的 Cr(VI),并将 10ppm Cr(VI)还原为 Cr(III)]。然而由于 pH 较高,20ppm Cr^{6+}(pH=8)的去除率明显降低。据报道,在高 pH 条件下,Cr(VI)/Cr(III) 的氧化还原电位和 Sn_3O_4 的导带会发生变化,pH 每增加 1 个单位,就会导致热力学驱动力降低 79mV[25]。此外,还原后的 Cr(III) 在高 pH 条件下容易在催化剂表面沉淀形成 $Cr(OH)_3$,覆盖活性位点,堵塞分子运输通道,大大降低光催化效率[26]。值得注意的是,与 Sn_3O_4 和商业 TiO_2 相比,B_x-Sn_3O_4 具有更高效的光催化性能,这意味着 B_x-Sn_3O_4 光催化剂去除 Cr(VI) 具有更大的潜力。

Cr(VI) 的种类在很大程度上受溶液 pH 的控制。H_2CrO_4 和 CrO_4^{2-} 分别在强酸和 pH=7以上条件下存在。而 $HCrO_4^-$ 是 pH=2~7 的主要形式[27,28]。通过对比实验研究了不同 pH条件下 H_2SO_4(1mol/L)和 NaOH(1mol/L)对 Cr(VI) 的光催化去除效果。从图9-4(a)可以看出,pH 条件对 Cr(VI) 的去除有显著影响。pH=5 时,$HCrO_4^-$ 的吸附和光催化还原能力极大增强,其中 $B_{0.3}$-Sn_3O_4 可在 18min 内有效降低 $HCrO_4^-$ 的浓度。然而,在 pH=9 的条件下,发现 CrO_4^{2-} 的吸收和光催化还原能力较差,这证实了在碱性条件下去除 Cr(VI) 的效果不如酸性体系。

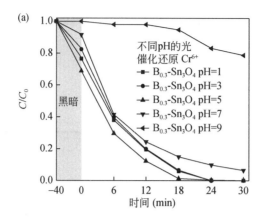

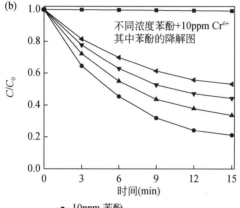

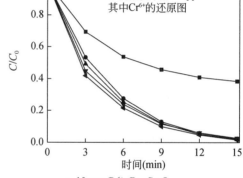

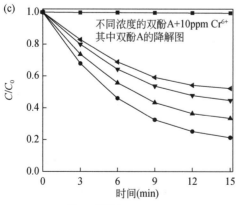

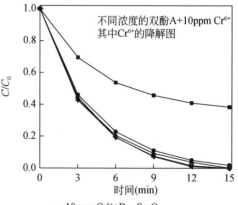

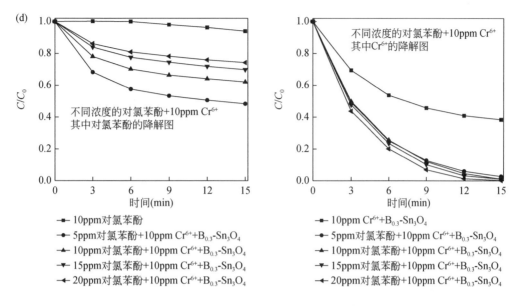

图 9-4 B$_{0.3}$-Sn$_3$O$_4$ 还原 Cr(Ⅵ) 的对比实验

(a) 不同 pH 条件下 Cr(Ⅵ) 的光催化还原;酚类物质降解与 Cr(Ⅵ) 还原的协同作用:(b) 苯酚,(c) 双酚 A,(d) 对氯苯酚

由于工业废水中有机污染物和有毒重金属的共存,给水净化带来了很大的困难[28-30]。如图 9-4(b)~(d) 所示,以一系列不同浓度有毒酚类物质(苯酚、双酚 A、对氯苯酚)和 10ppm Cr(Ⅵ) 溶液作为工业废水模型系统,进一步探讨了酚类物质降解与 Cr(Ⅵ) 去除之间的协同作用。例如,工业废水 [5ppm 苯酚+10ppm Cr(Ⅵ)] 是由 25mL 苯酚(10ppm) 与 25mL Cr(Ⅵ)(20ppm) 混合而成。其他浓度模型采用相同方法得到。可以证实,B$_{0.3}$-Sn$_3$O$_4$ 在没有 10ppm Cr(Ⅵ) 的情况下对苯酚的降解作用很小,说明 B$_{0.3}$-Sn$_3$O$_4$ 光催化作用下对苯酚的降解作用可以忽略不计。幸运的是,由于协同作用,酚类的降解和 10ppm 的 Cr(Ⅵ) 的去除瞬间得到了极大的增强,这说明酚类和 Cr(Ⅵ) 分别作为 h$^+$/·OH 自由基和 e$^-$ 的牺牲剂,显著抑制了光诱导的电子-空穴对的复合。但 10ppm Cr(Ⅵ) 的去除率随酚类物质浓度的增加不显著,说明高浓度酚类物质对 10ppm Cr(Ⅵ) 去除率的协同效应没有增强。类似地,对新型 F 掺杂 Sn$_3$O$_4$ 催化剂的结构、光催化降解和重金属还原去除的能力也进行了系统研究[31]。

9.3 高效协同催化剂的设计

高效协同催化剂的构筑以异质结结构为主,构建异质结能有效增强光催化剂在紫外-可见光区域的光吸收。此外,构建紧密接触的界面结构能促进光生电子转移并抑制 e$^-$/h$^+$ 对复合。Yin 等[32] 通过固态反应合成了非化学计量取代的钒酸铈:M$_x$Ce$_{1-x}$VO$_4$(M = Li、Ca 和 Fe),研究发现合成样品的粒径分布在 600~800nm 且其相稳定温度可达 1100℃,其带隙在 2.6~2.9eV,具备较好的可见光响应能力,能够广泛应用于有机物的降解、环己烷的氧化和苯的羟基化。Li 等[33] 通过均相沉淀法与水热法偶联合成了可见光响应的 BiVO$_4$/CeO$_2$ 催化剂,BiVO$_4$ 的存在有效转移了 CeO$_2$ 产生的光生电子。在可见光照射下(λ>400nm)检验了其对染料亚甲蓝、甲基橙以及亚甲基蓝和甲基橙混合染料的降解效果。Li 等[34]通过原位法合成了双晶相组成的可见光响应的钒酸银（$Ag_4V_2O_7$ 和 Ag_3VO_4），成功应用于光催化分解苯蒸气，光照 720min 后，$Ag_4V_2O_7/Ag_3VO_4$ 和 P25 对苯的矿化率分别为 48% 和 11%。Jo 等[35]采用简单的溶胶-凝胶法和微波水热法制备了 Ag_3VO_4/TiO_2 纳米棒光催化剂，增强了催化剂在可见光区域的光吸收，且具备优异的电荷分离特性。在可见光的照射下，4h 后对甲苯的降解率达到 70%。借助原位 FTIR 观察到反应过程中有中间产物苯甲醇和苯甲醛，且部分中间产物被氧化成 CO_2 和 H_2O。此外，电子自旋共振证实了 O_2^- 和 $\cdot OH$ 参与了甲苯的光催化降解过程。Li 等[36]成功构建 $g\text{-}C_3N_4/Ag_3VO_4$ 异质结光催化剂，实验表征证明 Ag_3VO_4 均匀分布于 $g\text{-}C_3N_4$ 表面。与单组分光催化剂相比，在可见光条件下，40% $g\text{-}C_3N_4/Ag_3VO_4$ 异质结对碱性品红具有较高的光催化活性，其降解速率常数为 $0.92h^{-1}$，是单组分 $g\text{-}C_3N_4$ 和 Ag_3VO_4 的 11.5 倍和 6.6 倍。通过密度泛函理论计算表明，$g\text{-}C_3N_4$ 与 Ag_3VO_4 之间存在互补的导带和价带位。通过光致发光图谱证明了光生 e^-/h^+ 对能在 $g\text{-}C_3N_4$ 与 Ag_3VO_4 之间高效分离。其中，光催化过程中产生的 O_2^- 和 h^+ 在催化降解碱性品红中起主要作用。

异质结光催化体系能增强可见光响应能力、促进载流子定向流动分离、提高活性和稳定性，是设计制备具有高应用价值催化剂的可行手段。在环境保护和能量转换等有实际的应用价值，受到人们的广泛关注。对此，本书作者设计合成了多种由相转变调控的多元异质结结构的光催化材料，并在光催化降解与重金属离子还原方面有了突破性进展。以 $Zn_3(OH)_2V_2O_7 \cdot 2H_2O$ 为前驱体，采用低成本的微波水热法和高温自相变，设计合成了一种新型的双 Z 型 $Zn_3(VO_4)_2/Zn_2V_2O_7/ZnO$ 三元异质结体系。其中，采用 $Zn_3(OH)_2V_2O_7 \cdot 2H_2O$ 前驱体是制备三元异质结材料的关键，它不仅增强了结构间的相互作用，而且保持了中孔纳米片结构。实验证明，$Zn_3(OH)_2V_2O_7 \cdot 2H_2O$ 首先失去 H_2O，然后部分 $Zn_3(VO_4)_2$ 经自相变过程分解生成 $Zn_2V_2O_7$ 和 $ZnO[Zn_3(OH)_2V_2O_7 \cdot 2H_2O \longrightarrow Zn_3(VO_4)_2 \longrightarrow Zn_2V_2O_7+ZnO]$，得到双 Z 型三元异质结。该双 Z 型三元异质结材料具有窄的带隙、紧密接触的界面、更宽的可见光吸收和更有效的载流子分离效率。其中，光致发光光谱、自由基捕获实验和 ESR 实验证实了非传统输运机制下的光生 e^- 和 h^+ 对的分离，对目标污染物的去除起着关键的作用。

$ZnO\text{-}TiO_2$ 二元复合体系可构成偏钛酸锌 $ZnTiO_3$、正钛酸锌 Zn_2TiO_4 和亚钛酸锌 $Zn_2Ti_3O_8$ 三种晶相，这三种晶相在一定条件下可以相互转化[37]，其中 $ZnTiO_3$ 是常见的半导体材料，由于其优异的光学性能以及较强的稳定性，在光催化领域逐步受到学者们的关注。但是 $ZnTiO_3$ 的能带较宽，对太阳光的利用率低，因而限制了其在光催化领域的应用。本书作者课题组通过溶剂热联合煅烧法制备得到单 Z 型 $ZnTiO_3/Zn_2Ti_3O_8/ZnO$ 三元异质结，样品的相变过程可以定义为部分 $ZnTiO_3$ 经过热分解而产生 $Zn_2Ti_3O_8$ 和 $ZnO(ZnTiO_3 \longrightarrow Zn_2Ti_3O_8+ZnO)$，所得的 $ZnTiO_3/Zn_2Ti_3O_8/ZnO$ 三元异质结在光催化分解水产氢和去除不同模拟污染物如染料、重金属 $Cr(VI)$ 等方面表现出优异的光催化性能。纯 $ZnTiO_3$ 对 Rh B 的降解率只有 17%，而样品 ZTO-700 对 Rh B 的降解率达到 64%，主要原因是样品 ZTO-700 是一种单 Z 型三元异质结，其光生电子和空穴的快速传递有利于染料的降解，而纯 $ZnTiO_3$ 的光生电子转移率较低，复合率较高，不利于染料和 $Cr(VI)$ 的光催化去除（图9-5）。

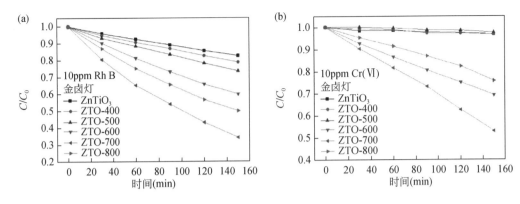

图 9-5　合成样品在 400W 金卤灯光照下的光催化降解及还原性能测试图

(a)Rh B 的降解；(b)Cr(Ⅵ)的还原

参 考 文 献

[1] Colón G, Hidalgo M, Navío J, et al. Influence of amine template on the photoactivity of TiO$_2$ nanoparticles obtained by hydrothermal treatment[J]. Appl. Catal. B Environ., 2008, 78:176-182.

[2] Anbia M, Khosravi F, Dehghan R. Application of hydrothermal and non-hydrothermal TiO$_2$ nanoporous materials as new adsorbents for removal of heavy metal ions from aqueous system[J]. Journal of Ultrafine Grained and Nanostructured Materials, 2016, 49(1): 36-42.

[3] Yu C, Yang K, Xie Y, et al. Novel hollow Pt-ZnO nanocomposite microspheres with hierarchical structure and enhanced photocatalytic activity and stability[J]. Nanoscale, 2013, 5(5): 2142-2151.

[4] Yu C, Zhou W, Yu J, et al. Rapid fabrication of CdS nanocrystals with well mesoporous structure under ultrasound irradiation at room temperature[J]. Chem. Res. Chinese U., 2012, 28(1): 124-128.

[5] Guo X, Fu Y, Hong D, et al. High-efficiency sono-solar-induced degradation of organic dye by the piezophototronic/photocatalytic coupling effect of FeS/ZnO nanoarrays[J]. Nanotechnology, 2016, 27(37): 375704.

[6] Yu C, Li G, Kumar S, et al. Phase transformation synthesis of novel Ag$_2$O/Ag$_2$CO$_3$ heterostructures with high visible light efficiency in photocatalytic degradation of pollutants[J]. Adv. Mater., 2014, 26(6): 892-898.

[7] Yu C, Bai Y, Chen J, et al. Pt/Bi$_2$WO$_6$ composite microflowers: High visible light photocatalytic performance and easy recycle[J]. Sep. Purif. Technol., 2015, 154: 115-122.

[8] Mohan S, Subramanian B, Bhaumik I, et al. Nanostructured Bi$_{(1-x)}$Cd$_{(x)}$FeO$_3$—A multiferroic photocatalyst on its sunlight driven photocatalytic activity[J]. RSC Adv., 2014, 4(32): 16871-16878.

[9] Zhang L, Cao X, Ma Y, et al. Pancake-like Fe$_2$(MoO$_4$)$_3$ microstructures: Microwave-assisted hydrothermal synthesis, magnetic and photocatalytic properties[J]. New J. Chem., 2010, 34(9): 2027-2033.

[10] Zhang H, Zhao L, Geng F, et al. Carbon dots decorated graphitic carbon nitride as an efficient metal-free photocatalyst for phenol degradation[J]. Appl. Catal. B Environ., 2016, 180: 656-662.

[11] Liang R, Shen L, Jing F, et al. NH$_2$-mediated indium metal-organic framework as a novel visible-light-driven photocatalyst for reduction of the aqueous Cr(Ⅵ)[J]. Appl. Catal. B Environ., 2015, 162: 245-251.

[12] Iwashina K, Iwase A, Ng Y, et al. Z-schematic water splitting into H$_2$ and O$_2$ using metal sulfide as a hydrogen-evolving photocatalyst and reduced graphene oxide as a solid-state electron mediator[J]. J. Am.

Chem. Soc., 2015, 137(2): 604-607.

[13] Jiang T, Jia C, Zhang L, et al. Gold and gold-palladium alloy nanoparticles on heterostructured TiO_2 nanobelts as plasmonic photocatalysts for benzyl alcohol oxidation[J]. Nanoscale, 2015, 7(1): 209-217.

[14] Jin J, Yu J, Guo D, et al. A hierarchical Z-scheme CdS-WO_3 photocatalyst with enhanced CO_2 reduction activity[J]. Small, 2015, 11(39): 5262-5271.

[15] Li H, Wu X, Yin S, et al. Effect of rutile TiO_2 on the photocatalytic performance of g-C_3N_4/brookite-TiO_{2-x} N_y photocatalyst for NO decomposition[J]. Appl. Surf. Sci., 2017, 392: 531-539.

[16] Nanda B, Pradhan A, Parida K. Fabrication of mesoporous CuO/ZrO_2-MCM-41 nanocomposites for photocatalytic reduction of Cr(VI)[J]. Chemi. Eng. J., 2017, 316: 1122-1135.

[17] 曾鹏. 新型碳基复合材料的制备及其光催化制氢性能研究[D]. 武汉:武汉大学, 2012.

[18] Linsebigler A, Lu G, Yates J. Photocatalysis on TiO_2 surfaces: Principles, mechanisms, and selected results[J]. Chem. Rev., 1995, 95(3): 735-758.

[19] Lawson F. Tin oxide-Sn_3O_4[J]. Nature, 1967, 215:955-956.

[20] Song H, Son S, Kim S, et al. A facile synthesis of hierarchical Sn_3O_4 nanostructures in an acidic aqueous solution and their strong visible-light-driven photocatalytic activity[J]. Nano Res., 2015, 8: 3553-3561.

[21] Zheng N, Ouyang T, Chen Y, et al. Ultrathin CdS shell sensitized hollow S-doped CeO_2 spheres for efficient visible-light photocatalysis[J]. Catal. Sci. Technol., 2019, 9: 1357-1364.

[22] Yu C, He H, Liu X, et al. Novel SiO_2 nanoparticle-decorated BiOCl nanosheets exhibiting high photocatalytic performances for the removal of organic pollutants [J]. Chin. J. Catal., 2019, 40: 1212-1221.

[23] Wei R, Huang Z, Gu G, et al. Dual-cocatalysts decorated rimous CdS spheres advancing highly-efficient visible-light photocatalytic hydrogen production[J]. Appl. Catal. B Environ., 2018, 231: 101-107.

[24] Li J, Wu X, Pan W, et al. Vacancy-rich monolayer BiO_{2-x} as a highly efficient UV, visible, and near-infrared responsive photocatalyst[J]. Angew. Chem. Int. Ed.,2018, 57: 491-495.

[25] Wang Q, Chen X, Yu K, et al. Synergistic photosensitized removal of Cr(VI) and Rhodamine B dye on a-morphous TiO_2 under visible light irradiation[J]. J. Hazard. Mater., 2013, 246: 135-144.

[26] Wang Q, Shi X, Xu J, et al. Highly enhanced photocatalytic reduction of Cr(VI) on AgI/TiO_2 under visible light irradiation: Influence of calcination temperature[J]. J. Hazard. Mater., 2016, 307: 213-220.

[27] Kotaś J, Stasicka Z. Chromium occurrence in the environment and methods of its speciation[J]. Environ. Pollut., 2000, 107: 263-283.

[28] Wu Q, Zhao J, Qin G, et al. Photocatalytic reduction of Cr(VI) with TiO_2 film under visible light[J]. Appl. Catal. B Environ., 2013, 142: 142-148.

[29] Liu J, Zhao Z, Jiang G. Coating Fe_3O_4 magnetic nanoparticles with humic acid for high efficient removal of heavy metals in water[J]. Environ. Sci. Technol., 2008, 42: 6949-6954.

[30] Zhang Q, Amor K, Galer S, et al. Using stable isotope fractionation factors to identify Cr(VI) reduction pathways: Metal-mineral-microbe interactions[J]. Water Res., 2019, 151: 98-109.

[31] Zeng D, Yu C, Fan Q, et al. Theoretical and experimental research of novel fluorine doped hierarchical Sn_3O_4 microspheres with excellent photocatalytic performance for removal of Cr(VI) and organic pollutants[J]. Chem. Eng. J., 2020, 391: 123607.

[32] Yin R, Ling L, Xiang Y, et al. Enhanced photocatalytic reduction of chromium(VI) by Cu-doped TiO_2 under UV-A irradiation[J]. Sep. Purif. Technol., 2018, 190: 53-59.

[33] Li H, Zhou Y, Tu W, et al. State of the art progress in diverse heterostructured photocatalysts toward

promoting photocatalytic performance[J]. Adv. Funct. Mater., 2015, 25(7): 998-1013.

[34] Li W, Feng C, Dai S, et al. Fabrication of sulfur-doped g-C_3N_4/Au/CdS Z-scheme photocatalyst to improve the photocatalytic performance under visible light[J]. Appl. Catal. B Environ., 2015, 168: 465-471.

[35] Jo W, Selvam N. Z-scheme CdS/g-C_3N_4 composites with RGO as an electron mediator for efficient photocatalytic H_2 production and pollutant degradation[J]. Chem. Eng. J., 2017, 317: 913-924.

[36] Li X, Wan T, Qiu J, et al. *In situ* photocalorimetry-fluorescence spectroscopy studies of Rh B photocatalysis over Z-scheme g-C_3N_4@ Ag@ Ag_3PO_4 nanocomposites: A pseudo-zero-order rather than a first-order process [J]. Appl. Catal. B Environ., 2017, 217: 591-602.

[37] Kang C, Xiao K, Yao Z, et al. Hydrothermal synthesis of graphene-$ZnTiO_3$ nanocomposites with enhanced photocatalytic activities[J]. Res. Chem. Intermediat., 2018, 44: 6621-6636.

第10章 CO₂光热资源化催化转化

能源与环境问题是当前人类面临的两大问题。随着工业的迅猛发展以及人们生活水平的不断提高,人类社会对能源的需求也快速增加。化石能源的大量使用在为人类社会的快速发展提供了充足能量的同时,也带来了一系列的环境问题。使用化石燃料时,除了会排放出多种污染物(包括 SO_x、NO_x 和颗粒物等)外,同时还会释放出大量温室气体 CO_2。自工业化时代起,人为温室气体的排放已经使大气中 CO_2 等温室气体浓度大幅度提升,引起全球气候变暖。温室气体所引起的气候变化和生态环境问题已严重制约人类的生存和发展。因此,如何降低 CO_2 的排放和对 CO_2 进行资源化利用成为广受世界关注的热点。

10.1 CO₂减排和资源化利用

CO_2 减排的方法可分为三类[1,2]。一类是利用低碳或无碳能源,例如氢能、太阳能等来代替化石能源。这类技术虽可从根本上减少 CO_2 排放,但是目前,此类低碳能源要么使用成本很高,在经济性上无法完全取代传统化石能源,要么技术上还存在瓶颈,无法商业应用。另一类技术是通过提高能源利用率来减少化石能源消耗,降低 CO_2 排放。例如采用超临界发电技术来提高电厂发电效率,降低煤耗、减排 CO_2[3]。此类技术所面临的主要问题是当前能源利用率已达到一定水平,进一步提高能源利用率的技术难度及成本都很大,提升空间也较为有限,限制了此类技术的推广应用。第三类是采用碳捕获及封存(CCS)技术,在可再生能源技术全面投入应用之前,化石燃料仍将是人类的主要能源。CCS 技术提供了一种折中的解决方案,该技术是通过一些技术手段将工业排放的 CO_2 分离捕获,并将其封存起来,在减少 CO_2 排放的同时保证人类可继续使用化石能源,直到可再生能源技术全面投入应用。CCS 技术特别适用于大型 CO_2 点排放源的控制,被认为是短期内大规模控制 CO_2 排放的最为可行技术之一[4]。但是 CCS 技术的应用会消耗更多的能源,产生额外的 CO_2,其建设及运行成本也较高,无法从根本上解决 CO_2 排放问题。另一方面,CO_2 是地球上最为丰富及经济的含碳资源,在当前含碳资源被大量消耗的前提下,如能利用可再生能源,例如太阳能,将 CCS 技术捕获的 CO_2,例如富氧烟气,转化为含碳能源,在降低 CO_2 排放的同时提供化工燃料,势必对减少 CO_2 排放及缓解能源危机均具有重要意义[5]。

CO_2 资源化利用指的是将生产过程中产生和经过捕集过程之后的 CO_2 进行提纯,投入到新的生产工艺中,转化为附加值较高的化工产品。这样不仅解决 CO_2 泄漏存在的隐患,同时可以达到 CO_2 减排的目的,而且为化学工业提供廉价易得的原料,开辟了重要的非石油原料化学工业路线,有利于化工行业的发展[6]。目前 CO_2 资源化利用主要是在生物、物理和化学方面。在生物方面,CO_2 主要作为农作物的气肥,促进其光合作用的效果,增加产量[7]。在物理方面,CO_2 可以作为惰性气体,用于电弧焊接和灭火材料;也可以用作冷却剂,对食品进行冷却与冷冻;而且能够充当清洗剂,清洗光学零件和精密机械零件等。化学方面主要是将 CO_2 转化为基础化学药品、有机染料或者固定为高分子材料,转化途径为 CO_2 还原为甲酸、甲醇和烃类等或者羧化为羧酸、氨基酸、碳酸酯及其聚合物等。CO_2 化学转化的主要技术方法有电化学还原法、光催化还原法和热催化转化法。

10.2　CO₂ 光催化资源化转化

10.2.1　光催化还原 CO₂ 原理

光催化还原 CO_2 过程的基本原理如图 10-1 所示,主要包括三个步骤:①半导体吸收能量高于半导体带隙能的光子后,价带中的电子(e^-)被激发至导带,释放位于价带的空穴(h^+),产生电子-空穴对;②光生电子-空穴对分离并分别迁移至催化剂表面,或者电子-空穴对自身重新复合消耗掉;③迁移至催化剂表面空穴氧化 H_2O(或其他电子供体)生成 O_2[式(10-1)],同时迁移至催化剂表面的电子还原 H_2O 或 CO_2 生成有机化合物及 CO 或 H_2,或其他有机物[式(10-2)~式(10-7)]。这些利用太阳能等可再生能源转化二氧化碳和水生成的 CO 和其他有机化学燃料,又称为太阳燃料。利用太阳能,通过光催化技术可以把二氧化碳催化转化成高附加值的化学品,实现二氧化碳的资源化利用。

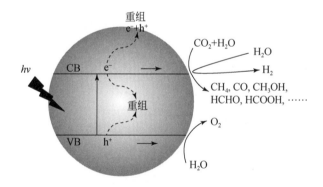

图 10-1　CO₂ 光催化还原机理图[8]

$$2H_2O+4h^+ \longrightarrow O_2+4H^+ \tag{10-1}$$

$$2H^++2e^- \longrightarrow H_2 \tag{10-2}$$

$$CO_2+2H^++2e^- \longrightarrow CO+H_2O \tag{10-3}$$

$$CO_2+2H^++2e^- \longrightarrow HCOOH \tag{10-4}$$

$$CO_2+4H^++4e^- \longrightarrow HCHO+H_2O \tag{10-5}$$

$$CO_2+6H^++6e^- \longrightarrow CH_3OH+H_2O \tag{10-6}$$

$$CO_2+8H^++8e^- \longrightarrow CH_4+2H_2O \tag{10-7}$$

10.2.2　提升光催化还原 CO_2 活性的方法

目前光催化还原 CO_2 活性还比较低,达不到工业化生产的要求。要达到高效光催化还原 CO_2 生成太阳燃料,可以从以下几个方面提高催化剂的光催化效率[8]。

合适的半导体能带位置。从热力学上讲,半导体光催化还原 CO_2 具有可能性,即半导体的导带位置高于(更负) CO_2 与还原产物(CO 、 CH_3OH 、 $HCHO$ 、 CH_4 、 $HCOOH$ 等)之间的氧化还原电位,同时其价带位置低于(更正) H_2O/O_2 或其他牺牲剂与其相应氧化产物之间的氧化还原电位[9]。这样,半导体催化剂的能带工程就成为光催化的一个关键性挑战。通过调控光催化剂的导带和价带电位,可以选择性进行还原反应、氧化反应或部分氧化反应[10]。

高效产生电子-空穴对。可以通过贵金属纳米粒子的局域表面等离子体共振效应,增加对可见光的吸收,通过直接 LSPR 效应及间接 LSPR 效应,提高金属纳米粒子及半导体生成高能电子、空穴的速率[11]。某些不具有 LSPR 效应的金属纳米粒子通过电子带间跃迁也可达到类似的光激发产生高能电子、空穴的效果[12]。

有效的电子、空穴分离。电荷的分离/扩散及复合是两个相互竞争的过程。而光生电子、空穴的复合是导致光催化效率低下的主要原因之一[13]。尤其是,光生电子-空穴对的复合时间为 10^{-9} s 数量级,而其与吸附在催化剂上的反应物的化学反应时间为 $10^{-8} \sim 10^{-3}$ s 数量级。为避免光生电子、空穴的复合,有效加速它们的分离和迁移,对于分解水产 H_2 及 CO_2 还原过程就显得极其重要,是光催化反应的重大挑战之一。利用两种半导体的能级差和能级匹配的原理,构建异质相结复合光催化剂是最有效及可行的方法[14]。在复合纳米半导体中,电荷从一个组分(一般为能吸收光的半导体)迁移到另一组分[可以是贵金属、过渡金属、金属氧化物、金属硫化物、碳材料或另外的半导体(具有合适的带边位置)]。可以通过使还原反应和氧化反应处于催化剂的不同位置,以及在复合纳米材料中加入第二或第三种组分作为助催化剂,为反应底物或后续反应提供活性位等方法,以提升光催化效率。

10.2.3　TiO_2 光催化还原 CO_2

在众多光催化剂中, TiO_2 由于具有安全无毒、高活性、耐光腐蚀和成本低等优点,被广泛研究,并应用于光催化还原 CO_2 。自然界中 TiO_2 存在锐钛矿型、金红石型和板钛矿型三种晶型,其中锐钛矿型和金红石型 TiO_2 均为四方晶系,板钛矿型则为斜方晶系。由于板钛矿型 TiO_2 合成条件苛刻,结构不稳定,研究主要针对锐钛矿型和金红石型 TiO_2 。金红石型 TiO_2 作为稳定的 TiO_2 晶型,大量存在于自然界中,但许多研究表明,亚稳定晶型的锐钛矿型 TiO_2 的光催化性能更好[15]。另外,光催化还原 CO_2 的活性和生成产物的选择性与 TiO_2 的晶面、形貌和粒径等密切相关。

Yamashita 等[16]研究发现,金红石 TiO_2 晶体(100)面的主要产物为 CH_4 和 CH_3OH ,而(110)面仅有甲醇生成,且产率较前者更低。他们分析认为,晶面结构及表面 Ti/O 原子比不同引起 TiO_2 晶面与反应物分子的接触情况不同,最终导致不同晶面的光催化性能不同。Pan 等[17]发现锐钛矿 TiO_2 的{001}、{101}和{010}晶面的产氢活性均不相同,其活性大小顺序为{010}>{101}>{001},分析认为是不同晶面的导带位置不同,导致导带上的光生电子还原活性不同。近年来,研究人员还发现,相比于暴露单一晶面的 TiO_2 晶体,同时暴露多种晶面的 TiO_2 晶体具有更强的光催化活性。Yu 等[18]采用溶剂热法合成了{001}和{101}双晶面同时暴露的锐钛矿型 TiO_2 纳米晶体,发现不同晶面暴露比例对 CO_2 光催化转化制 CH_4 活性具有显著影响,{001}/{101}晶面比例合适的 TiO_2 晶体的光催化活性远高于仅暴露{001}晶面的 TiO_2,两者 CH_4 产率相差 10 余倍。他们分析认为 TiO_2 {001}面与{101}面形成的表面异质结可促进光生电子–空穴对的空间分离,显著提升其光催化活性。

形貌和粒径也影响 TiO_2 材料光催化还原 CO_2 的性能。特殊形貌主要包括纳米线、纳米管、纳米纤维等。与常规 TiO_2 纳米颗粒相比,特殊形貌的 TiO_2 催化剂比表面积较大,对反应物的吸附较强,还可加速电荷传递,促进电荷分离,具有更高的 CO_2 光催化还原活性。粒径也对 TiO_2 的光催化特性存在明显影响。例如,研究表明在粒径从 4.5nm 到 29nm 的 TiO_2 纳米颗粒中,发现粒径 14nm 的 TiO_2 催化效率最高,该最优粒径是比表面积、电荷传递动力学和光响应特性之间竞争效应的结果[19]。

通常单纯的 TiO_2 材料光催化还原 CO_2 的性能并不高,可以通过金属离子掺杂、金属沉积、非金属掺杂,以及其他半导体复合提升其光催化还原 CO_2 的性能。

金属掺杂能提高 TiO_2 材料光催化还原 CO_2 的性能,主要是金属掺杂可以拓展 TiO_2 的光响应范围,同时由于掺杂的金属元素可捕获光生电子,促进光生电子空穴对的分离。TiO_2 常见金属掺杂或沉积的元素包括 Cu、Pt、Ag、Pd、Rh、Au、Ru 等。Tseng 等[20]在研究 Cu/TiO_2 光催化还原 CO_2 时发现,Cu(I)是反应的活性位点,可捕获光生电子并将电子传递给 CO_2。Cu/TiO_2 在 UV(波长 254nm)光照 30h 后,最高甲醇产率可达 600μmol/g。金属元素掺杂除对 TiO_2 光催化还原 CO_2 活性有影响外,对产物选择性也有明显影响。例如,Pd 或 Pt 掺杂 TiO_2 的 CO_2 还原主要产物为 CH_4,而 Rh、Au 掺杂 TiO_2 的光催化主要产物为 CH_3COOH[21],Cu 掺杂 TiO_2 催化剂的主要产物则是 CH_3OH[22]。

非金属掺杂通常可以缩小 TiO_2 禁带宽度,拓展光响应范围,明显提升可见光催化活性。常见的非金属掺杂元素有 N、C、S 等。Hussain 等[23]采用化学合成法制备了 S 掺杂 TiO_2 纳米颗粒,并探究了 S 掺杂及 TiO_2 粒径对光催化特性的影响。结果表明,S 掺杂显著增强了 TiO_2 的光催化活性,其主要光催化产物为 CH_3OH 和 C_2H_5OH。分析原因认为,S 掺杂抑制了光生电荷的复合,同时 S 可掺杂进入 TiO_2 晶格取代了 O 原子,在 TiO_2 禁带内诱导形成新的能级,缩小 TiO_2 禁带宽度,拓展光响应范围。薛丽梅等[24]则采用浸渍焙烧法制备了碳掺杂 TiO_2 纳米颗粒,发现碳掺杂可增强 TiO_2 的可见光活性,分析原因认为碳掺杂进入 TiO_2 晶格后会取代 Ti^{4+} 离子,在 TiO_2 价带上方形成新的杂质能级,从而缩小 TiO_2 禁带宽度,使其具有可见光响应能力。

将 TiO_2 与其他具有合适能带结构的半导体材料复合,既可促进光生电荷的空间分离,提高光催化反应效率,还可向可见光方向拓展光响应范围。典型 TiO_2 复合半导体光催化还原 CO_2 的机理如图 10-2 所示。常见的半导体材料包括 WO_3、SnO_2、CeO_2、ZnO、AgBr。这些半导体与 TiO_2 复合以制得高效率的可见光响应催化剂。

Wang 等[26]采用硬模板法制备了具有有序结构的 CeO_2-TiO_2 纳米复合材料并探究了其

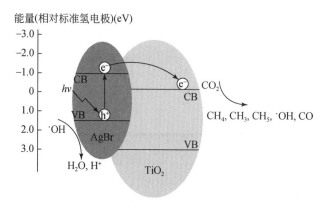

图 10-2　AgBr/TiO$_2$ 纳米复合催化剂光催化还原 CO$_2$ 反应机理图[25]

在紫外–可见光下的 CO$_2$ 光催化还原特性。结果表明, CeO$_2$ 与 TiO$_2$ 复合引起的能带弯曲可促进光生电荷的分离, 而 CeO$_2$ 敏化作用可有效地拓展光响应范围并增强该复合物的表面吸附氧浓度, 使得该复合催化剂在模拟太阳光下表现出优良的光催化特性。

　　将 TiO$_2$ 与碳纳米材料(例如, 碳纳米管和石墨烯纳米片)复合也是提高 CO$_2$ 光催化活性的有效措施。碳纳米材料通常具有大比表面积和高导电性, 有利于光催化反应电子与空穴的分离和 CO$_2$ 的吸附。例如, Gui 等[27]合成了多壁碳纳米管(MWCNT)/TiO$_2$ 复合物并将其用于 CO$_2$ 光催化还原。结果表明 TiO$_2$ 纳米颗粒可均匀地分散在 MWCNT 上并形成核–壳结构, 为电荷传递提供良好的界面接触。此外, MWCNT 的复合使催化剂变为黑色, 使催化剂具有全光谱吸收能力并提高催化剂温度, 加速电子–空穴的迁移, 从而大大提高其光催化活性(图 10-3)。

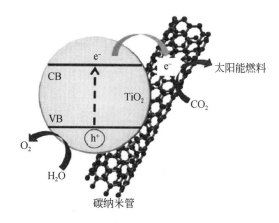

图 10-3　碳纳米管/TiO$_2$ 光催化还原 CO$_2$ 示意图[28]

　　石墨烯是另一类二维碳材料, 其特点是比表面积大、电荷传递快、导热性能好, 同时具有良好的机械性能。当 TiO$_2$ 晶体与石墨烯复合时, 复合物表面积增加有利于增强对反应物的吸附。另外, TiO$_2$ 上产生的光生电子可传递到石墨烯上, 使光生电荷得到有效分离。到目前为止, 研究人员发现 TiO$_2$/石墨烯复合物在光降解、光催化水分解及 CO$_2$ 还原等方面均具有良好催化活性。例如,Tan 等[29]采用水热法合成了还原石墨烯/TiO$_2$ 纳米复合物,并对其光催化还原 CO$_2$ 特性进行了研究。结果表明,石墨烯与 TiO$_2$ 复合后可加速两者间电荷传递,促进电荷分离,从而提升光催化活性。石墨烯/TiO$_2$ 还原 CO$_2$ 制备太阳燃料如图 10-4 所示。

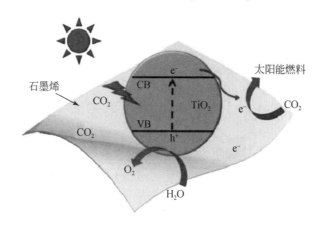

图 10-4　石墨烯/TiO$_2$ 光催化还原 CO$_2$ 示意图[28]

10.2.4　石墨烯基材料催化还原 CO$_2$

石墨烯或还原石墨氧化物(RGO)作为光催化材料,除了其独特的电子性质,还有理论比表面积大、化学稳定性好等优点[30]。Hsu 等[31]利用氧化石墨烯将 CO$_2$ 高效地转化成甲醇。采用改进的 Hummer 法合成了 GO 光催化剂,提高了催化剂的催化活性,改性的氧化石墨烯在可见光照射下将 CO$_2$ 转化为甲醇,转化率为 0.172μmol/(g$_{catalyst}$·h),比纯 TiO$_2$ 高 6 倍。

Tan 等[32]成功合成了一种新型氧化石墨烯材料 GO-TiO$_2$,在 GO 负载量为 5wt% 时 GO-TiO$_2$ 具有最高的光催化活性,反应 6h 后,CH$_4$ 的产率为 1.718μmol/(g$_{catalyst}$·h),其光稳定性显著提高,即使在光照 6h 后仍保持 95.8% 的反应活性。Liu 等[33]制备了 TiO$_2$-RGO 为光催化剂,CH$_4$ 和 CH$_3$OH 的产率可分别达到 2.10μmol/(g$_{catalyst}$·h) 和 2.20μmol/(g$_{catalyst}$·h),研究表明电子从 TiO$_2$ 向石墨烯快速传递,从而抑制了光生电子-空穴的复合。

10.2.5　钨基半导体材料光催化还原 CO$_2$

钨基半导体材料的显著特点是具有可见光响应,能吸收太阳光中大部分的可见光,因而在 CO$_2$ 光催化还原中具有自己的特点。Cheng 等[34]用阴离子交换法合成了 Bi$_2$WO$_6$ 空心微球,其比表面积为 23.8m^2/g,具有较强的可见光响应,其带隙为 2.76eV,在可见光照射下该材料在水相中将 CO$_2$ 转化为甲醇。而 WO$_3$ 具有较窄的带隙(2.6~2.7eV),但是它的导带值太低,在光催化过程中不能直接促进 CO$_2$ 的转化。Chen 等[35]发现 WO$_3$ 超薄纳米片的带隙可以由尺寸量子化效应引起改变,所制备的 WO$_3$ 超薄纳米片在水相中将 CO$_2$ 光催化还原成烃燃料。他们观察到在连续可见光照下,WO$_3$ 超薄纳米片使 CH$_4$ 的量增加,但是商业的

WO_3 无法转化 CO_2。另外,Wang 等[36]采用水热法制备了石墨烯–WO_3 复合材料,在光照下将 CO_2 转化为烃类,其活性高于 TiO_2 和 WO_3。在可见光照射下,由于石墨烯提高了 WO_3 的导带,在 CO_2 光催化还原过程中表现出较高的活性。Jin 等[37]成功地合成了一种 CdS-WO_3 光催化剂,CdS 纳米颗粒在 WO_3 空心球上均匀分散,在光催化还原 CO_2 过程中,空穴扩散到 WO_3 表面,电子迁移到 CdS 表面,因而 CdS 表面大量的电子可以促进光催化 CO_2 还原并生成 CH_4。CdS 含量对其活性有显著影响,当 CdS 含量为 5mol% 时,相应的 CH_4 产率达到 1.02μmol/($g_{catalyst}$·h),超过了 WO_3 或 CdS 的 CH_4 产率。

10.2.6　石墨相碳氮化物(g-C_3N_4)光催化还原 CO_2

石墨相碳氮化物(g-C_3N_4)是近年发展起来的不含金属元素的光催化剂。g-C_3N_4 的带隙仅为 2.7eV,对可见光的吸收很强,利于太阳能进行 CO_2 的催化转化。单纯 g-C_3N_4 的 CO_2 光催化转化活性并不太高,通常要对 g-C_3N_4 进行改性,提高其光催化活性。Yu 等[38]采用一步简易煅烧法制备了 g-C_3N_4/ZnO,在 g-C_3N_4 的原始孔道内同时发生 ZnO 结晶,从而形成两个界面接触紧密的分离相,并用作 CO_2 还原的光催化剂。在可见光范围内 g-C_3N_4/ZnO 光催化剂对 CO_2 还原成 CH_3OH 的光催化活性比纯的 g-C_3N_4 光催化剂高 2.3 倍,反应选择性保持不变。这是由于在光催化过程中,g-C_3N_4 和 ZnO 之间的接触界面电子从 ZnO 到 g-C_3N_4 发生了高效的转移。

Liu 等[39]采用了硬模板法以及水热法制备了有序介孔 g-C_3N_4 纳米片负载 $CdIn_2S_4$ 纳米复合材料,在可见光照射下具有较高的光催化活性,当 g-C_3N_4 含量为 20wt% 时,CH_3OH 生成速率为 42.7μmol/($g_{catalyst}$·h),是纯 $CdIn_2S_4$ 的 1.8 倍。光催化活性的显著增强主要归因于在 $CdIn_2S_4$/g-C_3N_4 异质结界面处强 CO_2 吸附能力和光生电子–空穴对有效的分离和转移。

Han 等[40]采用了简单的静电吸引法将黑磷量子点(BPQD)分散在石墨相碳氮化物(g-C_3N_4)载体上,BP@ g-C_3N_4 复合材料在光催化 CO_2 还原中将 CO_2 还原为 CO,其生成速率为 6.54μmol/($g_{catalyst}$·h)(最佳 BPQDs 的负载量 1wt%)。在光催化还原 CO_2 中,其生成速率与纯 g-C_3N_4 [2.65μmol/($g_{catalyst}$·h)] 相比,BP@ g-C_3N_4 复合材料表现出更高的载流子分离效率和光催化活性。

10.3　CO_2 热催化资源化转化

CO_2 的热催化转化分几种情况,比如直接分解、加氢转化、CO_2 的甲烷重整等,而转化的产物一般也具有多样性,如合成气、甲烷、甲酸、甲醇等 C_1 燃料/化学制品。此外,有些转化反应可以将 CO_2 作为碳源转化为尿素、羧酸等高碳产物。由于 CO_2 分子的稳定性,直接热解很难,因而加 H_2 和 CO_2 的甲烷催化重整是 CO_2 热催化转化有效途径[41]。

10.3.1　CO_2 加氢催化合成甲醇

CO_2 加 H_2 合成甲醇的反应发生在固–气交界面(图10-5)。CO_2 加氢合成甲醇的过程中存在多个反应,一般认为发生的主要反应是式(10-8)的甲醇合成反应和式(10-9)的逆水汽变换(reverse water gas shift,RWGS)反应。甲醇单程收率最大的反应温度范围一般为 200 ~ 280℃,而产物的选择性与温度、压力、H_2/CO_2 的进气比、催化剂等因素相关[41]。

$$CO_2+3H_2 \longrightarrow CH_3OH+H_2O, \Delta H = -49.90kJ/mol \qquad (10-8)$$

$$CH_3OH+H_2O \longrightarrow CO_2+3H_2, \Delta H = 41.17kJ/mol \qquad (10-9)$$

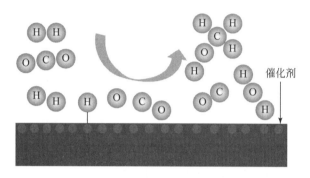

图 10-5　热催化转化 CO_2 和 H_2 为甲醇[41]

CO_2 催化加氢制甲醇的催化剂大致可分为三类:改性甲醇催化剂、改性 F-T 催化剂、金属硫化物催化剂。改性甲醇催化剂主要以碱金属改性 Zn/Cr 氧化物或 Cu 制得。改性 F-T 催化剂采用碱金属促进 Cu-Co-M-A 催化剂体系(M=Cr、Fe、Mn 等,A=碱金属),反应温度和反应压力均较低[42]。硫化钼等金属硫化物具有较高的反应活性和极好的抗硫性,是有前景的催化剂。在反应机理方面,Wang 等[43]总结了通过 CO_2 加氢合成甲醇的各种催化体系。

Behrens 等[44]用实验结合 DFT,得到了描述活性位的模型,从原子层面对活性位进行了识别分析。CO_2 合成甲醇常常伴随着逆水汽变换反应形成 CO,其中一个主要问题是合成甲醇的过程是否存在连续的逆水汽变换反应和 CO 加氢过程。因此,Studt 等[45]进行了 H 的同位素替换实验。用等体积浸渍(饱和浸渍)法制备 $Cu/ZnO/Al_2O_3$ 催化剂,计算中用同位素氘替换掉所有的 H 原子,结果表明 CO_2 合成甲醇过程中逆水汽变换反应和 CO 氢化反应并不是连续存在的。由于 RWGS 和反应生成水的抑制等因素,导致 $Cu/ZnO/Al_2O_3$ 活性和选择性都较低,因此需要发展更高活性和选择性的新型催化剂。Rui 等[46]用肽辅助的方法制备出高度分散的 Pd/In_2O_3 催化剂,比常规方法制备的催化剂具有更好的氢解离吸附能力,并能保持氧空位的密度。在 300℃ 和 5MPa 下,CO_2 转化为甲醇的产率高达 $0.89g_{MeOH}/(h \cdot g_{cat})$,$CO_2$ 转化率在 20% 以上,甲醇选择性大于 70%。此外,该方法制备的 Pd/In_2O_3 催化剂提高了对可见光的吸收能力,这表明了其在光催化方面应用的潜力。

10.3.2　CO₂ 的甲烷催化重整

甲烷是一种温室气体。CO_2 的甲烷重整(DRM)是热催化转化 CO_2 为燃料或化学制品的另一个重要方法。DRM 的主要反应方程为式(10-10),该过程为吸热反应,通常反应温度到 800℃ 才有较高的合成气产量。

$$CO_2 + CH_4 \longrightarrow 2CO + 2H_2, \Delta H = 247kJ/mol \qquad (10\text{-}10)$$

DRM 催化剂的活性和稳定性受多种因素影响,如催化剂本质特征、颗粒大小、载体类型以及金属和催化剂载体之间的相互作用等[47]。

DRM 中研究和应用最广泛的催化剂是 Ni 基催化剂。但是多数 Ni 基催化剂在实际应用中都面临催化剂失活的问题。碳沉积是导致催化剂失活的最主要原因。在 DRM 过程中,CH_4 分解和 CO 的歧化反应容易导致催化剂形成碳。DRM 反应刚开始时的碳沉积主要是 CH_4 分解造成的,随着反应进行,CO 的歧化反应会产生额外的碳,这两个反应与催化剂表面 CO_2 对 C 的氧化消碳反应的平衡决定了碳沉积的程度[48]。除了碳沉积,DRM 反应中也存在其他方式的催化剂失活,如活性金属被载体封装包裹、源于载体的中毒和金属颗粒的烧结等。随着对其他金属催化性能的广泛研究,如 Rh、Ru、Ge、Pt、Pb 等,发现贵金属有比 Ni 更好的抗积碳能力,但是不够经济。为了获得廉价且性能更好的催化剂,用其他金属 Ru、Pt、Pb 来改进 Ni 的催化性能是可行的。例如,Menegazzo 等[49]采用共浸渍法将 Pd(或 Pt)分别负载在 Ni 基 ZrO_2 和 Al_2O_3 上,并分析积碳问题。结果表明,ZrO_2 比 Al_2O_3 的活性强,Ni-Pt/ZrO_2 比 Ni/ZrO_2 的稳定性和活性更优异。热催化转化 CO_2 已经投入工业应用,但是高温高压的反应条件和吸热的热催化反应所需热量一般并非来自可再生能源,具有一定的局限性。

10.4　光热协同催化 CO_2 转化

Saladin 等[50]探究了 TiO_2 在 700K 下的 CO_2 光催化还原特性,发现在此温度下,光催化产物主要为 H_2、CO、CH_4 和一些长链烃类等。高温可加快化学反应速率,同时还可促进产物脱附等,从而可提升整体的光催化还原反应速率。还有一些研究人员选择在较低的温度下进行 CO_2 光催化还原实验,如 Liu 等[51]发现将光催化反应温度控制在低温(0℃)可提高 CO_2 的溶解度,促进 CO_2 还原。

若能利用光热协同作用,提高 CO_2 光催化或热催化的转换效率或产物的选择性,势必对太阳能进行温室气体的治理具有积极意义。Li 等[52]制备了不同氧空位含量的 TiO_2 薄膜(O_v-TiO_2),研究了光催化及光热协同催化 CO_2 还原性能。发现适量氧空位的样品光催化还原 CO_2 性能最差,但光热协同催化还原 CO_2 的性能最佳,研究表明 O_v-TiO_2 中被捕获的电子在热激发下可再次向导带弛豫,从而提高了 O_v-TiO_2 的光热催化性能。

Wang 等[53]以 Au NP/金红石为模型催化剂,纯金红石为参照,研究了在光照下,不同反应温度时 CO_2 光催化转化的效果。通过计算 Au NP/金红石和纯金红石上生成 CO 和 CH_4 的表观活化能,发现在这两种样品上 CH_4 的表观活化能均高于 CO,从动力学上解释了热力学上更容易得到的 CH_4 在绝大多光催化 CO_2 还原反应中的产率均低于 CO 的现象。另外他们的研究表明,无论是对于 CO 还是 CH_4,Au NP/金红石的催化表观活化能均低于纯金红石。因此证明了贵金属纳米粒子可以改善光催化反应动力学,即可利用太阳光的光致热效应加速光催化反应。这对于探索通过光热协同作用,提高 CO_2 光催化转换效率和产物的选择性具有积极意义。

CO_2 热催化转化较为成熟,而光催化转化成太阳燃料面临很多挑战。但光催化转化成太阳燃料既能减少温室效应、提供清洁能源,同时还可以有效提高光能、风能等新能源的综合利用率,因此具有广阔的研究和应用前景。

参 考 文 献

[1] 熊卓. 金属改性耦合形貌调控 TiO_2 光催化还原 CO_2 机理研究[D]. 武汉:华中科技大学,2016.

[2] Li L, Zhao N, Wei W, et al. A review of research progress on CO_2 capture, storage, and utilization in Chinese Academy of Sciences[J]. Fuel, 2013, 108:112-130.

[3] 熊卓,罗颖,赵永椿,等,同时暴露{101}与{001}面的 TiO_2 纳米晶体光催化还原 CO_2 实验研究[J]. 工程热物理学报, 2016, 37:2027-2031.

[4] 郑楚光. 温室效应及其控制对策[M]. 北京:中国电力出版社,2001:202.

[5] Cheng Y, Nguyen V, Chan H, et al. Photo-enhanced hydrogenation of CO_2 to mimic photosynthesis by CO co-feed in a novel twin reactor[J]. Appl. Energy, 2015, 147:318-324.

[6] 赵毅,王永斌,王添颖. 二氧化碳资源化技术研究进展[J]. 再生资源与循环经济, 2020, 13(2):26-30.

[7] 闫平科,王来贵. 二氧化碳的捕集及资源化研究进展[J]. 中国非金属矿工业导刊,2011, 6:4-6.

[8] 何志桥. 银/半导体等离子体共振催化剂可见光催化原 CO_2 的研究[D]. 杭州:浙江工业大学, 2016.

[9] Fan W, Zhang Q, Wang Y. Semiconductor-based nanocomposites for photocatalytic H_2 production and CO_2 conversion[J]. Phys. Chem. Chem. Phys., 2013, 15:2632-2649.

[10] De Richter R, Caillol S. Fighting global warming:The potential of photocatalysis against CO_2, CH_4, N_2O, CFCs, tropospheric O_3, BC and other major contributors to climate change[J]. J. Photoch. Photobio. C., 2011, 12(1):1-19.

[11] Ai L, Zhang C, Jiang J. Hierarchical porous AgCl@ Ag hollow architectures:Self-templating synthesis and highly enhanced visible light photocatalytic activity[J]. Appl. Catal. B Environ., 2013, 142:744-751.

[12] Sarina S, Zhu H, Xiao Q. et al. Viable photocatalysts under solar-spectrum irradiation:Nonplasmonic metal nanoparticles[J]. Angew. Chem. Int. Edit., 2014, 53(11):2935-2940.

[13] Linsebigler A, Lu G, Jr J. Photocatalysis on TiO_2 surfaces:Principles, mechanisms, and selected results [J]. Chem. Rev., 1995, 95(3):735-758.

[14] Yang K, Li X, Yu C, et al. Review on heterophase/homophase junctions for efficient photocatalysis:The case of phase transition construction[J]. Chinese J. Catal., 2019, 40(6):796-818.

[15] Liu L, Zhao H, Andino J, et al. Photocatalytic CO_2 reduction with H_2O on TiO_2 nanocrystals:Comparison of anatase, rutile, and brookite polymorphs and exploration of surface chemistry[J]. ACS Catal., 2012, 2:1817-1828.

[16] Yamashita H, Kamada N, He H, et al. Reduction of CO_2 with H_2O on TiO_2(100) and TiO_2(110) single crystals under UV-irradiation[J]. Chem. Lett., 1994, 23:855-858.

[17] Pan J, Liu G, Lu G, et al. On the true photoreactivity order of {001}, {010}, and {101} facets of anatase TiO_2 crystals[J]. Angew. Chem. Int. Edit., 2011, 50:2133-2137.

[18] Yu J, Low J, Xiao W, et al, Enhanced photocatalytic CO_2-reduction activity of anatase TiO_2 by coexposed {001} and {101} facets[J]. J. Am. Chem. Soc., 2014, 136:8839-8842.

[19] 熊卓,赵永椿,张军营,等. Ti 基 CO_2 光催化还原及其影响因素研究进展[J]. 化工进展, 2013, 32:1043-1052.

[20] Tseng I, Wu J, Chou H. Effects of sol-gel procedures on the photocatalysis of Cu/TiO_2 in CO_2 photoreduction[J]. J. Catal., 2004, 221:432-440.

[21] Ishitanil O, Inoue C, Suzuki Y, et al. Photocatalytic reduction of carbon dioxide to methane and acetic acid

by an aqueous suspension of metal-deposited TiO$_2$[J]. J. Photoch. Photobio. A, 1993, 72: 269-271.

[22] Dey G. Chemical reduction of CO$_2$ to different products during photo catalytic reaction on TiO$_2$ under diverse conditions: An overview[J]. J. Nat. Gas Chem., 2007, 16: 217-226.

[23] Hussain S, Khan K, Hussain R. Size control synthesis of sulfur dope titanium dioxide (anatase) nanoparticles, its optical property and its photo catalytic reactivity for CO$_2$ + H$_2$O conversion and phenol degradation[J]. J. Nat. Gas Chem., 2009, 18: 383-391.

[24] 薛丽梅, 张风华, 樊惠娟, 等. C-TiO$_2$ 光催化还原 CO$_2$ 的实验研究[J]. 矿冶工程, 2011, 31: 84-87.

[25] Abou Asi M, He C, Su M, et al. Photocatalytic reduction of CO$_2$ to hydrocarbons using AgBr/TiO$_2$ nanocomposites under visible light[J]. Catal. Today, 2011, 175: 256-263.

[26] Wang Y, Li B, Zhang C, et al. Ordered mesoporous CeO$_2$-TiO$_2$ composites: Highly efficient photocatalysts for the reduction of CO$_2$ with H$_2$O under simulated solar irradiation[J]. Appl. Catal. B Environ., 2013, 130-131: 277-284.

[27] Gui M, Chai S, Xu B, et al. Enhanced visible light responsive WCNT/TiO$_2$ core-shell nanocomposites as the potential photocatalyst for reduction of CO$_2$ into methane[J]. Sol. Energ. Mat. Sol. C., 2014, 122: 183-189.

[28] Low J, Cheng B, Yu J. Surface modification and enhanced photocatalytic CO$_2$ reduction performance of TiO$_2$: A review[J]. Appl. Surf. Sci., 2017, 392: 658-686.

[29] Tan L, Ong W, Chai S, et al. Reduced graphene oxide-TiO$_2$ nanocomposite as a promising visible-light-active photocatalyst for the conversion of carbon dioxide[J]. Nanoscale Res. Lett., 2013, 8: 465-473.

[30] 汤惠睫, 谭曜, 许凌亮, 等. 二氧化碳光催化还原材料的研究进展[J]. 轻工科技, 2019, 12(35): 29-31.

[31] Hsu H, Shown I, Wei H, et al. Graphene oxide as a promising photocatalyst for CO$_2$ to methanol conversion [J]. Nanoscale, 2012, 5: 262-268.

[32] Tan L, Ong W, Chai S, et al. Visible-light-active oxygen-rich TiO$_2$ decorated 2D graphene oxide with enhanced photocatalytic activity toward carbon dioxide reduction[J]. Appl. Catal. B Environ., 2015, 179: 160-170.

[33] Liu J, Niu Y, He X. et al. Photocatalytic reduction of CO$_2$ using TiO$_2$-graphene nanocomposites[J]. J. Nanomater., 2016, 2:1.

[34] Cheng H, Huang B, Liu Y, et al. An anion exchange approach to Bi$_2$WO$_6$ hollow microspheres with efficient visible light photocatalytic reduction of CO$_2$ tomethanol[J]. Chem. Commun., 2012, 48(78): 9729-9731.

[35] Chen X, Zhou Y, Liu Q, et al. Single-crystal WO$_3$ nanosheets by two-dimensional oriented attachment toward enhanced photocatalystic reduction of CO$_2$ into hydrocarbon fuels under visible light[J]. ACS Appl. Mater. Interf., 2012, 4(7):3372-3377.

[36] Wang P, Bai Y, Luo P, et al. Graphene-WO$_3$ nanobelt composite: Elevated conduction band toward photocatalytic reduction of CO$_2$ into hydrocarbon fuels[J]. Catal. Commun., 2013, 38(110): 82-85.

[37] Jin J, Yu J, Guo D, et al. A hierarchical Z-scheme CdS-WO$_3$ photocatalyst with enhanced CO$_2$ reduction activity[J]. Small, 2015, 11(39):5262-5271.

[38] Yu W, Xu D, Peng T. Enhanced photocatalytic activity of g-C$_3$N$_4$ for selective CO$_2$ reduction to CH$_3$OH via facile coupling of ZnO: A direct Z-scheme mechanism[J]. J. Mater. Chem. A, 2015, 3(39): 19936-19947.

[39] Liu H, Zhang Z, Meng J, et al. Novel visible-light-driven CdIn$_2$S$_4$/mesoporous g-C$_3$N$_4$ hybrids for efficient photocatalytic reduction of CO$_2$ to methanol[J]. Mol. Catal., 2017, 430:9-19.

[40] Han C, Li J, Ma Z, et al. Black phosphorus quantum dot/g- C_3N_4 composites for enhanced CO_2 photoreduction to CO[J]. Sci. China Mater.,2018:1-8.

[41] 郭得通, 丁红蕾, 潘卫国, 等. CO_2 催化转化的研究现状及趋势[J]. 中国电机工程学报, 2019, 39(24): 7242-7252.

[42] Sugier A, Freund E. Process for manufacturing alcohols, particularly linear saturated primary alcohols from synthesis gas[P]. US. Patent, 4122110,1978-10-24.

[43] Wang W, Wang S, Ma X, et al. Recent advances in catalytic hydrogenation of carbon dioxide[J]. Chem. Soc. Rev., 2011, 40(7): 3703-3727.

[44] Behrens M, Studt F, Kasatkin I, et al. The active site of methanol synthesis over $Cu/ZnO/Al_2O_3$ industrial catalysts[J]. Science, 2012, 336(6083): 893-897.

[45] Kunkes E, Studt F, Abild-pedersen F, et al. Hydrogenation of CO_2 to methanol and CO on $Cu/ZnO/Al_2O_3$: Is there a common intermediate or not? [J]. J Catal., 2015, 328: 43-48.

[46] Rui N, Wang Z, Sun K, et al. CO_2 hydrogenation to methanol over Pd/In_2O_3: Effects of Pd and oxygen vacancy[J]. Appl. Catal. B Environ., 2017, 218: 488-497.

[47] Avetisov A, Rostrup-Nielsen J, Kuchaev V, et al. Steady-state kinetics and mechanism of methane reforming with steam and carbon dioxide over Ni catalyst[J]. J. Mol. Catal. A-Chem., 2010, 315(2): 155-162.

[48] Pakhare D, Spivey J. A review of dry(CO_2)reforming of methane over noble metal catalysts[J]. Chem. Soc. Rev., 2014, 43(22): 7813-7837.

[49] Menegazzo F, Signoretto M, Pinna F, et al. Optimization of bimetallic dry reforming catalysts by temperature programmed reaction[J]. Appl. Catal. A-Gen., 2012, 439-440(5):80-87.

[50] Saladin F, Alxneit I. Temperature dependence of the photochemical reduction of CO_2 in the presence of H_2O at the solid/gas interface of TiO_2[J]. J. Chem. Soc., Faraday Trans., 1997, 93, 4159-4163.

[51] Liu Y, Huang B, Dai Y, et al. Selective ethanol formation from photocatalytic reduction of carbon dioxide in water with $BiVO_4$ photocatalyst[J]. Catal. Commun., 2009, 11: 210-213.

[52] Li D, Huang Y, Li S, et al. Thermal coupled photoconductivity as a tool to understand the photothermal catalytic reduction of CO_2[J]. Chinese J. Catal., 2020, 41:154-160.

[53] Wang H, Wang Y, Guo L, et al. Solar-heating boosted catalytic reduction of CO_2 under full-solar Spectrum[J]. Chinese J. Catal., 2020, 41: 131-139.

第 11 章 精细化工园区 VOCs 排放量削减技术路线

11.1 精细化工园区的 VOCs 管控的背景及重要意义

化工园区在现代化学工业中,为了集中管控和适应资源或原料转换,为了实现有害物质集中排放而建立。化工园区顺应化工生产大型化、集约化、国际化的特点,是实现效益最大化发展趋势的产物(图 11-1)。第二次世界大战结束后,化工产业带在国外发达国家就已兴起。实践表明,德国鲁尔工业区、日本川崎工业区和韩国蔚山工业园区等化工产业带的建设,促进了战后经济腾飞,提升了化工行业对社会的总体贡献,也带来了污染物排放集中、污染物种类多且排放时间和空间密度高等问题,导致各种污染物间发生二次反应的概率增加,因此,对化工园区污染物排放进行集中管控,引入新颖的技术手段对化工园区排放污染物间二次反应过程和规模进行深度研究,可以最大程度避免化工园区集中带来的弊端,并利用其空间和时间分布耦合的特点,为集中治理形成便利条件。

精细化工园区在生产过程中不可避免地向大气排放烃类和含氧盐类物质为主的挥发性有机物(VOCs),由于精细化工园区行业处理挥发性有机物数量巨大,生产原料和产品中低沸点物质含量高,因此是大气 VOCs 的主要来源之一,对 VOCs 排放总量有极高的贡献。VOCs 经过光化学氧化作用形成 O_3 化合物是 $PM_{2.5}$ 复合污染的来源之一,因此控制精细化工园区生产和运输环节 VOCs 排放,特别是对现有和未来园区 VOCs 排放量进行科学规划和制定合理减排技术路线,将成为大气环境污染物治理的主要内容。

图 11-1 石油化工园区夜景

对化工园区排放的 VOCs 进行管控,主要集中在通过采集化工园区各类污染物(主要包括 VOCs、NO$_x$、硫化物、氨和颗粒污染物等)排放特征,结合烟羽模型等大气污染物扩散模型进行建模,分析各种污染物在不同气候特征下扩散–反应耦合途径,以及产生的特征污染物指纹图谱等。借助多种传感器对污染物进行 24h 不间断监测,随时掌握化工园区污染物排放特征,在秋冬等易于形成雾霾的阶段提供实时预警。特别地,化工园区污染物种类和数量也随着化工产品的丰富出现爆发性增长。因此,需要引入新颖的模型对化工园区 VOCs 污染及其后续二次反应产物进行系统化、综合化和全面化管理,实现工业园区生态从末端治理转向过程控制、生态设计和系统集成范式的综合转变,形成更高水平的化工园区管理模式。

　　基于系统工程研究视角,化工园区管理的方式进一步被理解为过程系统的设计、开发、运行和控制四大主要模块的过程系统工程(process systems engineering, PSE)。过程系统工程要求从时间维度和空间维度均做出较大幅度的跨越,以适应化工园区内分子层面的反应过程、介尺度传质过程、各个工序间物料传送和各个化工园区间大宗物料交换的微观–宏观体系。从空间维度上,可以划分为分子、反应器、生产线、工厂、企业、园区和不同园区间物料交换的区别。从时间维度上,可以划分为皮秒的分子反应时间、微秒的反应器内传质特征时间、分钟级生产线间物料传送时间和日/月级园区内/园区间物料传送时间。上述划分可直观地通过图 11-2 表示。多尺度条件对化工园区生产和物料传送带来的 VOCs 污染物排放影响也在图 11-2 得到直观展示。

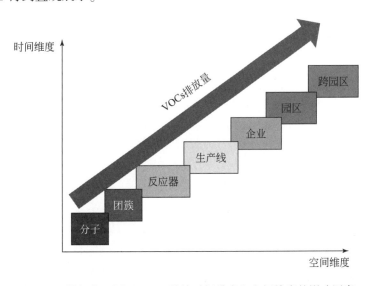

图 11-2　精细化工园区 VOCs 排放时间维度和空间维度的影响因素

　　在化工园区系统集成的研究方面,清华大学化工系李有润团队在国家自然科学基金重点项目"以经济和环境为优化目标的过程集成智能方法"的资助下,开展了生态工业系统集成方法的研究,积极推进并拓展过程系统工程方法在生态工业中的应用,开展了若干生态工业园区的规划和建设工作[1,2]。然而过程系统工程对化工园区 VOCs 排放量的研究缺乏相关报道。

　　本书作者在化工园区 VOCs 排放机制及减排路径上进行了深入调研,提出对精细化工园区 VOCs 减排应该遵循调研—评估—综合管控三步走方案。从历史排放数据、现有 VOCs

治理设备的治理效率和生产/储运/治理设备的技术水平出发,对不同状态的精细化工园区行业 VOCs 排放特征进行划分,形成对应的数据集。以此为基础对数据集进行神经元网络分析,结合对经济性和削减目标的综合考量,得到 VOCs 排放量的削减潜力。最后以上述研究数据为依据,从事前审批、工程监理和验收监测三个方面为“十四五”期间精细化工园区行业 VOCs 排放政策规划提出参考方案,形成精细化工园区减排可执行的长远计划(图 11-3)。

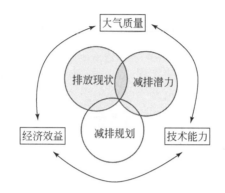

图 11-3　精细化工园区减排管控目标制订技术方案

11.2　订制精细化工园区的 VOCs 管控目标技术路线

11.2.1　精细化工园区工业挥发性有机物治理现状调研

通过集总的方式,按照形成二次大气污染物相关性和与精细化工园区生产工序的关系,共同对精细化工园区行业涉及的原料、中间体和最终产品中可形成 VOCs 的众多有机组分进行二维划分。集总的二维划分可按照分子碳数、直链/支链烷烃、烯烃、芳烃、醇/醛/酯/酸等方式进行,按照划分结果对精细化工园区工业排放 VOCs 对二次大气污染物的影响程度进行排序,评估各个组合对大气中二次大气污染物复合污染的贡献程度。同时该划分还与精细化工园区不同生产装置的原料、中间体和产物有密切关联,因此可以作为 VOCs 废气治理“一企一策”的划分依据。以生产过程原料、下游产品和物料平衡系数作为生产损耗数据的基础,对物料平衡和能量传递过程衡算,筛选行业 VOCs 排放下一步主要削减目标工段。通过对比 LDAR 对精细化工园区和生产工业中泄漏点在有净化设备和无净化设备条件下进行精确确认和排放量分析,得出不同设备在对应治理工艺下排放特征及 VOCs 排放指纹图谱,寻找具有较大减排潜力的技术,改进路线和关键监测/验收指标,进而总结精细化工园区行业治理现状的趋势。

11.2.2　评估先进工艺对现有生产设备的减排潜力

以排放系数、物料加工量、现场检测结果等参数为依据,以 VOCs 处理装置工艺水平为变量进行回归分析。由于精细化工园区行业 VOCs 排放情况以及对大气中二次大气污染物复合污染的贡献受工况、VOCs 种类、生产设备质量和治理设备质量等多种因素影响,因此在通过现场监测形成精细化工园区行业 VOCs 排放特征谱的基础上,结合卡尔曼滤波、萤火虫团簇识别算法和神经元网络算法对收集的 VOCs 排放量和排放特征数据集进行数据簇识别,归纳得到精细化工园区行业生产/储运设备和治理设备先进程度与 VOCs 排放量之间的关联规律,进一步分析获得精细化工园区行业设备改良升级对降低大气中二次大气污染物复合污染的影响规律。

由于精细化工园区行业技术升级投资较高且需要与资金运转周期匹配,因此有必要建立技术升级投入成本、VOCs 排放削减量与资金投入的关联,形成控制精细化工园区行业对大气中二次大气污染物复合污染贡献的行动时间表。精细化工园区行业 VOCs 排放的控制投入成本可划分为生产/运输设备改进、收集设备改进、回收和消除设备改进三个方面进行归类。其中生产/运输设备改进主要体现在对设备"跑冒滴漏"现象的整改,通过 LDAR 寻找泄漏点并更换更高标准的密封件等,可随设备大修期间进行同时改进,因此需要对检修成本进行综合考量。同时对于泄漏点较多的设备,利用政策和市场因素促进其淘汰,实现对设备的升级替换。对于收集设备改进将从全面推进"减风增效"角度落实,通过设计更高效率的废气收集装置,实现精细化工园区行业废气高效全面地收集,减少无组织排放。同时,考察精细化工园区行业 VOCs 治理所需的关键高价值成套设备的国产化技术水平,提出精细化工园区行业 VOCs 治理关键材料低成本化攻关时间表,加速在全行业推广高技术 VOCs 治理设备,实现更高程度的精细化工园区行业 VOCs 全面减排。

11.2.3　精细化工园区行业 VOCs 排放管控综合管控方案

从政策层面综合考量精细化工园区行业削减技术路线图,得到精细化工园区行业排放 VOCs 阶段性目标和长期目标,以及大气中二次大气污染物复合污染削减情况。以此为依据,编制精细化工园区行业政策性减排依据。从事前审批角度严控高 VOCs 排放产能与落后 VOCs 废气治理设备的建设,根据区域大气污染物容量和控制目标,把关园区内精细化工园区企业生产装置的数量,实现对区域污染物排放总量的事先规划。在工程监理阶段,通过监理设备施工质量和可能的无组织泄漏位点档案,结合后续 LDAR 测试,实现对泄漏位点"从出生到死亡"的全过程监控。在验收监测和定期监测阶段,针对精细化工园区行业设备占地面积大、取样困难等因素,将取样口维护和 VOCs 在线监测设备维护作为考核指标。VOCs 监测数据将进一步反馈至精细化工园区行业 VOCs 排放数据集,丰富大数据集合,作为进一步行业污染治理的规划依据。

综上所述,针对精细化工园区工业典型的生产、储运、管线和"三废"处置环节,收集各个环节在现有治理技术条件下 VOCs 的排放特征和治理效率;评估现有技术条件对 VOCs 废气收集、净化或回收效率的影响,获得单一/组合治理技术在不同工作条件下排放特征采集与精确化统计。建立包括设备动静密封点泄漏等 12 项内容的受控/非受控条件下精细化工园区行业 VOCs 排放源清单及大数据收集和分析模型,形成对精细化工园区行业 VOCs 排放现状的综合认识图谱特征。在此基础上提出减排潜力、引导/强制性技术标准和政策法规。

11.3 精细化工园区 VOCs 排放管控技术

本书作者从 2008 年开始对检测和治理大气环境中挥发性有机物的材料和技术路线开展了多种研究,并开展化工园区规划与 VOCs 减排先进技术路线及关键材料—成套治理设备的集成工作,完成了从小试—中试—工业应用的全部流程,在 VOCs 控制和治理方面积累了较多的研究基础和工程经验,现对其中典型工作简要介绍。

11.3.1 建立精细化工园区工业 VOCs 排放特征

建立了对精细化工园区工业 VOCs 组分、排放时间和排放位点及其组合情况的精确识别模式。从设备动静密封点泄漏,有机液体存储与调和挥发损失,有机液体装卸挥发损失,废水集输、储存和处理过程逸散,燃烧烟气排放,工艺有组织排放,工艺无组织排放,采样过程排放,火炬排放及事故排放等方面入手,通过对污染源定点采样,获取足够的样品气体,将采集的样品气体经保温后带回实验室以备分析。利用 SPME/HS-GC/MS 技术对样品气体进行分析。分析结果结合 NIST05 数据库及 LRI 线性保留指数进行双向定性,精确分析结果并与石化行业各工艺一一对应,采用 PCA 主成分分析获得石化各行业 VOCs 的共同特征组分,并将离散的异向点作为各不同工艺相互区分的潜在标记物,并通过 N 工序的测试及标记,建立具有指导性的 VOCs 数据库。

11.3.2 VOCs 高效吸附材料的设计

VOCs 治理效率与其预处理手段密切关联。以分子筛为主要处理手段的 VOCs 浓缩技术能有效处理多种 VOCs 废气,因此,开发高效吸附用分子筛材料产业化技术路线,是提升化工园区 VOCs 治理的关键技术措施。

传统微孔分子筛为单一孔道的分子筛,具有有序的微孔道、较大比表面积、较强的酸位点及较高水热稳定性,使其在催化及分离领域得到广泛应用,但是用于精细化工园区行业废气治理时,传统的分子筛由于孔径尺寸较小,大分子无法进入孔道,导致分子筛吸附和催化性能降低。本书作者根据废气成分特征,合成了微介尺度孔道的分子筛,测定吸附质分子在分子筛材料晶体内的扩散系数等。扩散可能产生影响的各方面因素:吸附质分子的极性、大小和形状;晶体内吸附质分子的浓度及体系温度;晶体孔道的几何形状和尺寸;晶格的缺陷等进行调变,使用不同孔径纳米碳管为硬模板剂,开发出孔径逐级变大的 ZSM-5 分子筛(图 11-4),并在 15m³ 工业反应釜内完成放大生产。

11.3.3 多尺度协同整体式催化剂与高效催化净化工艺

催化燃烧具有净化效率高、能耗低且无二次污染的特点,是精细化工园区行业 VOCs 末端净化的首选技术路线。设计微介观尺度的活性组分和催化剂表界面结构是实现多尺度协

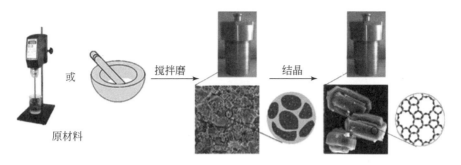

图 11-4 ZSM-5 多级孔分子筛制备工艺图

同作用,构筑高效 VOCs 催化反应体系的关键。本书作者课题组通过金属–非贵金属活性复合粒子和载体表界面功能层的可控稳固构筑两方面进行设计,利用分子自组装法,设计并合成金属–非贵金属活性复合粒子:第一类活性复合颗粒是以 Pd 或者 Pt 为核,Ce 和 Fe 等多孔氧化物层或者氢氧化物层为壳的纳米核–壳结构颗粒,其特点是可有效应对气氛中杂质对活性组分的影响,并具有较好的抗烧结性能。第二类活性复合颗粒是以 Ni 和 Fe 等非贵金属为核,Pt 和 Pd 等贵金属为壳的纳米核–壳结构颗粒,其特点是可有效提高贵金属的活性比表面,同时可通过核–壳之间的协同作用,提高催化剂的操作性能。第三类活性复合颗粒是以 Ni 和 Fe 等非贵金属与 Pt 和 Pd 等贵金属形成的合金颗粒。最后用具有表界面功能层的 Al_2O_3 或 TiO_2 负载活性复合颗粒,组装高活性、高稳定性和低贵金属含量的 VOCs 催化氧化催化剂(图 11-5)。同时将催化反应结果、原位红外表征信息同量子化学计算相结合,从宏观和微观的角度阐明甲苯和甲醛在类整体式催化剂上的化学反应机制。利用 TEM、TPR、N_2吸附、化学吸附和 XPS 等表征手段对不同功能化处理的类整体式催化剂微观结构进行考察,特别是对表界面缺陷、表面元素的价态和电子传递性能等的影响。

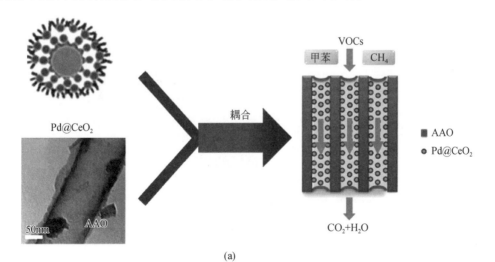

(a)

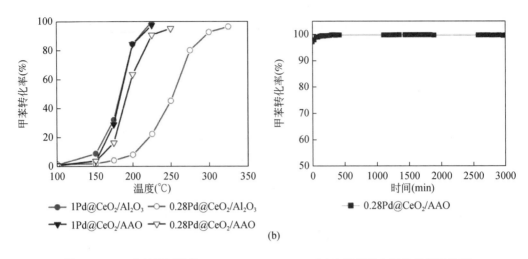

(b)

图 11-5 （a）多级界面结构 Pd@ CeO_2/Al_2O_3-NT 对（b）甲苯完全氧化的促进作用

11.3.4 VOCs 净化过程的集成强化与示范应用

基于典型化工行业 VOCs 系统排放特征的认知和 VOCs 高效吸附分离与催化净化系统的构建,通过模块化组装设计,将不同的净化工艺进行集成和优化,以期达到高效净化处理 VOCs 废气。本书作者课题组以惠州研究院为平台,规划中试试验基地 $130m^2$,配制吸附装置、光催化装置、等离子体装置及催化燃烧装置各一套,以及废气源环境模拟仓一个。通过建设小试—中试—放大的全流程实验平台,对开发的 VOCs 净化材料和净化技术工艺路线进行全方位、多极端条件的测试,验证了技术的真实、有效性（图 11-6）。同时,开创了具有 CMA 和 CNAS 认证资质的监测中心,满足了石化行业 VOCs 检测需求。

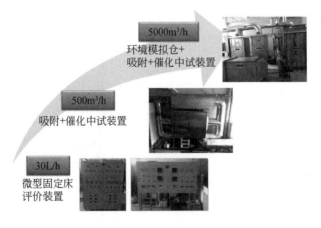

图 11-6 VOCs 催化净化小试—中试—放大全流程实验平台

基于以上支持和检测平台及数据库,本书作者通过中试平台模拟解决石化行业部分工艺 VOCs 治理问题:针对复杂的石化废气,单一的废气治理技术无法满足治理需求,因此需要借助多种处理技术联合作用才能有效降低石化 VOCs 浓度。依据前期样品采集及分析,获得不同待处理工艺过程中废气的成分及特征,通过选择单项和多相工艺测试,获得最佳的处理参数和工艺。建立的集成装置(图 11-7)净化效率测试可在负压结构的环境模拟仓模拟石化某工序过程中产生的废气组分,通过采用恒流泵注入或直接加热挥发的方式获得一定浓度的有机废气。利用变频风机将有机废气直接引入单个处理工艺中试装置,或将有机废气直接引入多个串联或者并联的处理工艺中试装置。可以分别考察不同浓度和风速条件下,单个或多个处理工艺装置中材料性能、工艺参数及最大负荷(极值)。将有机废气引入吸附装置时,可通过装置前后端预留的采样点位,检测废气浓度变化,计算废气吸附率和去除率。通过对比以上两种中试结果,可根据实际工况和环境设计出满足石化行业废气治理的技术方案,同时也为材料的应用及推广提供了数据支撑。

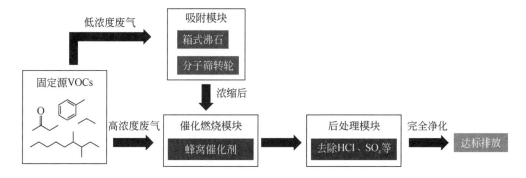

图 11-7 基于吸附+催化燃烧的 VOCs 治理设备集成

参 考 文 献

[1] 周哲,李有润,薛东峰,等. 生态工业的发展与思考[J]. 现代化工, 2002,(S1):1-5.
[2] 胡山鹰,李有润,沈静珠. 生态工业系统集成方法及应用[J]. 环境保护, 2003,(1):16-19.

第12章 光/热催化环境净化展望

环境污染是当前人类面临的重大挑战,也是我国实施可持续发展战略优先考虑的重大课题。水中有机污染物、重金属和空气中挥发性有机物,也对人体带来致癌、致畸和致突变性的风险,直接影响人们的生活质量。发展高效的催化剂,利用光催化、热催化和光热协同催化作用对水中有机污染物、重金属和空气VOCs进行深度处理具有广泛的应用前景。

光催化可以在室温下直接利用太阳能降解和矿化水和空气中的各种有机污染物,能将水中重金属深度还原去除,具有低成本、无污染的优点,对从根本上解决环境污染和能源短缺问题具有重要意义。目前光催化在室内空气净化、消毒杀菌、自清洁材料、超亲水性材料等方面已经取得初步成功,光催化材料在环境方面的应用市场正在逐步形成。目前实用的光催化材料只能利用紫外光,为了高效地利用太阳光,开发可见光响应光催化材料势在必行。因为紫外线只占太阳光能量的7%左右,而可见光占太阳光能量的50%。

另外,光催化在环境净化反应中能量转换的量子效率低、成本高,制约光催化的可实际应用性。因此,我们还必须着力解决光催化材料的一些科学基础、理论基础与技术基础等关键科学问题和共性技术问题。这些关键科学问题包括研究新型高效光催化材料的构建原则、制备与表征,探索能吸收更大范围可见光的高量子转换效率的新型纳米光催化材料。研究新型高效纳米光催化反应的物理化学机制,发现和阐明光吸收、电子空穴载流子的激发、输运和电子、空穴在表面化学反应的基本规律,从而优化和提高光吸收率和光催化反应速率。还要加强光催化材料应用技术基础研究。研究利用太阳能等光能进行水、空气净化的光催化材料的高效利用、失活机制和再生方法,有机污染物和重金属离子的吸附,反应器的优化设计,降低光催化技术的使用成本。毫无疑问,光催化在环境净化的应用研究涉及材料、物理、化学、环境和能源学科的专业知识,只有进行多学科交叉、渗透和有机结合,才能解决光催化材料及反应机理的关键科学问题和光催化技术应用工程化问题。

相比于其他VOCs的末端治理技术,如吸收、吸附、冷凝、膜分离、等离子体和生物降解等技术,热催化和光催化氧化能够在催化剂的作用下,将VOCs污染物在较低温度下较彻底转化为无毒的CO_2和H_2O,被认为是最有效的VOCs消除方法。热催化氧化技术是通过升温供能的方式依靠催化剂将VOCs氧化分解,使气体得到净化,其处理对象广、二次污染少、市场认可度高,核心是研发高性能催化材料。

用于VOCs催化燃烧的非贵金属催化剂主要包括Mn、Ce、Fe、Co、Cu、Ni等金属氧化物,价格低廉,但往往遇到催化活性较低、起燃温度高、运行能耗高等问题。贵金属催化剂活性高、起燃温度低,有利于降低设备运行能耗和费用,但价格昂贵,大量负载将加大投资成本,易与含硫含氯化合物作用而导致催化剂失效,高温反应易烧结引起材料活性降低。能在温和条件下高效催化净化VOCs的新型非贵金属及贵金属催化材料是以后研究的重点。需要解决的问题包括设计催化剂制备方法,构筑不同非贵金属间的界面效应或调控贵金属活性组分与催化剂载体之间的相互作用,改善贵金属有效负载和高度分散以及催化剂氧化还原性质、氧迁移性、反应物的吸附活化能力;通过调控催化剂表面功能基团,增强催化材料抗硫、抗氯、抗水汽、抗烧结能力;通过设计催化剂载体的形貌、多级孔结构,促进贵金属/非贵金属活性组分的高度分散、VOCs 的扩散与限域富集。在热催化氧化过程中,还要解决较大风量且低 VOCs 质量浓度废气催化燃烧处理费用高和催化燃烧装置氧化催化剂中毒问题。提高催化燃烧装置的效率,也是非常必要的。

尽管热催化氧化技术在 VOCs 控制治理中的应用最为广泛,但其催化反应能耗也较高。为解决传统 VOCs 热催化所需外部热能供给及去除效率低等问题,以 VOCs 治理能效为出发点,结合传统光催化和热催化特性,国内外一些课题组提出 VOCs 光热催化治理技术,研发高效光热催化材料,利用太阳能储存转化驱动反应,实现低能耗的 VOCs 治理。光热材料实现对太阳光的最大利用率,需要尽可能多地吸收从任何角度触及其表面的电磁辐射,尽可能地减少太阳光的透射和反射,没有过多损失而转化为所吸收的光子能量。光热协同催化材料须同时满足具有强烈的全太阳光谱响应能力;能够将吸收的光子能量有效地转化为活性氧物种和热能;催化剂本身具有良好的热催化性能。研究光热协同催化作用机制,设计高效的光热催化反应器也是光热催化技术走向应用需要解决的理论和工程问题。

可以预见,随着对环境治理要求的提高和光催化技术的成熟,光/热催化在环境净化中将发挥着越来越重要的作用。